国家示范（骨干）高职院校重点建设专业优质核心课程系列教材

项目驱动——多媒体动画设计与制作教程（Flash CS5 版）

主 编 牟向宇 杨丽芳

副主编 苏云凤 王秀丽 周建辉

中国水利水电出版社
www.waterpub.com.cn

内 容 提 要

本书针对没有基础的动画设计人员介绍动画设计软件 Flash CS5 的相关知识，包括绘图基础、动画基础、脚本程序基础和实用案例。

本书突破了原有的理论贯穿的思路，以综合项目——分解任务——具体步骤的模式来组织内容，对动画设计中的绘图、动画、脚本、实用案例等的具体设计与制作方法都做了较为全面的介绍。

本书内容丰富、通俗易懂，案例具有很强的代表性，可供读者参考和借鉴。为了帮助读者尽快掌握所学知识，每章后均附有拓展训练。

本书可作为大中专院校动画设计相关专业的专业教材，也可作为动画爱好者、动漫培训班、职业院校动画和广告类专业学生的教学参考用书。

本书提供丰富的下载资源（所有案例素材及源文件、拓展训练、网页配色表、网页安全色谱、经典配色方案等），读者可以从中国水利水电出版社网站和万水书苑免费下载，网址为：http://www.waterpub.com.cn/softdown/和 http://www.wsbookshow.com。

图书在版编目（CIP）数据

项目驱动：多媒体动画设计与制作教程：Flash CS5版 / 牟向宇，杨丽芳主编. -- 北京：中国水利水电出版社，2013.7（2017.8 重印）

国家示范（骨干）高职院校重点建设专业优质核心课程系列教材

ISBN 978-7-5170-0970-2

Ⅰ. ①项… Ⅱ. ①牟… ②杨… Ⅲ. ①动画制作软件－高等职业教育－教材 Ⅳ. ①TP391.41

中国版本图书馆CIP数据核字(2013)第136353号

策划编辑：寇文杰　　责任编辑：张玉玲　　封面设计：李 佳

书　名	国家示范（骨干）高职院校重点建设专业优质核心课程系列教材 项目驱动——多媒体动画设计与制作教程（Flash CS5 版）
作　者	主　编　牟向宇　杨丽芳 副主编　苏云凤　王秀丽　周建辉
出版发行	中国水利水电出版社 （北京市海淀区玉渊潭南路1号D座　100038） 网址：www.waterpub.com.cn E-mail：mchannel@263.net（万水） 　　　　sales@waterpub.com.cn 电话：（010）68367658（发行部）、82562819（万水）
经　售	北京科水图书销售中心（零售） 电话：（010）88383994、63202643、68545874 全国各地新华书店和相关出版物销售网点
排　版	北京万水电子信息有限公司
印　刷	三河市鑫金马印装有限公司
规　格	184mm×260mm　16开本　19.25印张　500千字
版　次	2013年7月第1版　2017年8月第3次印刷
印　数	4001—6000册
定　价	38.00元

凡购买我社图书，如有缺页、倒页、脱页的，本社发行部负责调换

版权所有·侵权必究

前　　言

　　Flash 是一种集动画创作与应用程序开发于一身的创作软件，2011 年 Adobe 公司发布了 Adobe Flash Professional CS5。Adobe Flash Professional CS5 为创建数字动画、交互式 Web 站点、桌面应用程序以及手机应用程序开发提供了功能全面的创作和编辑环境。

　　Flash 广泛用于创建吸引人的应用程序，它们包含丰富的视频、声音、图形和动画。可以在 Flash 中创建原始内容或者从其他 Adobe 应用程序（如 Photoshop 或 Illustrator）导入它们，快速设计简单的动画，以及使用 Adobe AcitonScript 3.0 开发高级的交互式项目。设计人员和开发人员可使用它来创建演示文稿、应用程序和其他允许用户交互的内容。

　　本书全面介绍了动画设计软件 Flash CS5 的相关知识，包括绘图基础、动画基础、脚本程序基础和实用案例，突破了原有的理论贯穿的思路，以综合项目——分解任务——具体步骤的模式来组织内容，对动画设计中的绘图、动画、脚本、实用案例等的具体设计与制作方法都做了较为全面的介绍。

　　本书共有 8 个完整的项目，分别是 Flash 绘图基础、Flash 动画制作基础、ActionScript 应用基础、Flash 贺卡设计与制作、Flash MV 设计与制作、Flash 广告设计与制作、Flash 网站设计与制作、Flash 短片设计与制作。从最基础的绘图开始，到最后完成一个完整的动画短片，循序渐进，由浅入深，激发读者兴趣，引导读者主动学习。

　　通过本书的实战演练，读者应该能够：
- 掌握 Flash 的常用绘图工具，并能根据要求设计绘图效果，选用适用的工具进行绘图。
- 掌握 Flash 的各种动画方式以及制作方法。
- 初步掌握 ActionScript 3.0 脚本程序的应用方法。
- 运用 Flash 设计精美的贺卡。
- 运用 Flash 设计 MV 效果。
- 运用 Flash 进行产品宣传。
- 运用 Flash 制作实用的全 Flash 网站页面。
- 运用 Flash 设计与制作动画短片。

　　本书能够顺利完成并出版，与各位编者的不懈努力以及出版社多位编辑和业内人士的帮助是分不开的。特别感谢重庆泓奇文化传播有限公司的王雪琼总经理，在本书的编写过程中，根据行业的特点和需求给予了我们非常大的帮助。

　　由于篇幅原因，笔者未能将帮助过我们的人一一列出，在此说声抱歉，并由衷地说声谢谢！

　　由于时间仓促，加之作者水平有限，书中疏漏和不足之处在所难免，敬请广大读者批评指正。

　　最后，希望所有爱好 Flash 动画设计的朋友们与我们共同努力，百尺竿头更进一步。

牟向宇
2013 年 4 月

目　　录

前言

项目一　Flash CS5 绘图基础——快乐的森林 ······ 1
　任务 1.1　项目分解——自然风景绘制 ············ 2
　　1.1.1　效果展示 ······································ 2
　　1.1.2　知识讲解 ······································ 2
　　1.1.3　步骤详解 ······································ 5
　任务 1.2　项目分解——动物绘制 ··················· 13
　　1.2.1　效果展示 ······································ 13
　　1.2.2　知识讲解 ······································ 13
　　1.2.3　步骤详解 ······································ 15
　拓展训练——海底世界 ·································· 20

项目二　Flash CS5 动画制作基础——璀璨的夜晚 ··· 22
　任务 2.1　项目分解——逐帧动画制作 ············ 23
　　2.1.1　效果展示 ······································ 23
　　2.1.2　知识讲解 ······································ 23
　　2.1.3　步骤详解 ······································ 27
　任务 2.2　项目分解——补间动画制作 ············ 32
　　2.2.1　效果展示 ······································ 32
　　2.2.2　知识讲解 ······································ 32
　　2.2.3　步骤详解 ······································ 51
　任务 2.3　项目分解——遮罩动画制作 ············ 60
　　2.3.1　效果展示 ······································ 60
　　2.3.2　知识讲解 ······································ 61
　　2.3.3　步骤详解 ······································ 62
　任务 2.4　项目分解——引导层动画制作 ········· 67
　　2.4.1　效果展示 ······································ 67
　　2.4.2　知识讲解 ······································ 68
　　2.4.3　步骤详解 ······································ 70
　拓展训练——开卷蜻蜓莲语 ·························· 74

项目三　ActionScript 应用基础——圣诞快乐 ··· 76
　任务 3.1　项目分解——星光闪烁效果 ············ 76
　　3.1.1　效果展示 ······································ 76
　　3.1.2　知识讲解 ······································ 77
　　3.1.3　步骤详解 ······································ 84

　任务 3.2　项目分解——影片播放控制 ············ 89
　　3.2.1　案例效果展示 ································· 89
　　3.2.2　知识讲解 ······································ 89
　　3.2.3　步骤详解 ······································ 90
　任务 3.3　项目分解——鼠标跟随效果 ············ 93
　　3.3.1　案例效果展示 ································· 93
　　3.3.2　知识讲解 ······································ 94
　　3.3.3　步骤详解 ······································ 94
　　3.3.4　课后思考 ······································ 95
　任务 3.4　项目分解——音乐的控制 ··············· 96
　　3.4.1　案例效果展示 ································· 96
　　3.4.2　知识讲解 ······································ 96
　　3.4.3　步骤详解 ······································ 97
　　3.4.4　课后思考 ······································ 98
　拓展训练——中秋快乐 ································· 99

项目四　Flash 贺卡设计与制作——新年贺卡 ··· 100
　任务 4.1　项目分解——贺卡元素绘制 ············ 101
　　4.1.1　效果展示 ······································ 101
　　4.1.2　知识讲解 ······································ 101
　　4.1.3　步骤详解 ······································ 102
　任务 4.2　项目分解——贺卡场景绘制 ············ 113
　　4.2.1　效果展示 ······································ 113
　　4.2.2　知识讲解 ······································ 114
　　4.2.3　步骤详解 ······································ 115
　任务 4.3　项目分解——贺卡动画设计 ············ 124
　　4.3.1　案例效果展示 ································· 124
　　4.3.2　知识讲解 ······································ 125
　　4.3.3　步骤详解 ······································ 128
　拓展训练——生日贺卡 ································· 140

项目五　Flash MV 设计与制作——《我是一只小小鸟》 ······························ 142
　任务 5.1　项目分解——制作动画元件 ············ 143
　　5.1.1　效果展示 ······································ 143
　　5.1.2　知识讲解 ······································ 146

5.1.3 步骤详解	147
任务 5.2 项目分解——制作 MV 片头	157
5.2.1 效果展示	157
5.2.2 知识讲解	158
5.2.3 步骤详解	159
任务 5.3 项目分解——制作整体动画	163
5.3.1 效果展示	163
5.3.2 知识讲解	164
5.3.3 步骤详解	164
任务 5.4 项目分解——制作片尾动画	175
5.4.1 效果展示	175
5.4.2 知识讲解	176
5.4.3 步骤详解	177
拓展训练	181
项目六 Flash 广告设计与制作——化妆品广告	**182**
任务 6.1 项目分解——开场动画制作	182
6.1.1 效果展示	182
6.1.2 知识讲解	183
6.1.3 步骤详解	185
任务 6.2 项目分解——主体动画制作	191
6.2.1 效果展示	191
6.2.2 知识讲解	192
6.2.3 步骤详解	192
任务 6.3 项目分解——动画控制完善	204
6.3.1 效果展示	204
6.3.2 知识讲解	204
6.3.3 步骤详解	207
拓展练习——手机广告	210
项目七 Flash 网站设计与制作——服装网站	**212**
任务 7.1 项目分解——网站片头动画制作	213
7.1.1 效果展示	213
7.1.2 知识讲解	214
7.1.3 步骤详解	217
任务 7.2 项目分解——网站导航制作	222
7.2.1 效果展示	222
7.2.2 知识讲解	222
7.2.3 步骤详解	224
任务 7.3 项目分解——网站页面制作 1	236
7.3.1 效果展示	236
7.3.2 知识讲解	237
7.3.3 步骤详解	246
任务 7.4 项目分解——网站页面制作 2	254
7.4.1 效果展示	254
7.4.2 知识讲解	255
7.4.3 步骤详解	255
拓展训练——美容美体公司网站	266
项目八 Flash 短片设计与制作——妙音放生	**268**
任务 8.1 项目分解——编写剧本	269
8.1.1 效果展示	269
8.1.2 知识讲解	270
8.1.3 步骤详解	270
任务 8.2 项目分解——角色设计	271
8.2.1 效果展示	271
8.2.2 知识讲解	272
8.2.3 步骤详解	272
任务 8.3 项目分解——动画背景设计	274
8.3.1 效果展示	274
8.3.2 知识讲解	275
8.3.3 步骤详解	275
任务 8.4 项目分解——镜头设计与分析	278
8.4.1 效果展示	278
8.4.2 知识讲解	279
8.4.3 步骤详解	280
任务 8.5 项目分解——原动画设计及动画的实现	287
8.5.1 效果展示	287
8.5.2 知识讲解	288
8.5.3 步骤详解	289
任务 8.6 项目分解——后期制作	295
8.6.1 效果展示	295
8.6.2 知识讲解	295
8.6.3 步骤详解	296
拓展训练——小蝌蚪找妈妈	299
附录 工具快捷键	**300**
工具	300
菜单命令	300

项目一

Flash CS5 绘图基础——快乐的森林

本案例中是通过绘制天空、云彩、树、草、花、蘑菇等得到基本的森林场景，然后在场景中添加一些可爱的动物捉迷藏的效果，如大象、狮子、小鹿、小狗、犀牛、狸猫等，营造一幅快乐的森林场景。

本案例由9种元素构成，分别是草地、蓝天、白云、树、草丛、野花、蘑菇、野草、动物。案例效果如图1-1至图1-7所示。

图1-1 背景效果

图1-2 添加树木效果

图1-3 添加草丛效果

图1-4 添加野花效果

图1-5 添加蘑菇效果

图 1-6　添加野草效果　　　　　　　　　图 1-7　添加动物效果

任务 1.1　项目分解——自然风景绘制

1.1.1　效果展示

本案例中所用到的自然风景主要有云彩、树木、草丛、蘑菇、野花和野草，效果如图 1-8 所示。

图 1-8　自然风景元素

1.1.2　知识讲解

1. 创建新文档

（1）Flash CS5 简介。

Adobe Flash Professional CS5 是一个创作工具，设计人员和开发人员可使用它创建出演示文稿、应用程序以及支持用户交互的其他内容。Flash 项目可以包含简单的动画、视频内容、复杂的演示文稿、应用程序以及介于这些对象之间的任何事物。总而言之，使用 Flash Professional 制作出的个体内容就称为应用程序（或 SWF 应用程序），尽管它们可能只是基本的动画。你可以加入图片、声音、视频和特殊效果，创建出包含丰富媒体的应用程序。

SWF 格式十分适合通过 Internet 进行交互，因为它的文件很小。这是因为它大量使用了矢量图形。与位图图形相比，矢量图形的内存和存储空间要求都要低得多，因为它们是以数学公式而不是大型数据集的形式展示的。位图图形较大，是因为图像中的每个像素都需要一个单独的数据进行展示。

（2）Flash CS5 界面简介。

打开 Flash CS5 软件时会显示欢迎界面，如图 1-9 所示。欢迎界面包括 5 个区域，分别是从模板创建、打开最近的项目、新建、扩展和学习。

图 1-9 欢迎界面

在欢迎界面上单击"新建"区中的"Flash 文件（ActionScript 3.0）"按钮，即可创建最常用的 Flash CS5 文档，并迅速打开 Flash CS5 的操作界面，如图 1-10 所示。

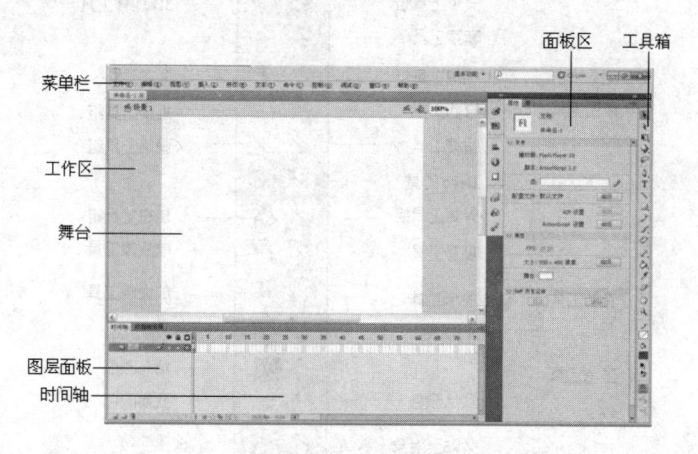

图 1-10 操作界面

Flash CS5 默认工作界面包括菜单栏、工具箱、时间轴、舞台、属性面板、面板组等部分。

菜单栏：提供各种命令集，如"文件"菜单中提供了对文件操作的命令，"修改"菜单中提供了对对象操作的命令。

时间轴面板：是控制和描述 Flash 影片播放速度和播放时长的工具，例如设置帧和图层的顺序。

工具箱：提供绘图工具。

舞台：提供当前角色表演的场所。

工作区：角色进入舞台时的场所。播放影片时，处在工作区的角色不会显示出来。

面板区：Flash CS5 包含多种面板，分别提供不同的功能，例如属性面板可以显示当前工具、元件、帧等对象的属性和参数，在其中可对当前对象的一些属性和参数进行修改等。

（3）舞台工作区设置。

查看工作区：可以通过更改缩放比例或在 Flash 工作环境中移动工作区来更改工作区的视图，还可以使用"查看"命令调整工作区的视图。

缩放：要在屏幕上查看整个工作区，或要在高缩放比例情况下查看绘画的特定区域，可以使用放大镜工具更改缩放比例，最大的缩放比例取决于显示器的分辨率和文档大小。

移动舞台视图：当放大了舞台时，可能无法看到整个舞台。使用手形工具可以移动舞台，从而更改视图，而不必更改缩放比例。

2. 绘图工具箱简介

单击"窗口"→"工具"命令，可以打开或关闭如图 1-11 所示的工具箱。Flash CS5 的工具箱中包含一套完整的绘图工具。

> **注意**
> Flash 文件（ActionScript 3.0）和 Flash 文件（ActionScript 2.0）中的 ActionScript 3.0 和 ActionScript 2.0 是在使用 Flash 文件编程时所使用的脚本语言的版本。两个版本的语言不兼容，需要不同的编辑器进行编译，所以新建文件时需要根据实际需要选择使用哪种方式新建文件。

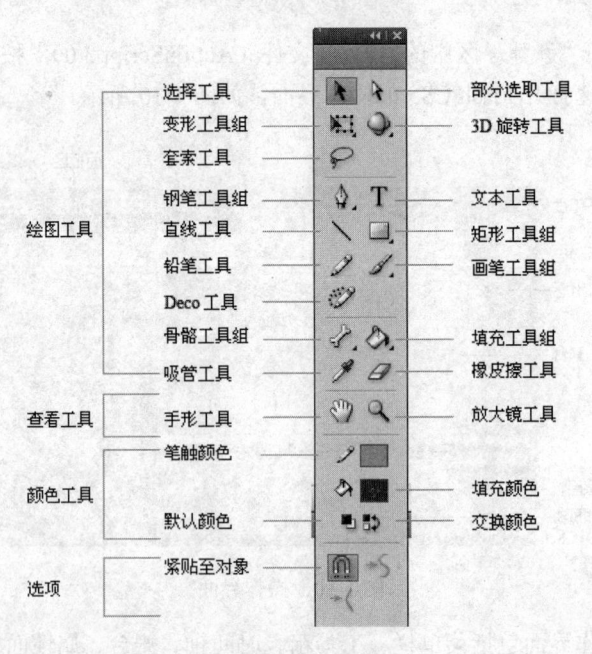

图 1-11 工具箱

工具箱分为绘图工具、查看工具、颜色选择工具和工具选项栏 4 个部分。单击工具箱中的目标工具图标即可激活该工具。工具箱选项栏会显示当前工具的具体可用设置项，例如选择箭头工具，与它相对应的属性选项就会出现在工具箱选项栏中。

选择工具：用来选择目标、修改目标形状的轮廓，按住 Ctrl 键可在轮廓线上添加节点并改变轮廓形状。

部分选取工具：通过调节节点的位置或曲柄改变线条的形状。

变形工具组：该工具组中包含了任意变形工具和渐变变形工具。任意变形工具可调整目标对象的大小，进行旋转等变形操作。渐变变形工具可调整渐变填充色的方向、渐变过渡的距离。

3D 工具组：对影片剪辑元件进行三维效果设置。

套索工具：套选目标形状。

钢笔工具：以节点方式建立复杂选区形状。

文本工具：用于输入文字。

线条工具：用于画出直线段。

矩形工具组：矩形工具组包括矩形工具、椭圆工具、基本矩形工具、基本椭圆工具和多角星形工具。矩形工具可以建立矩形，椭圆工具可以建立椭圆形，基本矩形工具可以建立圆角矩形，基本椭圆工具可以建立任意角度的扇形，多边形工具可以建立多边形和星形。

铅笔工具：使用线条绘制形状。

画笔工具组：使用填充色绘制图形。

Deco 工具：使用 Deco 工具可以快速完成大量相同元素的绘制，也可以应用它制作出很多复杂的动画效果。将其与图形元件和影片剪辑元件配合，可以制作出效果更加丰富的动画效果。

骨骼工具组：使用一系列链接对象创建类似于链的动画效果，或使用全新的骨骼工具扭曲单个形状。

填充工具组：用于填充轮廓线条的颜色和填充封闭形状的内部颜色。

滴管工具：提取目标颜色作为填充颜色。

橡皮擦工具：用于擦除形状。

手形工具：用于移动工作区的视点。

缩放工具：用于放大和缩小视图。

笔触颜色：显示当前绘制线条所采用的颜色。

填充颜色：显示当前用来填充形状内部的颜色。

黑白按钮：可以将当前笔触色设为黑色，填充色设为白色。

交换颜色：将当前的笔触色与填充色交换。

选项：显示当前工具可以设置的选项。

1.1.3 步骤详解

1. 天空与白云绘制

（1）启动 Flash CS5，新建一个 ActionScript 3.0 的空白文档。执行"修改"→"文档"命令，在打开的对话框中将"背景颜色"设置为白色#FFFFFF，尺寸更改为 1024 像素×768 像素，帧频为 24fps，如图 1-12 所示。设置完成后单击"确定"按钮。

（2）执行"文件"→"保存"命令或者按 Ctrl+S 键，从弹出的"另存为"对话框中将文件命名为"快乐的森林"，保存类型为 Flash CS5 文档（*.fla），单击"保存"按钮，效果如图 1-13 所示。

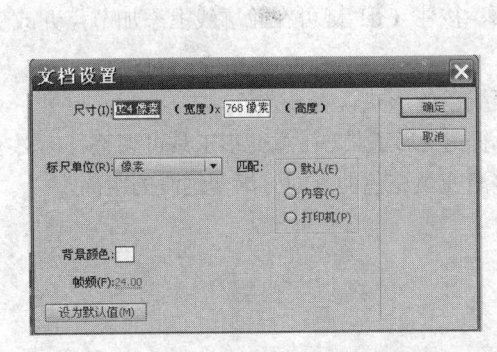

项目驱动——多媒体动画设计与制作教程（Flash CS5 版）

图 1-12　更改文档属性设置　　　　　　　图 1-13　"另存为"对话框

注意　不管是在绘制对象的过程中，还是在后面制作动画的过程中，大家要注意养成随时保存文件的习惯，以免出现意外而导致辛苦完成的作品全部浪费。

（3）在图层 1 的名称上双击，进入更改图层名字的状态，更改图层名字为"背景"。

（4）使用矩形工具，设置笔触为无色，填充为线性渐变，颜色为#79CCFE 到#FFFFFF，绘制一个矩形；使用渐变变形工具更改渐变的方向，使其变化为上下渐变，效果如图 1-14 所示。

图 1-14　绘制矩形及改变矩形填充方向

注意　在 Flash 中，只能对封闭对象填充颜色，未封闭的对象无法填充。选择填充工具后，在空隙大小选项中可选择填充区域的封闭情况。分别有不封闭空隙、封闭小空隙、封闭中等空隙和封闭大空隙 4 种情况可选，一般情况下可直接选择封闭大空隙。如果选择了封闭大空隙仍然无法对对象填充颜色，则需要放大对象，检查是否仍然存在不封闭的区域，将不封闭的区域封闭之后就可以填充颜色了。

（5）使用椭圆工具，设置笔触为无色，填充颜色为#91D027，绘制一个椭圆；选择选择工具调整椭圆形状，删除超出舞台的部分，效果如图 1-15 所示。

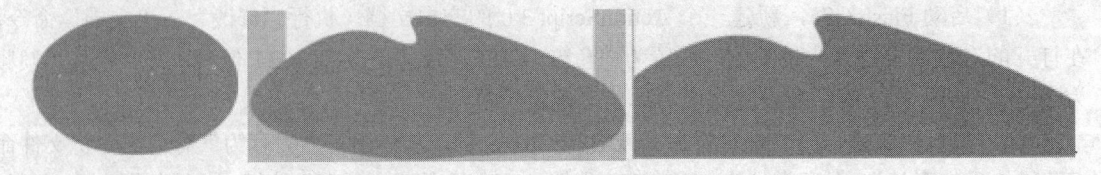

图 1-15　绘制椭圆并更改椭圆形状

6

（6）使用铅笔工具，设置笔触颜色为黑色#000000，在椭圆部分绘制明暗交界线；选择填充工具，设置颜色为#85BD24，填充暗部；双击线条部分选中明暗交界线，按 Del 键删除，效果如图 1-16 所示。

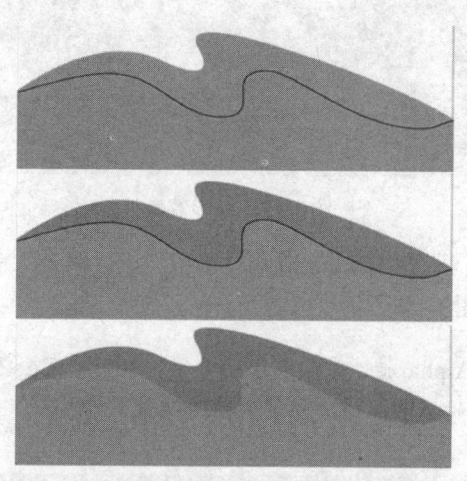

图 1-16　添加暗部

（7）选择椭圆工具，设置笔触为黑色#000000，填充颜色为无色，在工作区中绘制几个椭圆，组合成云朵的形状；选择交叉区域的线条，按 Del 键删除；选择铅笔工具，绘制云朵的暗部，如图 1-17 所示。

图 1-17　绘制云朵

（8）设置填充颜色为白色#FFFFFF，Alpha 值为 80%，填充云朵的亮部；设置填充颜色为#D1EEFE，Alpha 值仍为 80%，填充云朵的暗部；选中明暗交界线，按 Del 键删除，效果如图 1-18 所示。

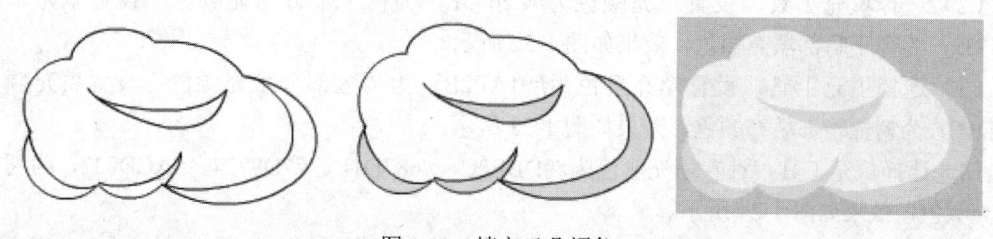

图 1-18　填充云朵颜色

（9）拖动鼠标选中云朵的部分，使用"修改"→"组合"命令或者按 Ctrl+G 组合键将整个云朵对象组合；按住 Alt 键不放，然后拖动云朵，将该对象复制一份，使用任意变形工具调整大小及角度后放置在合适的位置；重复复制的步骤，效果如图 1-19 所示。

图 1-19　云彩效果

（10）拖动鼠标选中整个背景的部分，使用"修改"→"组合"命令或者按 Ctrl+G 组合键将整个背景对象组合，效果如图 1-20 所示。

> **注意**　Flash 中的 Alpha 属性是透明度的意思，100 为完全不透明，0 为完全透明。通过调节对象的 Alpha 值可以得到半透明效果。

图 1-20　背景效果

2. 树木绘制

（1）选择铅笔工具，绘制树木的线稿图，如图 1-21 所示。

（2）选择填充工具，设置填充颜色为#C2693F，为树干部分填充颜色；设置填充颜色为#A15732，为树干暗部填充颜色，效果如图 1-22 所示。

（3）选择填充工具，设置填充颜色为#91AE2B，为树冠部分填充颜色；设置填充颜色为#687D1E，为树冠暗部填充颜色，效果如图 1-23 所示。

（4）选择填充工具，设置填充颜色为#9DBE2C、#687D1E、#7D9724、#ACD032，为树叶部分填充颜色，效果如图 1-24 所示。

（5）选中树木线稿部分线条，按 Del 键删除，拖动鼠标全选树木的部分，按 Ctrl+G 组合键将树木对象组合，效果如图 1-25 所示。

（6）按照上述操作再绘制一棵树木，效果如图 1-26 所示。

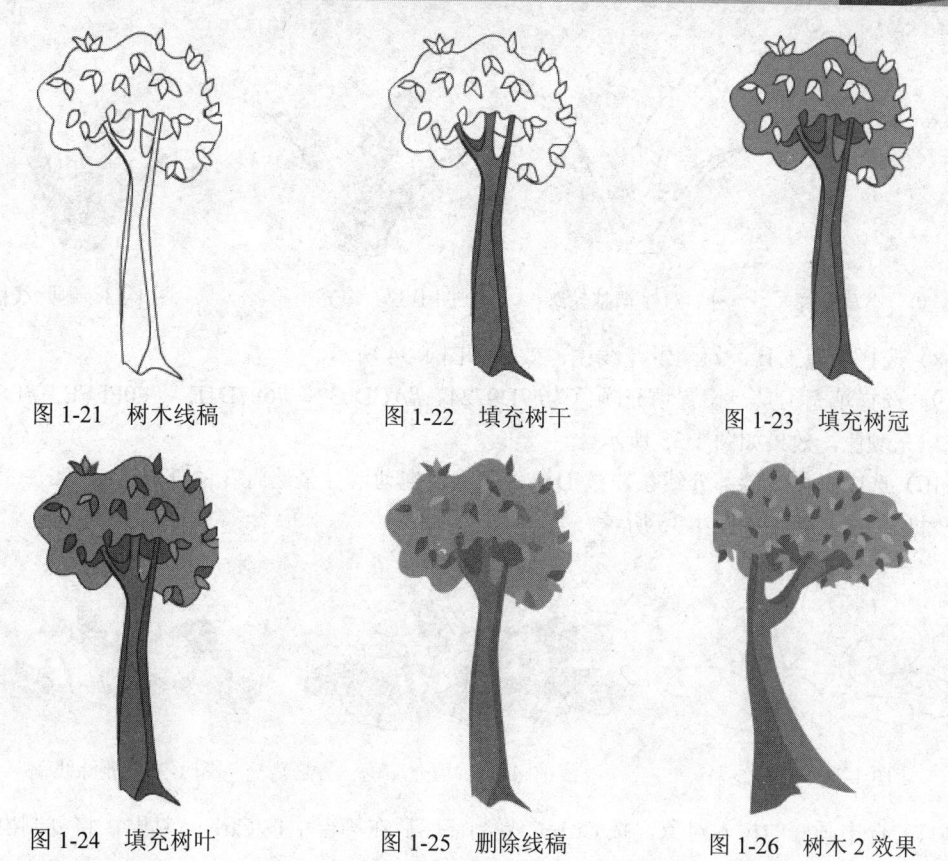

图 1-21　树木线稿　　　　　图 1-22　填充树干　　　　　图 1-23　填充树冠

图 1-24　填充树叶　　　　　图 1-25　删除线稿　　　　　图 1-26　树木 2 效果

3．花草绘制

（1）选择铅笔工具，勾画草丛部分线稿，效果如图 1-27 所示。

（2）选择填充工具，设置填充颜色为#608B1F、#83C12F、#6FA21F、#8CCD31，为草丛填充颜色，效果如图 1-28 所示。

（3）选中草丛线稿部分线条，按 Del 键删除，拖动鼠标全选草丛的部分，按住 Ctrl+G 组合键将草丛对象组合，效果如图 1-29 所示。

图 1-27　草丛线稿　　　　　图 1-28　填充草丛　　　　　图 1-29　删除草丛线稿

（4）选择钢笔工具，在舞台中绘制小草轮廓，效果如图 1-30 所示。

（5）使用选择工具调整小草轮廓形状，使用铅笔工具给小草添加明暗交界线，如图 1-31 所示。

（6）选择填充工具，设置填充颜色为#9AC540、#6D9F1C，为小草填充颜色，效果如图 1-32 所示。

（7）选中小草线稿部分线条，按 Del 键删除，拖动鼠标全选小草的部分，按 Ctrl+G 组合键将小草对象组合，效果如图 1-33 所示。

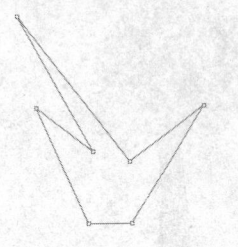

图 1-30　小草轮廓　　　图 1-31　调整轮廓　　　图 1-32　填充小草　　　图 1-33　删除线稿

（8）选择铅笔工具，勾画野花线稿，效果如图 1-34 所示。

（9）选择填充工具，设置填充颜色为#7D9724、#ACD032、#687D1E、#F0FEFE、#E695AD，为野花填充颜色，效果如图 1-35 所示。

（10）选中野花线稿部分线条，按 Del 键删除，拖动鼠标全选野花的部分，按 Ctrl+G 组合键将野花对象组合，效果如图 1-36 所示。

图 1-34　野花线稿　　　　图 1-35　填充颜色　　　　图 1-36　删除线稿

（11）选中画好的树木对象，按 Ctrl+C 复制，然后在舞台中按 Ctrl+V 粘贴，将复制出来的对象移动到舞台合适的位置。

（12）对草丛对象、野草对象和野花对象重复上一步操作，调整树木、草丛、野花、野草的层次顺序，效果如图 1-37 所示。

图 1-37　添加花草效果

注意　各种对象在同一个场景中，根据最终效果有不同的位置需求，这就需要对各对象的叠放次序进行调整。可在选择对象之后右击，从弹出的快捷菜单中选择"排列"→"移至顶层"/"移至底层"/"上移一层"/"下移一层"选项。

4. 蘑菇绘制

（1）选择椭圆工具，设置笔触颜色为黑色#000000，填充为无色，在舞台中绘制两个椭圆，如图 1-38 所示。

（2）使用选择工具调整椭圆形状，如图 1-39 所示。

（3）选择画笔工具，给蘑菇添加明暗交界线，删除线稿中多余的线条，效果如图 1-40 所示。

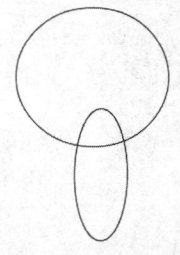

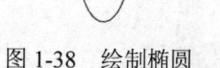

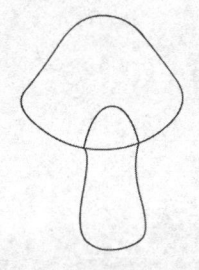

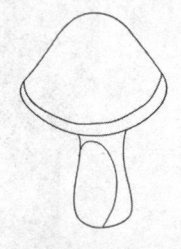

图 1-38　绘制椭圆　　　　图 1-39　调整椭圆形状　　　　图 1-40　添加明暗交界线

（4）选择填充工具，设置填充颜色为#EE994C、#EEB274，为蘑菇柄部填充颜色，效果如图 1-41 所示。

（5）设置填充颜色为线性渐变，颜色为#DF3733 到#FFCCCC，为蘑菇顶部填充颜色，效果如图 1-42 所示。

（6）选择椭圆工具，设置填充颜色为#FFCCCC，笔触颜色为无色，按住 Shift 键并拖动鼠标，在舞台中绘制正圆，效果如图 1-43 所示。

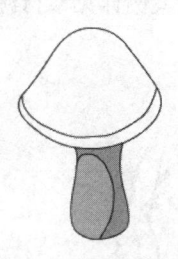

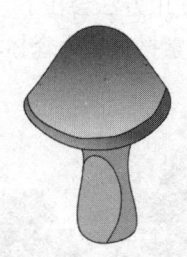

图 1-41　填充蘑菇柄部　　　图 1-42　填充蘑菇顶部　　　图 1-43　绘制蘑菇斑点

（7）选中蘑菇线稿部分线条，按 Del 键删除，拖动鼠标全选蘑菇的部分，按 Ctrl+G 组合键将蘑菇对象组合，效果如图 1-44 所示。

（8）选择蘑菇对象复制，在舞台中粘贴，使用移动工具移动到舞台合适的位置。双击蘑菇对象进入组，更改蘑菇顶部的渐变颜色；使用任意变形工具调整蘑菇的大小和角度，效果如图 1-45 所示。

图 1-44　删除线稿效果　　　　　　　图 1-45　复制蘑菇对象并调整

（9）重复执行上一步操作，调整蘑菇与之前的树木、野草、野花、草丛的顺序，效果如图1-46所示。

图1-46 调整对象次序效果

（10）按Ctrl+S保存文件。

本任务的相关素材效果如图1-47所示，大家可以根据自己的需求选用，这些素材均使用Flash CS5中的Deco工具绘制完成，该工具的使用方法会在下一节详细讲解，案例详见素材源文件。除此之外，大家还可以自行选取一些喜欢的素材来作为森林场景元素展示。

图1-47 森林素材

任务 1.2　项目分解——动物绘制

1.2.1　效果展示

本案例中所用到的动物主要有大象、狮子、犀牛、梅花鹿、小狗和狸猫,效果如图 1-48 所示。

图 1-48　动物效果图

1.2.2　知识讲解

1. 图层

(1) 图层的概念。

在 Flash 动画中,图层就像一叠透明纸一样,每一张纸上面都有不同的画面,将这些纸叠在一起就组成一幅比较复杂的画面。在上面一层添加内容,会遮住下面一层中相同位置的内容,但如果上面一层的某个区域没有内容,透过这个区域就可以看到下面一层相同位置的内容。

在 Flash 中每个图层都是相互独立的,拥有自己的时间轴,包含独立的帧,用户可以在一个图层上任意修改图层内容,而不会影响到其他图层。

在 Flash 动画制作过程中,图层起着极其重要的作用,主要表现在以下几个方面:
- 有了图层后,用户可以方便地对某个图层中的对象或动画进行编辑修改,而不会影响其他图层中的内容。
- 有了图层后,用户可以将一个大动画分解成几个小动画,将不同的动画放置在不同的图层上,各个小动画之间相互独立,从而组成一个大的动画。
- 利用一些特殊的图层还可以制作特殊的动画效果,如利用遮罩层可以制作遮罩动画,利用引导层可以制作引导动画,它们的使用方法将在后面详细介绍。

(2) 图层面板的使用。

在 Flash 中对图层的编辑包括新建图层、重命名图层、移动/复制图层、设置图层属性等。如果没有特别说明，本书中所说的图层都是指普通层。

新建图层：单击时间轴面板左下方的"新建图层"按钮，即可播放一个普通层。欲调整图层的上下关系，只须将光标置于要调整的层上，按住左键，将其拉到想放置的位置后松开鼠标即可。

选择单个图层：在图层区中单击某个图层、在时间轴中单击图层中的任意一帧或者在场景中选择某一图层中的对象均可选中该图层。

选择多个图层：单击要选取的第一个图层，按住 Shift 键，再单击要选取的最后一个图层可选取两个图层间的所有图层。单击要选取的其中一个图层，按住 Ctrl 键，再单击需要选取的其他图层即可选择多个不相邻图层。

重命名图层：双击要重命名的图层，进入文本编辑状态，在文本框中输入新名称后，再按 Enter 键或单击其他图层即可确认该名称。

复制图层：单击图层区中的图层名称即可选中该图层中的所有帧，然后在时间轴右边选中的帧上右击，在弹出的快捷菜单中选择"复制帧"命令，再右击目标层的第 1 帧，在弹出的快捷菜单中选择"粘贴帧"命令。

删除图层：选中图层后单击"删除"按钮。

（3）图层面板的状态模式

编辑状态：表明此层处于活动状态，可以对该层进行各种操作。默认情况下，新建的图层均处于编辑状态。

隐藏状态：表明此层处于隐藏状态，如果不希望在修改当前图层的时候被其他图层影响，可以将其他图层隐藏。单击图层面板上的按钮，即可切换当前图层的显示和隐藏状态。

锁定状态：锁定的图层不能进行修改，如果不想后续操作影响到某一图层，可以将该图层锁定。单击图层面板上的按钮，即可切换当前图层的锁定和解锁。

外框模式：处于外框模式的图层，层上所有对象只能显示轮廓。单击图层面板上的按钮，即可切换当前图层的轮廓和取消仅显示轮廓。

2. Deco 工具的使用

Deco 工具是 Flash 中一种类似"喷涂刷"的填充工具，使用 Deco 工具可以快速完成大量相同元素的绘制，也可以应用它制作出很多复杂的动画效果。将其与图形元件和影片剪辑元件配合，可以制作出效果更加丰富的动画效果。

Deco 工具提供了众多的应用方法，除了使用默认的一些图形绘制以外，Flash CS5 还为用户提供了开放的创作空间，可以让用户通过创建元件完成复杂图形或者动画的制作。

Deco 工具中默认的图形绘制效果有藤蔓式填充、网格填充、对称刷子、3D 刷子、建筑物刷子、装饰性刷子、火焰动画、火焰刷子、花刷子、闪电刷子、粒子系统、烟动画和树刷子，如图 1-49 所示。

在 Deco 工具中选择了某一图形绘制效果后，会显示该绘制效果的高级选项。以"花刷子"为例，选择花刷子绘制效果后，会有如图 1-50 所示的高级选项设置，按此设置绘制的图形效果如图 1-51 所示，添加"分支"效果后如图 1-52 所示。

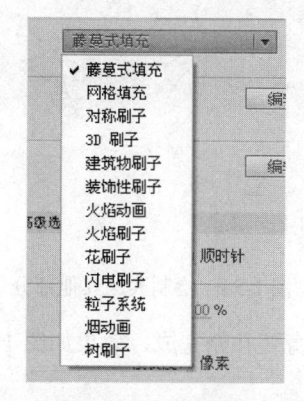

图 1-49　Deco 工具

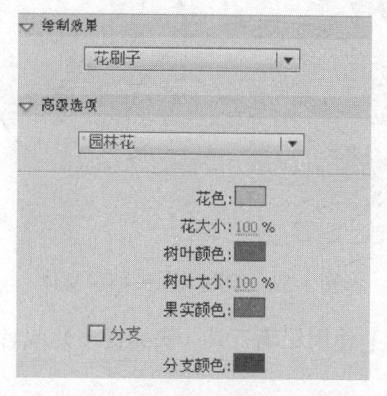

图 1-50　花刷子高级选项设置面板

图 1-51　园林花刷子效果

图 1-52　添加"分支"的园林花刷子效果

Deco 工具的其他绘制效果设置方法与之类似，这里不再赘述。

1.2.3　步骤详解

1. 大象绘制

（1）将图层面板上的图层 1 重命名为"背景"，在图层面板上单击"新建"按钮新建一个图层，命名为"森林"，选中背景层中树木、野花、野草、草丛、蘑菇的部分，按 Ctrl+X 剪切，返回森林图层并右击，从弹出的快捷菜单中选择"粘贴到当前位置"选项。

（2）在背景层和森林层之间新建一个图层，命名为"动物"。按快捷键 O 选择椭圆工具，设置笔触颜色为黑色#000000，笔触大小为 0.5，在舞台中绘制大象的头部和身体，效果如图 1-53 所示。

（3）按快捷键 N 选择直线工具，添加大象的其他部分，如鼻子、尾巴和四肢，效果 1-54 所示。

（4）使用选择工具（快捷键 V）和部分选择工具（快捷键 A）对大象形状进行调整，效果如图 1-55 所示。

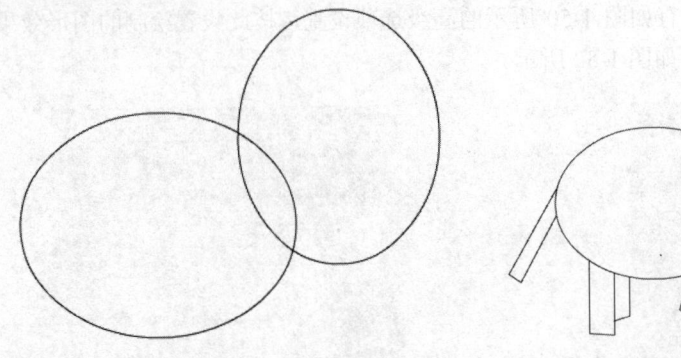

图 1-53　绘制大象头部和身体 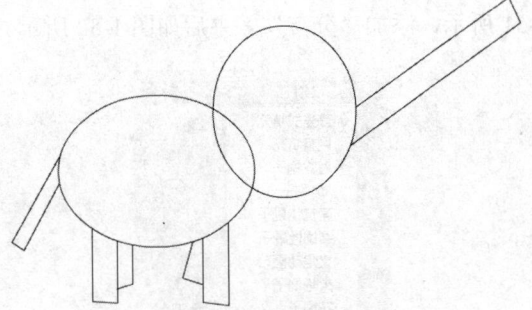　　　　　　图 1-54　绘制大象其他部分

（5）使用铅笔工具（快捷键 Y）或者直线工具将大象身体补充完成，效果如图 1-56 所示。

图 1-55　调整大象形状 　　　　　　图 1-56　补全大象身体

（6）选择椭圆工具，设置笔触为黑色#000000，填充为无色，按住 Shift 键不放，在舞台中绘制 4 个嵌套的椭圆，效果如图 1-57 所示。

（7）设置填充颜色为#DADADA、#EDE9EA、#B98834、#000000，由外至内填充颜色，效果如图 1-58 所示。

（8）选择画笔工具（快捷键 B），设置填充颜色为白色#FFFFFF，为眼睛黑色的部分添加白色瞳孔，效果如图 1-59 所示。

（9）使用选择工具选中眼睛边框部分，按 Del 键删除；然后拖动鼠标选择眼睛部分，将其组合，效果如图 1-60 所示。

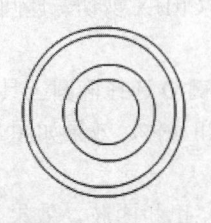

图 1-57　眼睛边框 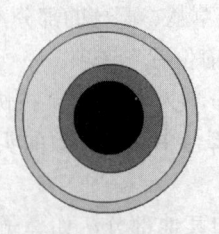　　图 1-58　填充颜色 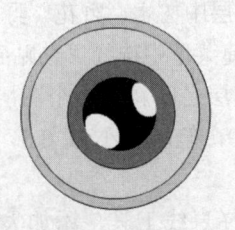　　图 1-59　添加白色高光 　　图 1-60　删除边框

（10）选择眼睛对象，复制一份，将两个眼睛都移动到大象头部合适的位置，使用任意变形工具调整大小，效果如图 1-61 所示。

（11）设置填充颜色为#DCDCDA、#C6C7C4，分别填充大象鼻子的亮部和暗部，效果如图1-62所示。

图1-61　把眼睛放到大象头部

图1-62　为鼻子添加颜色

（12）设置填充颜色为#D3D3D3、#C6C6C4、#F0F0F0，分别填充大象耳朵的亮部、暗部以及另一只耳朵部分，效果如图1-63所示。

（13）设置填充颜色为#F1F1F1，填充大象象牙的部分，效果如图1-64所示。

图1-63　为大象头部上色

图1-64　为象牙填色

（14）设置填充颜色为#B4B4B4、#A1A1A1，分别填充大象身体的亮部和暗部，效果如图1-65所示。

（15）设置填充颜色为#C3C3C4、#2B2923，填充大象尾巴和脚，效果如图1-66所示。

图1-65　为大象身体填色

图1-66　为大象尾巴和脚填色

（16）使用选择工具选中大象边框线条部分，按 Del 键删除；然后选中大象对象，组合成一个整体，效果如图 1-67 所示。

图 1-67　删除边框线条

2. 狮子绘制

（1）按快捷键 O 选择椭圆工具，设置笔触颜色为黑色#000000，笔触大小为 0.5，在舞台中绘制狮子的头部和身体，效果如图 1-68 所示。

（2）使用选择工具（快捷键 V）和部分选择工具（快捷键 A）对狮子形状进行调整，效果如图 1-69 所示。

图 1-68　绘制两个椭圆　　　　　　　图 1-69　调整椭圆形状

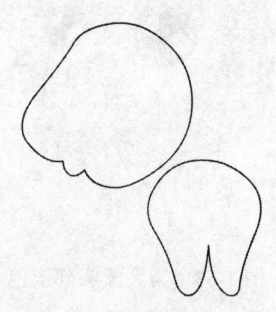

（3）使用铅笔工具（快捷键 Y）或者直线工具将狮子身体补充完成，效果如图 1-70 所示。

（4）从大象对象中将眼睛的部分复制出来，粘贴到狮子头部，效果如图 1-71 所示。

图 1-70　完成狮子整体形状　　　　　　图 1-71　添加狮子眼睛

（5）设置填充颜色为#28140B、#7A675C、#4D301C，分别填充狮子毛发、毛发亮部和毛发暗部，效果如图1-72所示。

（6）设置填充颜色为#F6F3B6、#FBBB62、#D99322，分别填充狮子的面部和耳朵，效果如图1-73所示。

图1-72 给狮子毛发上色　　图1-73 给狮子面部上色

（7）设置填充颜色为#DBA944、#C07A2A、#E59534，填充狮子的身体和尾巴，效果如图1-74所示。

（8）设置填充颜色为#DB7268、#451503，填充狮子的鼻子部分，效果如图1-75所示。

图1-74 给狮子身体上色　　图1-75 给狮子鼻子上色

（9）使用选择工具选中狮子边框线条部分，按Del键删除；然后选中狮子对象，组合成一个整体，效果如图1-76所示。

图1-76 删除边框线条

场景中其他几个动物大家可以按照类似的方法绘制出来，放置到画面中，再调整各个对象的叠放次序即可，具体操作方法不再赘述。完成之后的效果图如图 1-77 所示。

图 1-77　快乐的森林案例最终效果

拓展训练——海底世界

海底世界案例效果如图 1-78 所示。

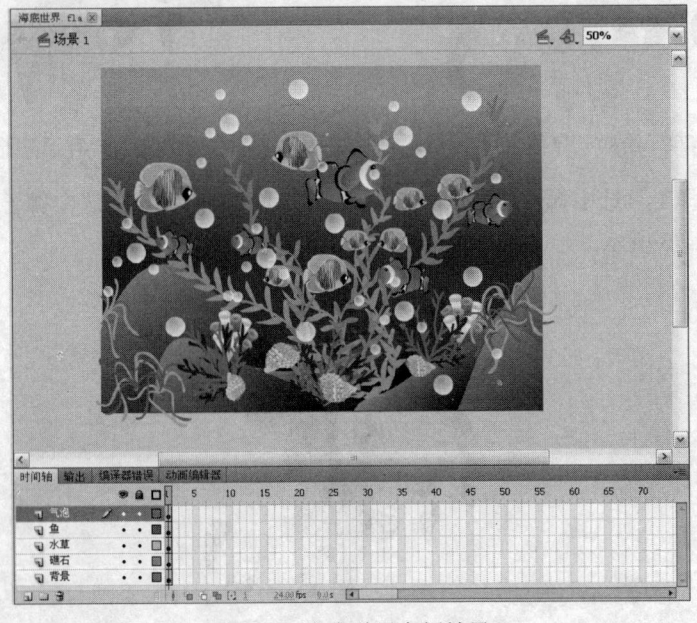

图 1-78　海底世界案例效果

海底世界构成元素提示：礁石、水草、珊瑚礁、海螺、鱼、气泡。

绘制工具提示：矩形工具、椭圆工具、铅笔工具、刷子工具、填充工具、渐变工具、吸管工具等。

案例详见海底世界.fla。

项目二

Flash CS5 动画制作基础——璀璨的夜晚

本案例是使用 Flash CS5 制作的一幅江南水乡璀璨的夜晚景象——明月当空，古老的建筑伴着灯火倒映在水中，天上星星闪烁，偶尔有流星划过夜空，池中水波荡漾，水边有芦苇在轻轻摇动，还有萤火虫在飞舞着，在这美好的夜晚总是会勾起人们的思乡情，画面上以打字的方式出现一首思念家乡的诗。

通过分析，本案例中包括 7 个动画，使用 6 种动画来完成，思念家乡的诗是用逐帧动画完成的，星星闪烁是用传统补间动画完成的，流星是用补间动画完成的，水波荡漾是用遮罩层动画完成的，萤火虫亮光是用形状补间动画完成的，萤火虫的飞舞是用引导层动画完成的，芦苇的摆动是由形状补间动画完成的。

通过本案例的制作可以很好地学习和掌握 Flash 动画制作的基本知识与制作方法。

本案例最终效果如图 2-1 和图 2-2 所示。

图 2-1 背景效果

图 2-2　最终效果

任务 2.1　项目分解——逐帧动画制作

2.1.1　效果展示

本案例中出现的思念家乡的诗是使用逐帧动画实现的，效果如图 2-3 所示。

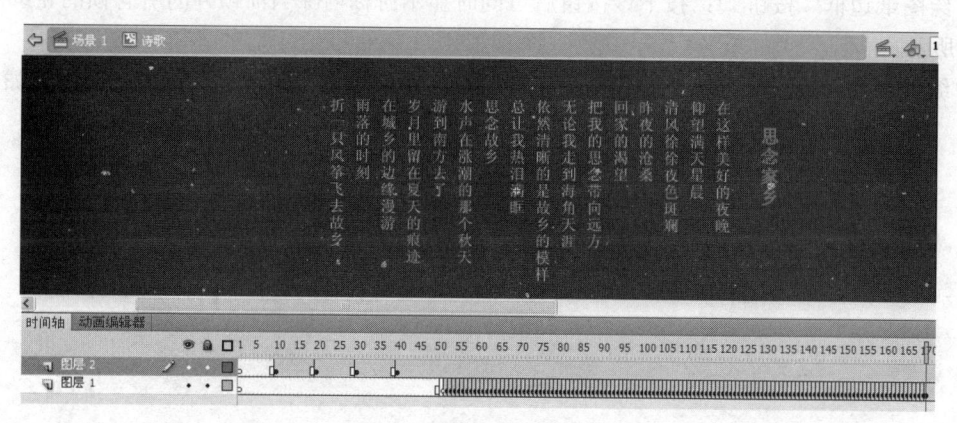

图 2-3　逐帧动画效果

2.1.2　知识讲解

1. 动画原理

动画是在一定时间内快速连续地播放一系列画面而形成的。它利用了人眼的视觉残留现象，由于相邻画面的变化很小，在快速播放时就会形成动态效果。实际上每幅画面都是静止的，只有在快速播放时才产生动画效果，比如每秒 12 帧或每秒 24 帧，一帧即一幅画面。

2. 时间轴

时间轴主要由图层、帧、播放头三部分组成。时间轴是制作动画的重要部件，用于组织文档中的资源以及控制文档内容随时间而变化，播放时间轴上的内容从而形成动画效果，如图 2-4 所示。

图 2-4 时间轴

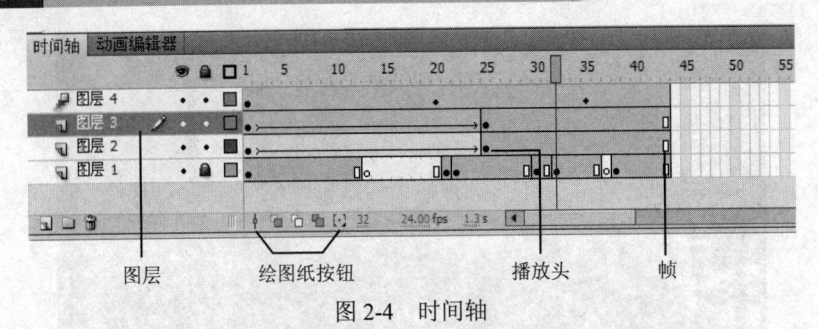

绘图纸各按钮的作用如下：

"绘图纸外观"按钮：按下该按钮可显示游标内各帧的原始图形，如图 2-5 所示。通过拖动时间轴上的游标还可以增加或减少同时显示的帧数量，时间轴上的显示如图 2-6 所示。

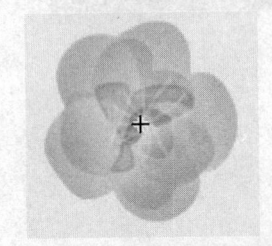

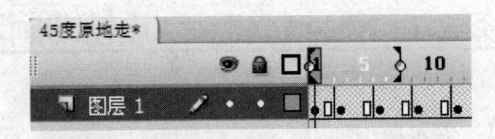

图 2-5 "绘图纸外观"效果　　　　图 2-6 时间轴上的"绘图纸外观"

"绘图纸边框"按钮：按下该按钮后可同时显示游标内除当前帧外的所有帧的轮廓图，如图 2-7 所示。

"编辑多帧"按钮：按下该按钮后可同时编辑游标范围内的所有关键帧的画面，如图 2-8 所示。

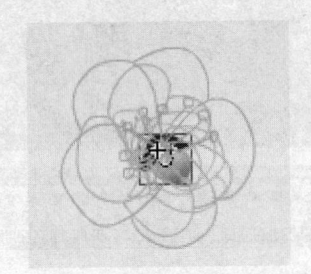

图 2-7 绘图纸边框　　　　图 2-8 编辑多帧

"修改标记"按钮：单击该按钮将打开如图 2-9 所示的下拉菜单，在该菜单中可设置绘图纸工具的显示范围、显示标记和固定绘图纸等。

总是显示标记
锚定绘图纸
绘图纸 2
绘图纸 5
绘制全部

图 2-9 修改标记菜单

"修改标记"下拉菜单中各选项的功能及含义如下：
- 总是显示标记：选中该选项后，无论是否使用绘图纸工具，时间轴中都将显示游标。
- 锚定绘图纸：选中该选项后，时间轴上的游标将固定在当前位置，不再随播放指针的位置移动。
- 绘图纸 2：选中该选项后，在主场景中将只显示当前帧左右两边相邻两帧的内容。
- 绘图纸 5：选中该选项后，在主场景中将只显示当前帧左右两边相邻 5 帧的内容。
- 绘制全部：选中该选项后，在主场景中将显示整个动画中的所有内容。

3. 帧

帧是组成 Flash 动画最基本的单位，一帧即一幅画面。在时间轴中，使用帧来组织和控制文档的内容。用户在时间轴中放置帧的顺序将决定帧内对象在最终内容中的显示顺序。

时间轴上的帧分为关键帧、静态帧、空白关键帧、属性关键帧、补间帧，如图 2-10 所示。

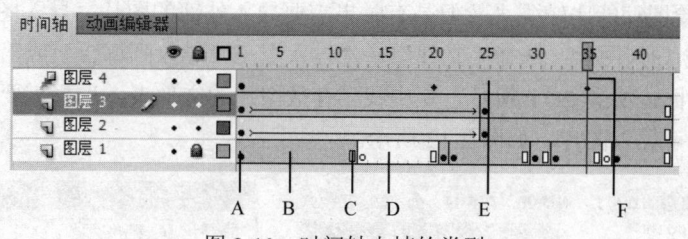

图 2-10 时间轴上帧的类型

A：关键帧，元件实例显示在时间轴中。
B：静态帧，不作为补间动画的任何帧，它对前面的关键帧起延续的作用。
C：空白关键帧，元件的占位符，没有实例。
D：空白帧，该帧保留为空。
E：补间帧，作为补间动画的一部分任何帧，做补间动画时由电脑计算补出。
F：属性关键帧，更改对象属性以产生动画。

对于帧的操作有以下几种：
- 选择帧：若要选择一个帧，使用选择工具单击该帧；若要选择多个连续的帧，可以按下鼠标左键拖动鼠标，或按住 Shift 并单击其他帧；若要选择多个不连续的帧，则在按住 Ctrl 键的同时单击其他帧；若要选择时间轴中的所有帧，则选择"编辑"→"时间轴"→"选择所有帧"命令；若要选择整个静态帧范围，请双击两个关键帧之间的帧。
- 插入帧：若要插入静态帧，按 F5 键；若要插入关键帧，按 F6 键；若要插入空白关键帧，按 F7 键。
- 移动关键帧：选择关键帧或含关键帧的序列，然后按住鼠标左键拖动到目标位置。
- 复制帧：选择帧并右击，在弹出的快捷菜单中选择"复制帧"命令，再选择目标位置的帧并右击，在弹出的快捷菜单中选择"粘贴帧"命令。
- 删除帧：选择帧并右击，在弹出的快捷菜单中选择"删除帧"命令。
- 清除帧：选择帧并右击，在弹出的快捷菜单中选择"清除帧"命令。

清除帧与删除帧的区别

清除帧只是清除了帧里面的内容，帧还在，只是这些帧变成了空白帧；删除帧是把整个帧都删掉了，如果删除的是中间部分的帧，则后面的帧会自动向前移动，把被删除帧的位置补上，而清除帧后后面的帧还是保留在原位置，不会向前移动，被清除帧位置的帧变成了空白帧。

- 清除关键帧：选择关键帧并右击，在弹出的快捷菜单中选择"清除关键帧"命令，可将关键帧转换为帧。
- 翻转帧：选择含关键帧的序列并右击，在弹出的快捷菜单中选择"翻转帧"命令，将该序列帧顺序进行颠倒，如果选择的是一段动画，则翻转后动画是倒着从后向前放的。

4. 导入外部图像

虽然 Flash 的绘图功能比较强大，但是有时也需要导入外部的图片。导入图片的方法有两种：

（1）通过命令导入图片：选择"文件"→"导入"→"导入到舞台"或"导入到库"命令，弹出"导入"对话框，如图 2-11 所示，从中找到存放图片的文件夹，选择需要的图片文件，单击"打开"按钮，即可导入图片，如图 2-12 所示。

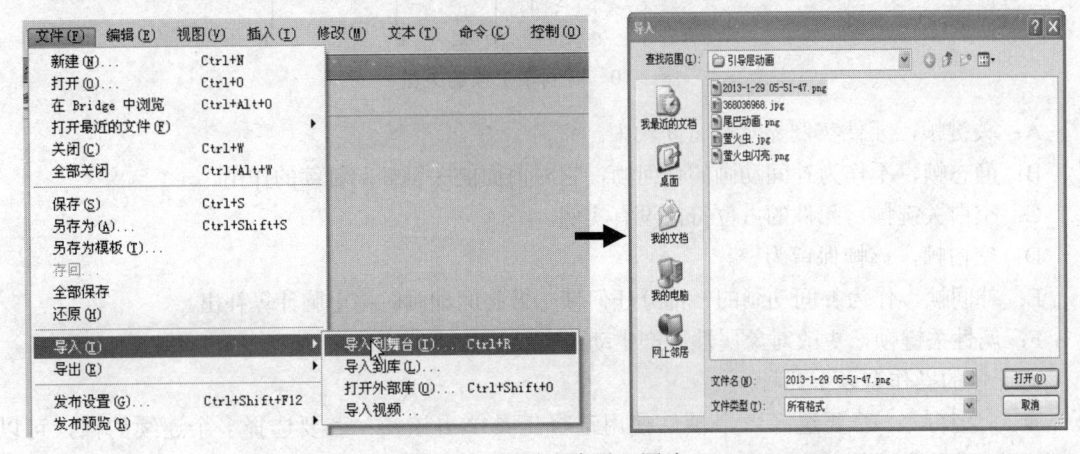

图 2-11　通过命令导入图片

提示　一次可以导入多个图片素材，可以按 Ctrl 键选择不相邻素材，也可以通过选择第一张素材，再按 Shift 键时选择最后一张需要的素材来导入相邻连续的素材。

（2）将其他程序或文档中的图片粘贴到 Flash 舞台上：在其他程序或文档中复制图像，在 Flash CS5 中按 Ctrl+V 组合键或选择"编辑"→"粘贴到中心位置"命令，即可导入外部图像。

5. 逐帧动画原理

逐帧动画又称为"帧帧动画"，它是一种简单而常见的动画形式，其原理是通过"连续的关键帧"分解动画动作，如图 2-13 所示，也就是说连续播放含有不同内容的帧来形成动画。它适合于制作图像在每一帧中都在变化而不仅是在舞台上移动或属性改变的复杂动画，比如人的转脸、行走等都需要使用逐帧动画来实现。

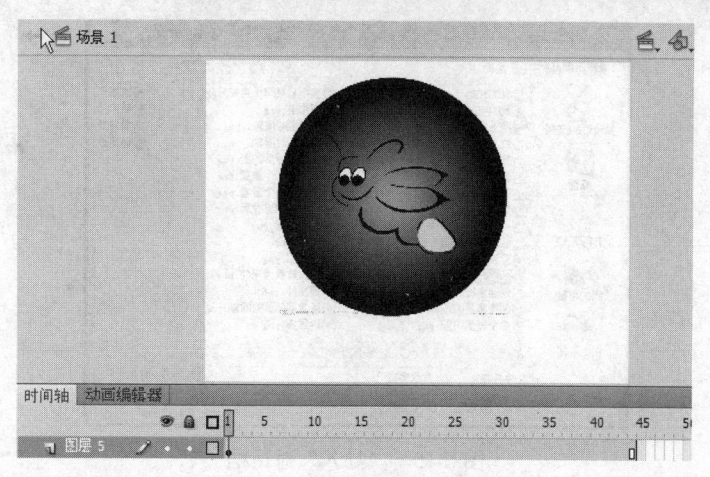

图 2-12　导入舞台的图片

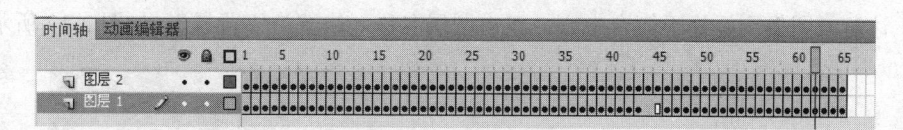

图 2-13　逐帧动画

创建逐帧动画，需要将每个帧都定义为关键帧，然后为每个帧创建不同的图像。每个关键帧最初包含的内容和它前面的关键帧是一样的，只是有小的变化，因此可以递增地修改动画中的帧。

2.1.3　步骤详解

1. 背景搭建

（1）启动 Flash CS5，新建一个 ActionScript 3.0 的空白文档；执行"修改"→"文档"命令，在打开的对话框中将"背景颜色"设置为黑色#000000，尺寸更改为 800 像素×600 像素，如图 2-14 所示，设置完成后单击"确定"按钮。

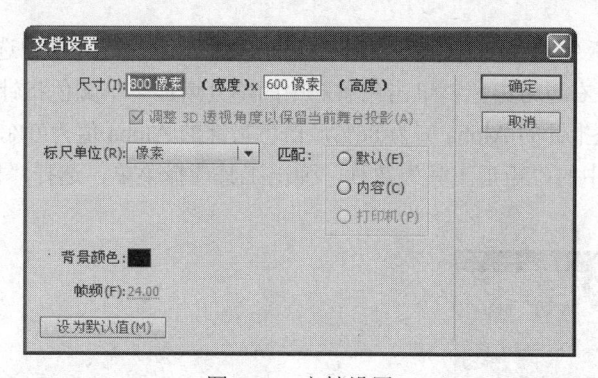

图 2-14　文档设置

（2）导入背景素材，执行"文件"→"导入"→"导入到舞台"命令，弹出"导入"对话框，如图 2-15 所示；选择"背景素材.jpg"，单击"打开"按钮即把素材导入到了舞台中。

（3）选中图像，打开"属性"面板，单击 按钮取消链接，把宽高分别修改成 800 和 600，如图 2-16 所示。

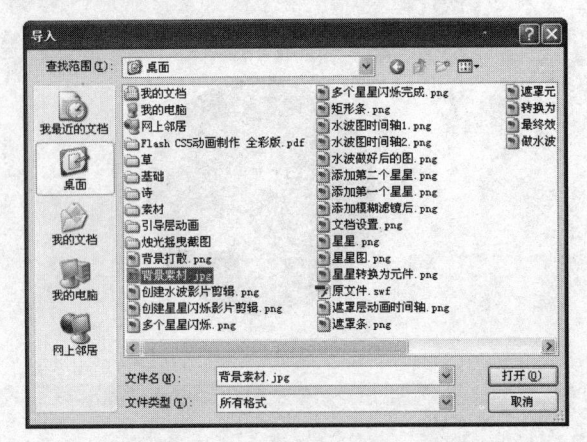

图 2-15 "导入"对话框

（4）单击■按钮展开"对齐"面板，勾选"与舞台对齐"复选框，单击"水平中齐"与"垂直中齐"，让背景图像刚好处于舞台中心，双击图层名称，修改为"背景"，如图 2-17 所示。

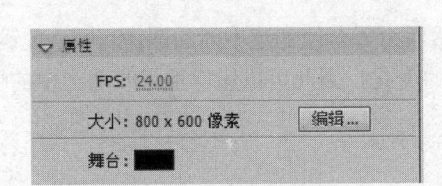

图 2-16 修改图像大小

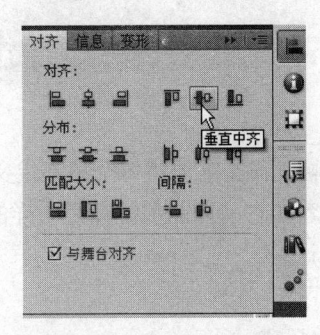

图 2-17 "对齐"面板

（5）新建一图层，命名为"月亮"。
（6）展开"颜色"面板，单击选择面板中的"笔触颜色"控件，在弹出的颜色调板中设置笔触色为"无颜色"。
（7）单击选择面板中的"填充颜色"控件，在"类型"下拉列表框中选择"放射状"；设置左边的填充色为淡黄色，右边为白色；单击色条的中间部分增加一个颜色指针，设置颜色为浅黄色；然后分别改变两个黄色指针的 Alpha 值为 86%，白色指针的 Alpha 值为 0%，如图 2-18 所示。
（8）按下工具箱中的"矩形工具"数秒，弹出工具选择菜单，选择"椭圆工具"，如图 2-19 所示。

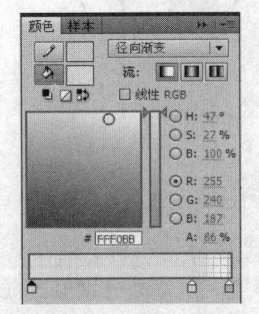

图 2-18 设置放射状填充色

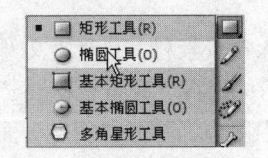

图 2-19 选择椭圆工具

（9）按住 Shift 键在合适的位置绘制一个圆形月亮，绘制结束后场景效果如图 2-20 所示。

图 2-20　背景效果

（10）单击"文件"→"保存"命令，弹出"保存"对话框，选择保存的位置，在"文件名"栏中输入"璀璨的夜晚"，单击"保存"按钮进行保存。

2. 文字显示动画

（1）执行"插入"→"新建元件"命令创建一个名为"诗歌"的影片剪辑，如图 2-21 所示。

（2）选择文字工具，在属性面板中设置文字方向为"垂直"，大小为 18 点，颜色为红色，如图 2-22 所示，在工作区中输入诗的题目"思念家乡"。

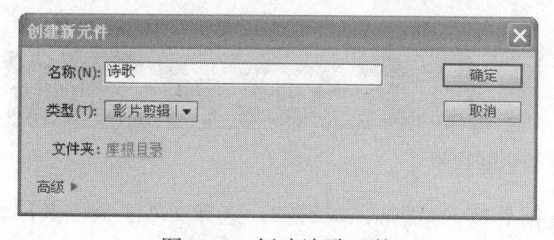

图 2-21　创建诗歌元件　　　　　　　　图 2-22　文字属性

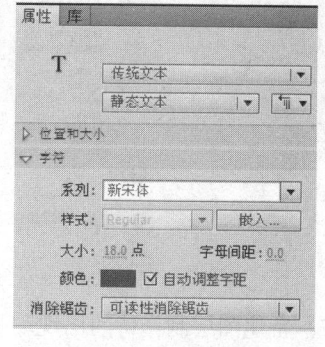

（3）使用选择工具选择"思念家乡"，按 Ctrl+B 组合键打散成单个文字，如图 2-23 所示。

（4）在图层中选择第 10 帧，按 F6 键插入一个关键帧，同时把题目的最后一个字"乡"删掉，如图 2-24 所示。

（5）为了让题目的字显示慢一些，因此设计隔 10 帧显示一个字。选择第 20 帧，按 F6 键插入一个关键帧，同时把题目的最后一个字"家"删掉，依此类推，最终全部删掉，如图 2-25 所示。

（6）由于现在是文字从有到无，而需要的效果是文字从无到有，因此用鼠标拖动选择所有帧并右击，在弹出的快捷菜单中选择"翻转帧"选项，如图 2-26 所示。

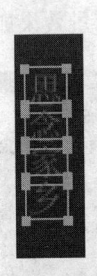

图 2-23　打散文字　　　　　　　　　图 2-24　删除"乡"字

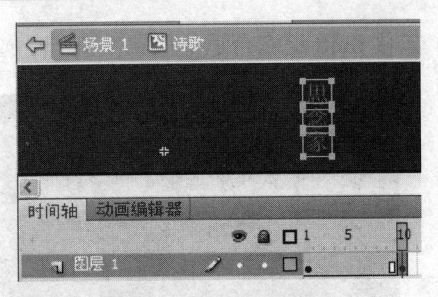

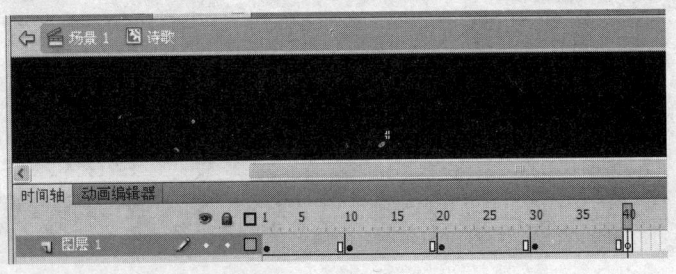

图 2-25　逐帧动画完成

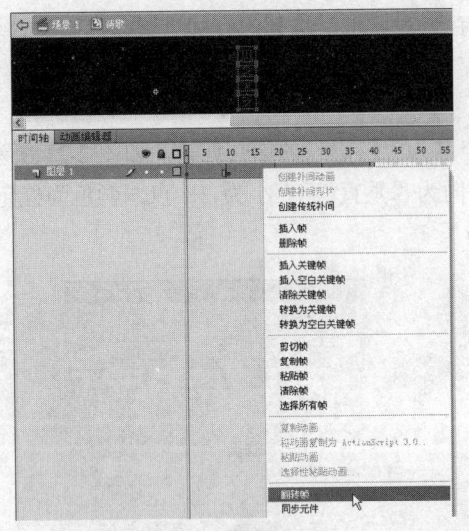

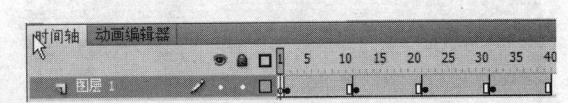

图 2-26　翻转帧

（7）新建图层制作诗的出现动画，在 50 帧处按 F6 键插入关键帧，选择文本工具，其属性设置如图 2-27 所示。

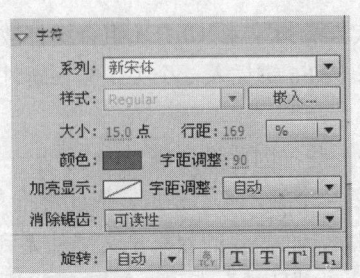

图 2-27　文字属性

（8）输入诗的内容，按 Ctrl+B 组合键打散成单个文字，如图 2-28 所示。

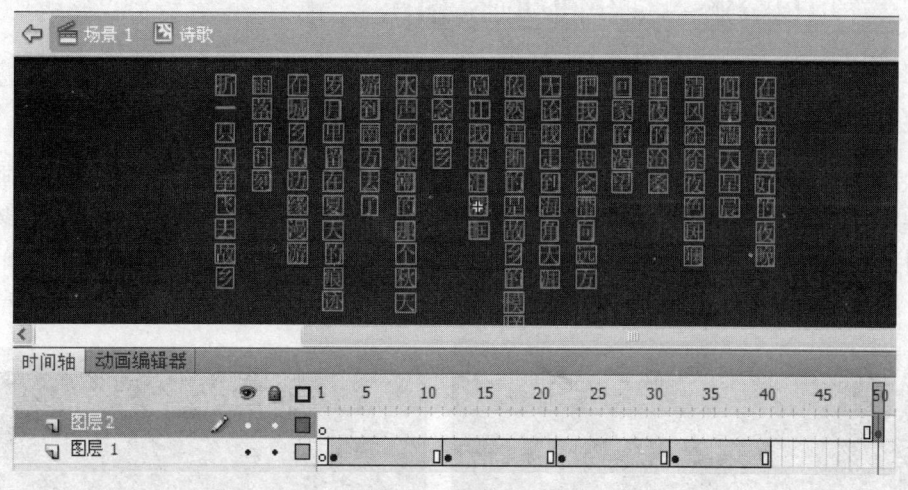

图 2-28　打散文字

（9）选择第 51 帧，按 F6 键插入一个关键帧，同时把最后一个字删掉。
（10）用同样的方法，直到把所有的字都删完为止，这首诗共有 120 个字，因此要插入 120 个关键帧，如图 2-29 所示。

图 2-29　逐帧动画完成

（11）从第 50 帧开始选择后面所有帧并右击，在弹出的快捷菜单中选择"翻转帧"选项，使图层上的帧得到翻转，相当于动画进行了倒放，以此达到想要的效果。
（12）拖动鼠标的同时选中两个图层的第 230 帧，按 F5 键插入帧，让其显示完后停顿一会再重复，调整题目与内容的位置如图 2-30 所示。

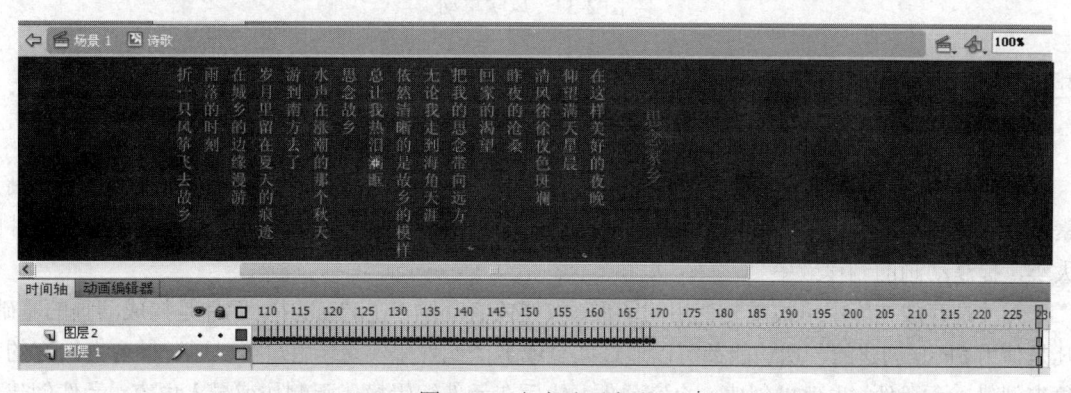

图 2-30　文字动画完成

（13）按 Ctrl+Enter 组合键测试动画。

任务 2.2　项目分解——补间动画制作

2.2.1　效果展示

本次任务是使用补间动画制作完成案例中的星星闪烁、流星划过夜空和风吹草动动画。首先要绘制星星、流星和草，然后再制作动画。其中星星闪烁是使用传统补间动画完成的，流星划过夜空是使用补间动画完成的，风吹草动是使用补间形状动画完成的，星星、流星和草都不是单一的，是多个的，因此其动画都是在影片剪辑中来制作实现的，效果如图 2-31 至图 2-33 所示。

图 2-31　星星闪烁　　　　　　图 2-32　流星划过夜空

图 2-33　风吹草动

2.2.2　知识讲解

1. 元件、实例与库

元件是 Flash 中一个非常重要的概念，在动画制作过程中经常需要重复使用一些特定的动画元素，用户可以将这些元素转换为元件，然后即可在动画中多次调用，这样可以有效减小动画文件的大小，提高动画的制作效率。

元件是存放在库中可被重复使用的图形、按钮或者动画。在 Flash 中，元件是构成动画的基础，凡是使用 Flash 创建的一切功能都可以通过某个或多个元件来实现。用户可以通过舞台上选定的对象来创建一个元件，也可以创建一个空元件，然后在元件编辑模式下制作或导入内容。元件创建后会自动存放到库中。

"库"面板是放置和组织元件的地方，在编辑 Flash 文档时常常需要在"库"面板中调用元件。"库"面板默认位于 Flash 界面的右侧，如果在界面中没有"库"面板，可通过单击"窗口"→"库"

命令或者按 Ctrl+L 快捷键来打开。

要使用元件时，直接把元件从库中拖入到舞台上，此时舞台上的这个对象称为该元件的一个实例。实例是指在舞台上或者嵌套在另一个元件内部的元件副本，用户可以修改它的颜色、大小和功能而不会影响元件本身。

> **提示**　修改元件，则该元件的实例自动修改；修改实例，则不影响元件本身。

（1）元件的类型。

在 Flash 中，每个元件都具有唯一的时间轴、工作区及图层。用户在创建元件时必须首先选择元件的类型，因为元件类型将决定元件的使用方法。

单击"插入"→"新建元件"命令，打开"创建新元件"对话框，元件类型有 3 种，如图 2-34 所示。

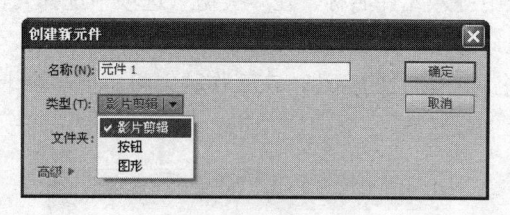

图 2-34　元件类型

- 影片剪辑：影片剪辑是指一段完整的动画，有着相对于主时间轴独立的坐标系，能够独立播放。它可以包含一切的素材在里面，这些素材可以是交互控制按钮、声音、图符和其他影片剪辑等，还可以添加动作脚本来实现交互或制作一些特殊效果。
- 按钮：按钮用于实现交互，有时也用来制作一些特殊效果，按钮元件共有 4 种状态：弹起、指针经过、按下和点击，如图 2-35 所示。

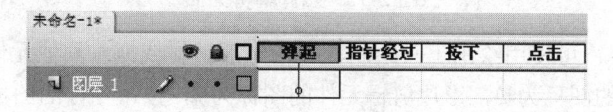

图 2-35　按钮元件

- 图形：图形与影片剪辑类似，可以作为一段动画，也可以只是创建可反复使用的图形。它拥有自己的时间轴，也可以加入其他的元件和素材，但是图形元件不具有交互性，也不能添加滤镜和声音。图形元件的时间轴和影片场景的时间轴同步运行。

> **提示**　图形元件的时间轴不是独立的，它与主时间轴是同步的，若在图形元件中做了动画，则图形元件的实例也必须延续到图形元件中动画的长度时动画才能完整播放，如果短于其长度，则动画播放不完，如果长了，则会自动进行循环重复。

（2）创建元件。

在 Flash 动画的制作过程中要使用某个元件，首先要在库中创建该元件。创建元件主要有两种方法：一种是直接创建，即先建立一个空的图形元件，再向其中添加元素；另一种是选中当前舞台中的对象，将其转换为元件。

直接创建

1）单击"插入"→"新建元件"命令或者按 Ctrl+F8 组合键，打开"创建新元件"对话框，如图 2-36 所示。

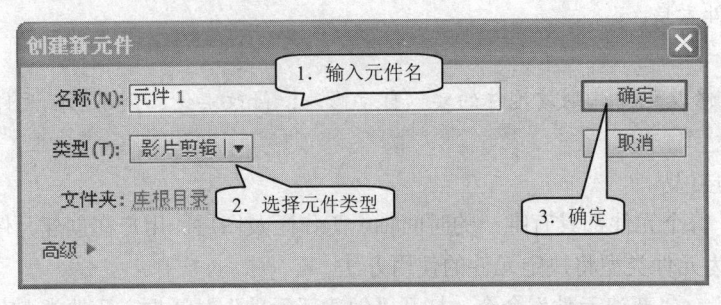

图 2-36 创建新元件

2）在"名称"文本框中键入元件名称，在"类型"选项中选择元件类型。

3）单击"确定"按钮，这时 Flash 会将该元件添加到库中并切换至该元件编辑界面。在元件编辑界面中将出现元件的名称在场景的旁边，在工作区中将出现一个十字，代表该元件的中心点，如图 2-37 所示。

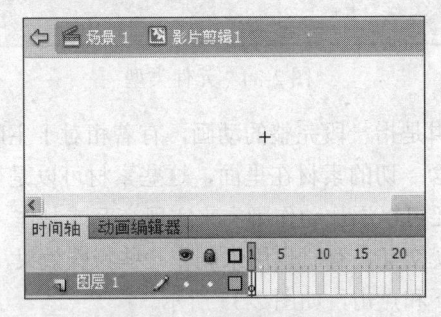

图 2-37 元件编辑界面

4）创建元件内容，可使用绘画工具绘制、导入外部素材或拖入其他元件的实例等方法。

在库中图形元件的图标为 ，影片剪辑元件的图标为 ，按钮元件的图标为 ，如图 2-38 和图 2-39 所示。

图 2-38 图形元件

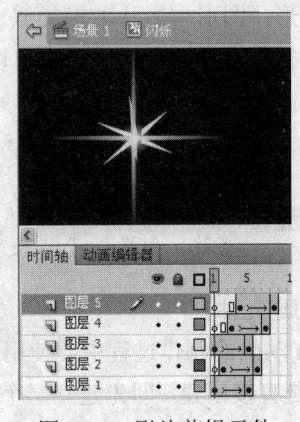

图 2-39 影片剪辑元件

按钮元件有弹起、指针经过、按下、点击 4 种状态，要分别进行绘制或加入对象，如图 2-40 至图 2-42 所示。

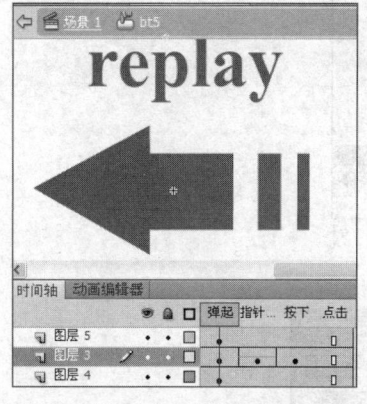

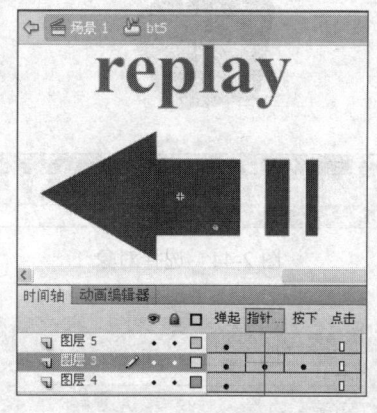

图 2-40　弹起状态　　　　　图 2-41　指针经过状态　　　　　图 2-42　按下状态

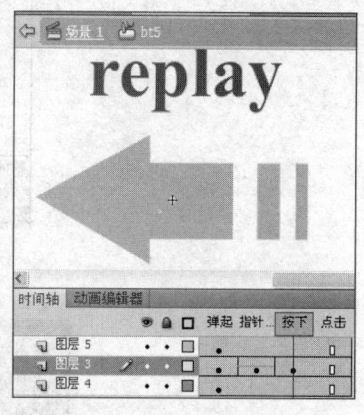

点击与按下是一样的。

完成元件的制作后，单击 场景1 按钮退出元件的编辑模式，返回场景 1 中。

要使用该元件，则直接从"库"面板中把元件拖入到舞台，形成该元件的一个实例，如图 2-43 所示。

图 2-43　舞台实例

如果要对已创建的元件进行编辑，可以在舞台上双击该实例或者在"库"面板中双击该元件进入该元件的编辑界面中进行操作。

将已有对象转换为元件

1）在舞台上选择一个或多个对象，如图 2-44 所示。

2）单击"修改"→"转换为元件"命令或者按快捷键 F8 或右击并选择快捷菜单中的"转换为元件"命令，弹出"转换为元件"对话框，如图 2-45 所示。

3）在"名称"文本框中键入元件名称，在"类型"选项中选择元件类型，在"对齐"中单击选择元件的对齐点（中心点）。

4）单击"确定"按钮，完成转换。这时 Flash 会将该元件添加到库中，舞台上待定的对象此时变成了该元件的一个实例。

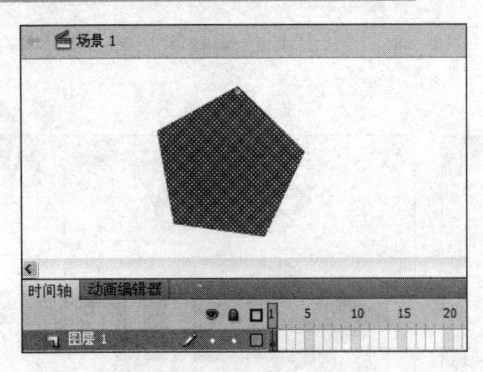

图 2-44　选择对象

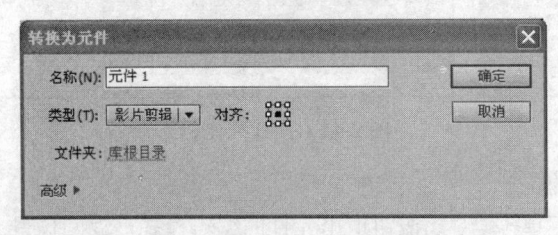

图 2-45　转换为元件对话框

将已有动画转换为元件

如果想把舞台上一段制作好的动画用到其他地方，就要将该动画转换为元件。将舞台上的动画转换为影片剪辑或图形元件的操作步骤如下：

1）按住 Shift 键不放，在时间轴的层窗口中单击要复制的所有层，即选择了这些层的所有帧，被选择的帧呈黑色显示，如图 2-46 所示。

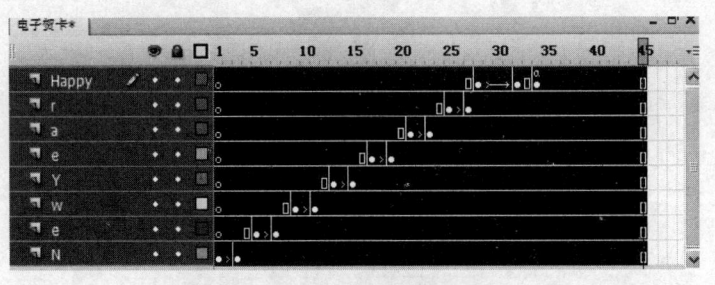

图 2-46　选择所有要复制的帧

2）在时间轴上右击，在弹出的菜单中选择"复制帧"命令，复制刚才选择的这些帧。

3）单击"插入"→"新建元件"命令，弹出"新建元件"对话框，键入元件名称并选择好元件类型。

4）单击"确定"按钮，这时 Flash 会将该元件添加到库中并切换至该元件编辑界面。在图层 1 的第 1 帧上右击，从弹出的菜单中选择"粘贴帧"命令。这样就将刚才复制的所有帧粘贴到该元件中了，如图 2-47 所示。

（3）编辑元件与实例。

1）编辑元件。

要在元件编辑界面中进行元件编辑，进入元件编辑界面的方式有以下两种：

图 2-47　元件中粘贴所有帧

- 在库中双击该元件。
- 在舞台中双击元件实例。

在舞台上双击实例进入编辑界面时，舞台中的其他对象会显示出来，只是显示为灰色不可选，如图 2-48 所示；若是从"库"面板中双击元件进入编辑界面时，则其工作区中只显示该元件的内容，如图 2-49 所示。

图 2-48　在舞台上双击元件实例　　　　　　图 2-49　在库中双击元件

2）编辑实例。

改变实例类型

在 Flash 中可以改变舞台上实例的类型，方法有如下两种：

- 通过"属性"面板更改：在舞台上选择实例，在"属性"面板的"实例行为"下拉列表框中选择元件类型，如图 2-50 所示。
- 通过"库"面板更改：在"库"面板中选择元件，单击左下角的 ❶ 按钮，在打开的"元件属性"对话框中更改元件类型。

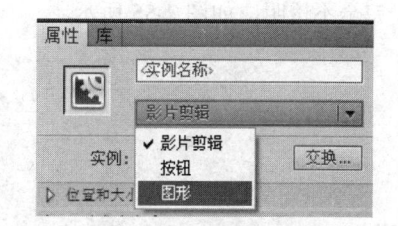

图 2-50　修改实例类型

交换实例

舞台上的实例可以换成其他的实例，并保留所有的原始实例属性，如色彩效果或按钮动作。

实例交换的方法是，选择需要更换的实例，在"属性"面板中单击"交换"按钮，在弹出的"交换元件"对话框中选择一个元件，再单击"确定"按钮，如图 2-51 所示。

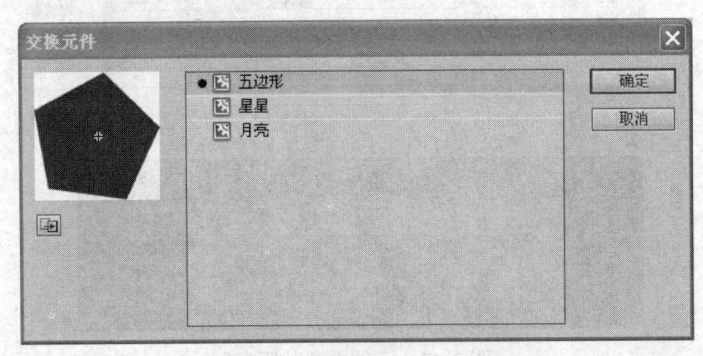

图 2-51 "交换元件"对话框

改变实例色彩效果

在"属性"面板中"色彩效果"的"样式"下拉列表中可以设置实例的亮度、色调和 Alpha 值等，如图 2-52 所示。

无：保持原始状态。

亮度：用于设置实例的明亮度，数值在-100%～100%之间，大于 0 变亮，小于 0 变暗，可以直接输入数字或拖曳变量滑块来调节，如图 2-53 所示。

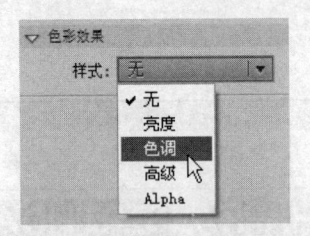

图 2-52 色彩效果 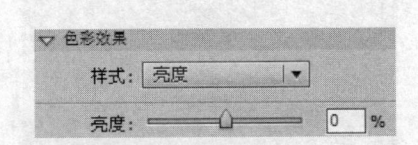   图 2-53 亮度

色调：用于给实例增加某一色彩。单击■■按钮，从出现的调色板中选择需要的颜色，然后调节下方的滑块来调节着色的颜色。色调的数值为 0%～100%，当为 0%时，实例不受影响，当数值为 100%时，所选颜色将完全取代原来的色彩，中间值则为两种颜色的叠加，如图 2-54 所示。

Alpha：用于设定实例的透明度，数值为 0%～100%，当为 0%时，完全透明，当为 100%时，完全不透明，如图 2-55 所示。

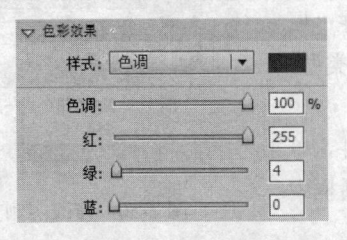

图 2-54 色调 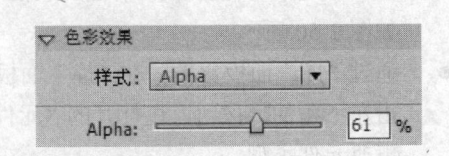   图 2-55 透明度

高级：可以同时调整三原色和透明度，如图 2-56 所示。

图 2-56 高级

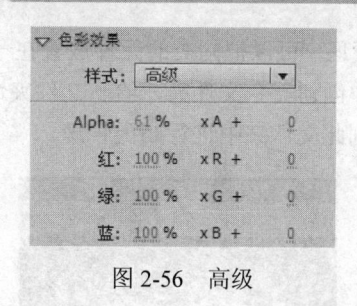

（4）库。

1)"库"面板。

"库"面板在 Flash CS5 中默认位于窗口右侧，与"属性"面板嵌在一起，如果找不到"库"面板，可通过执行"窗口"→"库"命令或者按 Ctrl+L 组合键打开"库"面板，如图 2-57 所示。

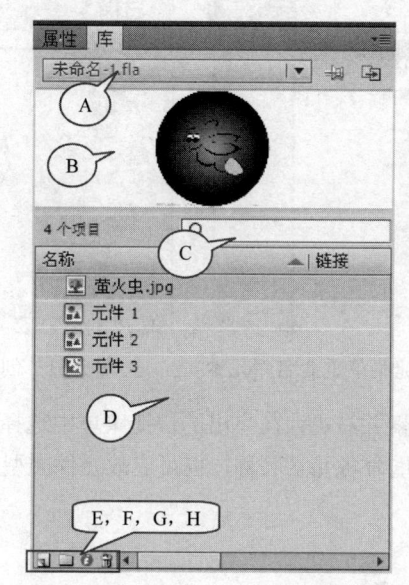

A."库名称"下拉列表框：显示打开的所有库名称，包括打开的其他文档中的库。
B. 预览窗口：用于显示选择项目对象的内容。
C. 搜索控件：用于快速查找库中的项目。
D. 项目窗口：用于显示所有项目名称、项目类型、项目在文件中使用的次数、项目链接状态和标识符，以及上次修改项目的日期等。
E. 新建元件按钮：用于创建新元件。
F. 新建文件夹按钮：用于创建文件夹。
G. 属性按钮：用于查看所选对象属性。
H. 删除按钮：用于删除选择的对象。

图 2-57 "库"面板

2)管理库。

创建库元素：在"库"面板中单击"新建元件"按钮，打开"创建新元件"对话框，输入元件名，选择元件类型，然后单击"确定"按钮创建元件，如图 2-58 所示。

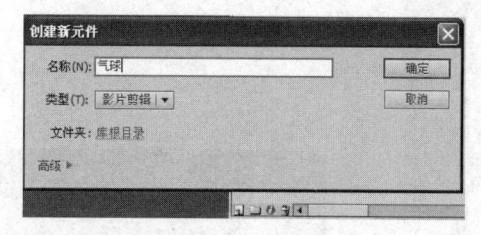

图 2-58 创建新元件

重命名库元素：重命名库元素的方法有两种，一种是双击要重命名的元件名称，如图 2-59 所示；另一种是在"库"面板中选择要重命名的元件并右击，再选择快捷菜单中的"重命名"命令，如图 2-60 所示。

39

创建库文件夹：文件夹方便管理，可以把同类的元件放置在一个文件夹中。在"库"面板中单击"新建元件"按钮，即可在库中创建一个文件夹，给新文件夹命名，如图 2-61 所示。创建好文件夹后，即可把其他库元素拖放到此文件夹中进行归类管理。

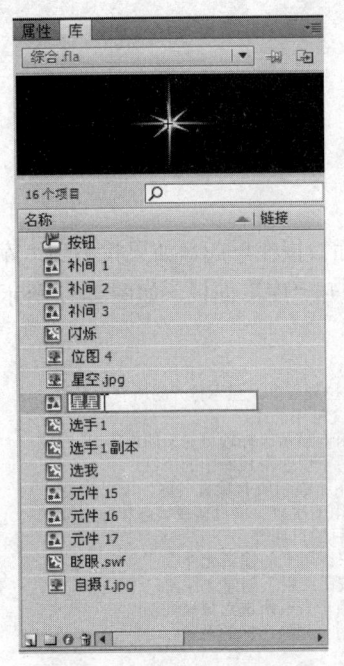

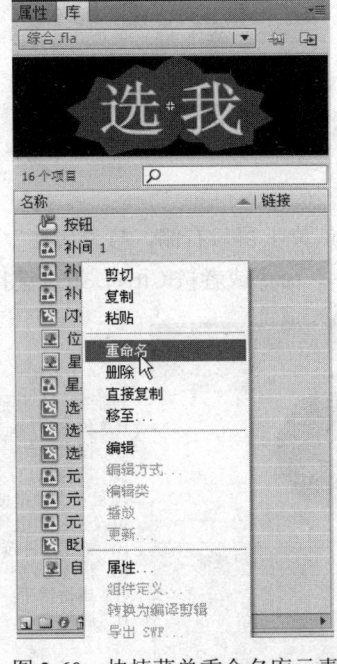

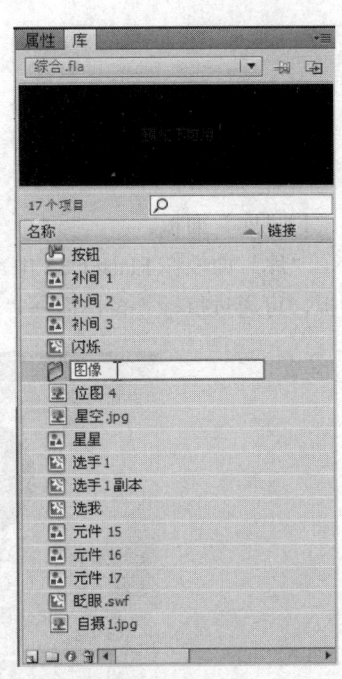

图 2-59　双击重命名库元素　　　图 2-60　快捷菜单重命名库元素　　　图 2-61　创建文件夹

直接复制库元素：在库中选择要复制的元素并右击，在弹出的快捷菜单中选择"直接复制"命令，弹出"直接复制元件"对话框，在其中可重命名元素名称，也可更改元件类型，然后单击"确定"按钮，如图 2-62 所示。

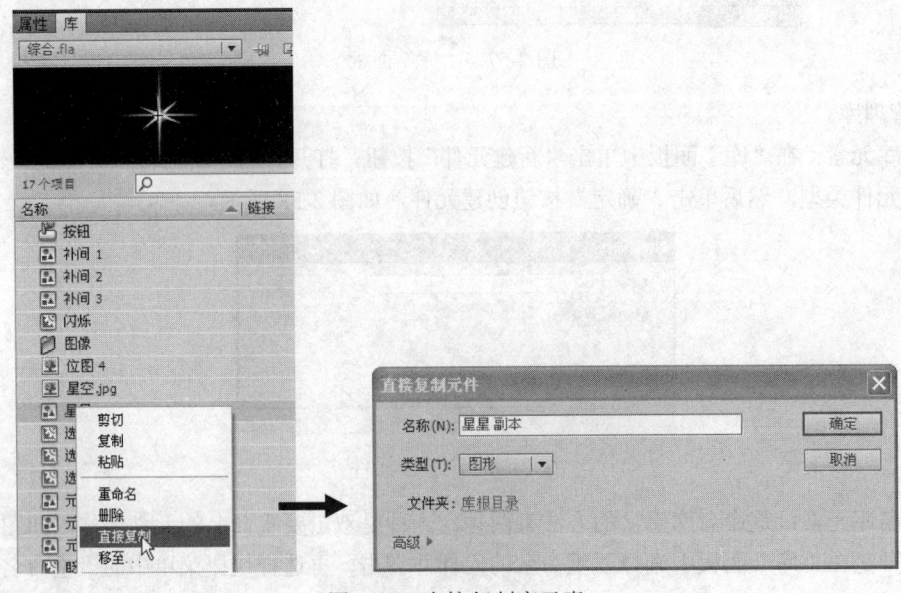

图 2-62　直接复制库元素

删除库元素：在库中选择库元素，然后单击"删除"按钮 或按 Delete 键。

> **提示** 在删除库中的文件夹时，同时会删除该文件夹中的所有元素。

编辑库元素：双击库元素图标，如果是元件，则打开元件编辑界面；如果是位图，则打开"位图属性"对话框，从而对其进行编辑，如图 2-63 所示。

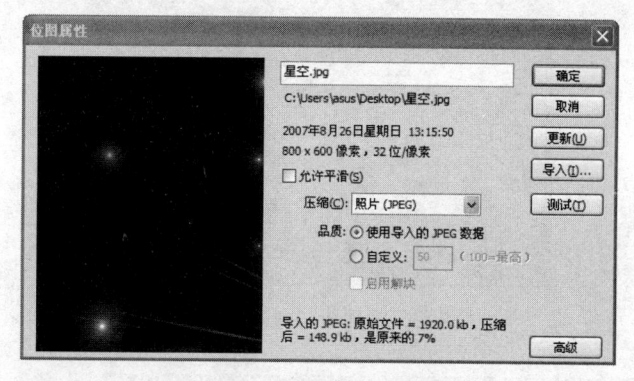

图 2-63 "位图属性"对话框

3）使用库。

使用库元素：要使用库中的元件，直接用鼠标从库中拖放到舞台上即可创建该元件的一个实例。

调用其他动画的库：在制作 Flash 的动画时，可以调用其他影片"库"面板中的元件，这样就不需要重复制作相同的素材了，可以大大提高动画制作的效率，方法是：单击"文件"→"导入"→"打开外部库"命令，弹出"作为库打开"对话框，从中选择其他 Flash 动画影片源文件，如图 2-64 所示，单击"打开"按钮，将打开影片的库，如图 2-65 所示。现在可以从此库中把想用的元件直接拖到工作区中使用了，使用的元件会直接进入到当前文件的库中保存，使用完毕就可以关闭外部库了，如图 2-66 所示。

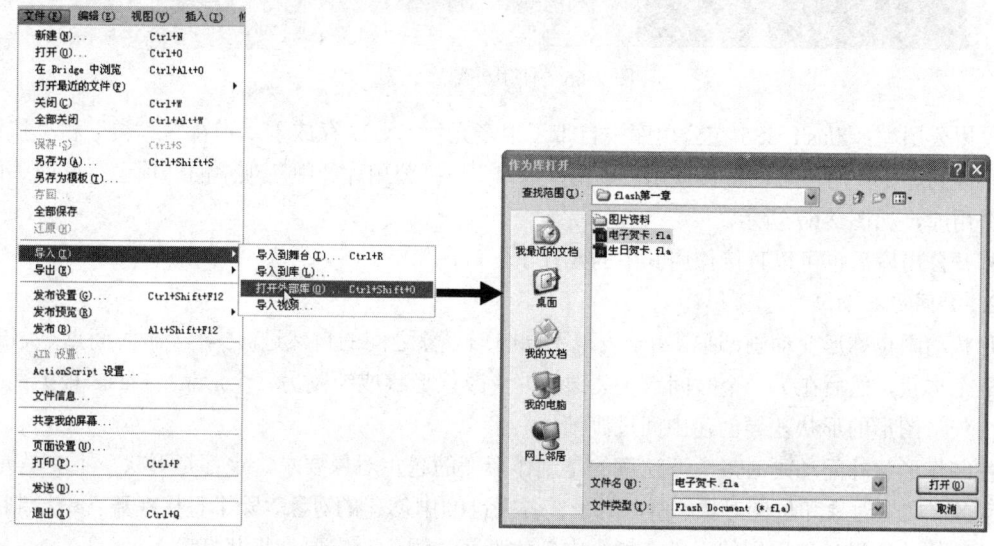

图 2-64 打开外部库

41

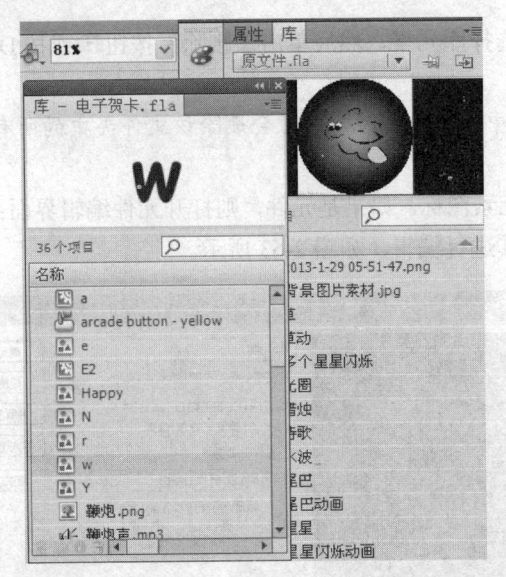

图 2-65　其他动画的库面板

图 2-66　使用外部库元素

使用公用库：Flash CS5 在公用库中自带了很多元件，分别存放于"声音"、"类"和"按钮"三个不同的库中，用户可以直接使用。单击"窗口"→"公用库"中三项中的一项可打开或关闭相应的公用库，如图 2-67 所示。

打开公用库后也可以直接使用其中的元件了。

2. 补间形状动画

形状动画也称形变动画，通常用于表现不同图形对象之间的自然过渡。在一个时间点（关键帧）绘制一个形状，然后在另一个时间点（关键帧）更改该形状或绘制另一个形状，Flash 根据两个关键帧中矢量图形的形状差异创建中间过渡帧。

在制作形状补间动画时，需要注意的是制作形变的起止对象要求一定都是形状，不能是元件、成组对象、文字对象和位图对象，所以对于在各关键帧中创建的对象，除了直接在舞台中绘制的图形外，其他的如果是使用别的元件在舞台中创建形变动画，一定要先将其打散。

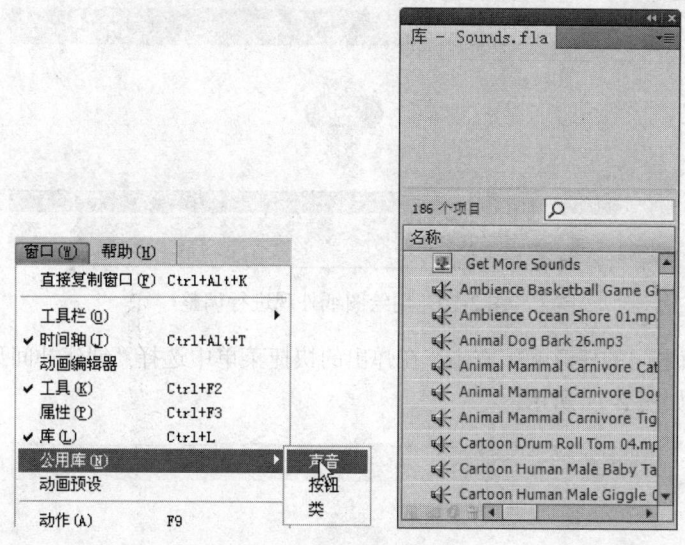

图 2-67　打开公用库

（1）创建补间形状动画。

1）创建文档，在图层的第一帧处绘制一个灯笼，如图 2-68 所示。

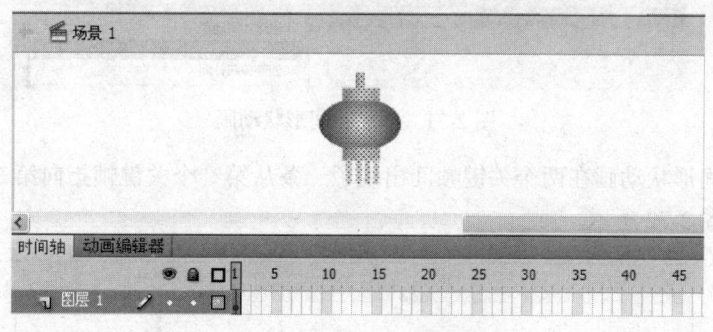

图 2-68　第一个关键帧

2）选择第 40 帧，按 F7 键插入一个空白关键帧，然后输入一个"新"字，并按 Ctrl+B 组合键打散成图形，如图 2-69 所示。

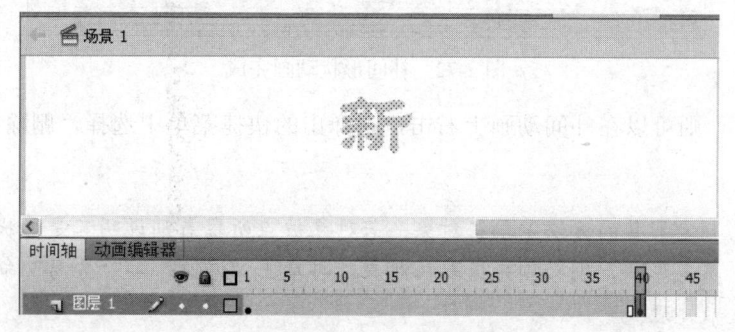

图 2-69　第二个关键帧

3）打开绘图纸外观把两个图形调整到一个位置上，如图 2-70 所示。

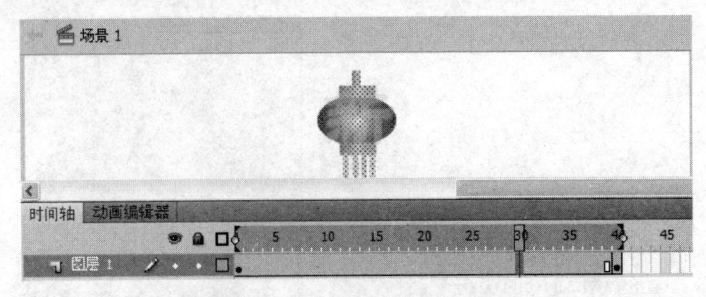

图 2-70 用绘图纸外观进行调整

4）在 1～40 帧之间的任意帧上右击，在弹出的快捷菜单中选择"创建补间形状"，这样补间形状动画就完成了，如图 2-71 所示。

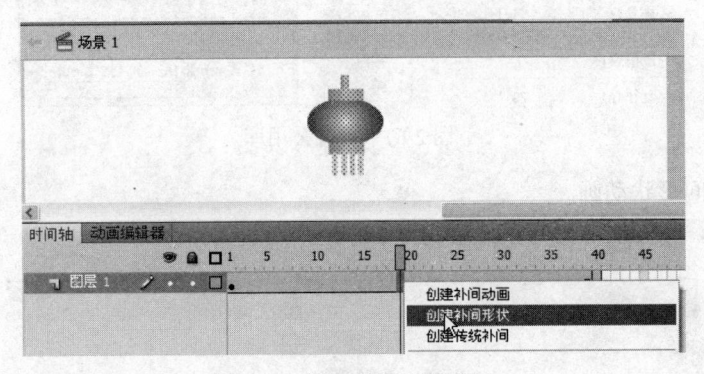

图 2-71 添加补间形状动画

完成后的补间形状动画在两个关键帧间出现了一条从第一个关键帧指向第二个关键帧的箭头和淡绿色底，如图 2-72 所示。

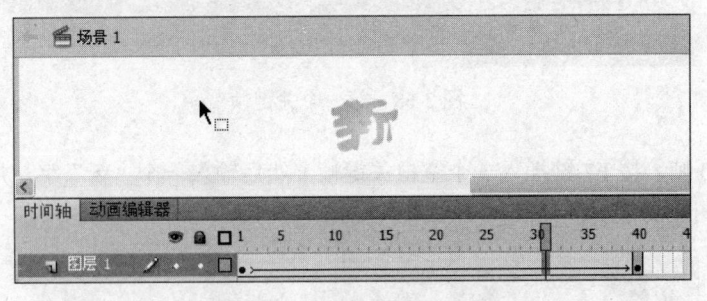

图 2-72 补间形状动画完成

如果做错了，则可以在补间动画上右击，在弹出的快捷菜单中选择"删除补间"命令来删除动画。

> **注意**：判定形状的方法是单击对象，若对象被点所覆盖则说明其是形状。如果该对象不是形状，则必须先选取该对象，再单击"修改"→"分离"命令对其进行打散处理。

（2）使用形状提示。

形状补间动画看似简单，实则不然，Flash 在"计算"两个关键帧中图形的差异时远不如我们想象中的"聪明",尤其前后图形差异较大时,变形结果会显得乱七八糟,这时"形状提示"功能会大大改善这一情况。

形状提示在"起始形状"和"结束形状"中添加相对应的"参考点",使 Flash 在计算变形过渡时依一定的规则进行,从而较有效地控制变形过程。

添加形状提示的方法:先在形状补间动画的开始帧上单击,再执行"修改"→"形状"→"添加形状提示"命令,该帧的形状就会增加一个带字母的红色圆圈,相应地,在结束帧形状中也会出现一个"提示圆圈",单击并分别按住这两个"提示圆圈",在适当位置安放,安放成功后开始帧上的"提示圆圈"变为黄色,结束帧上的"提示圆圈"变为绿色,安放不成功或不在一条曲线上时,"提示圆圈"颜色不变,如图 2-73 所示。

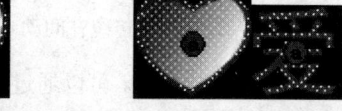

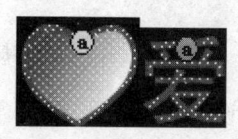

没加形状提示　　　添加形状提示后未调整位置时　　　调整位置后开始帧处变黄色,末帧处变绿色

图 2-73　形状提示使用

3. 传统补间动画

传统补间动画是根据两个关键帧中大小、位置、旋转、倾斜和透明度等属性的差别由 Flash 计算并自动生成的一种动画类型,通常用于表现同一图形对象的移动、放大、缩小、旋转等变化。

Flash CS5 可以为实例、组和类型创建传统补间动画,如果要为组和类型创建传统补间动画,则必须先将它们转换为元件。运动补间动画首尾两帧上的对象必须是元件实例,且必须是同一个元件的实例。

传统补间动画的制作步骤如下:

(1)将对象转换为元件。

用绘图工具在图层第一帧处绘制一个图形,然后选择图形,按 F8 键把它转换为元件,如图 2-74 所示。

(2)在第 30 帧处按 F6 键插入关键帧,如图 2-75 所示。

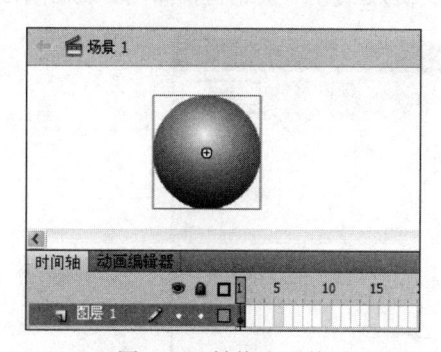

图 2-74　转换为元件　　　　　　　　图 2-75　插入关键帧

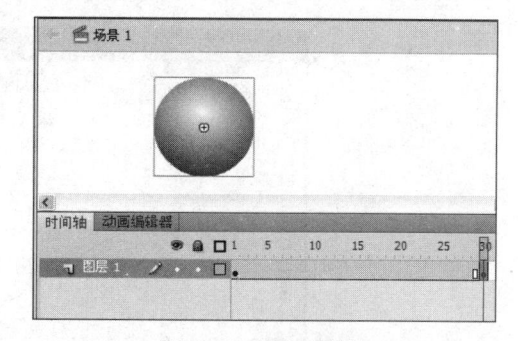

(3)在第 30 帧处选择关键帧,移动实例的位置或改变其他属性,如图 2-76 所示。

(4)在 1~30 帧之间任意处右击,在弹出的快捷菜单中选择"创建传统补间"命令,创建动画。制作完成后按 Ctrl+Enter 组合键预览动画。完成后的传统补间动画在两个关键帧间出现了一条

45

从第一个关键帧指向第二个关键帧的箭头和淡蓝色底，如图 2-77 所示。单击任意补间帧，"属性"面板上即显示补间帧的属性，如图 2-78 所示。

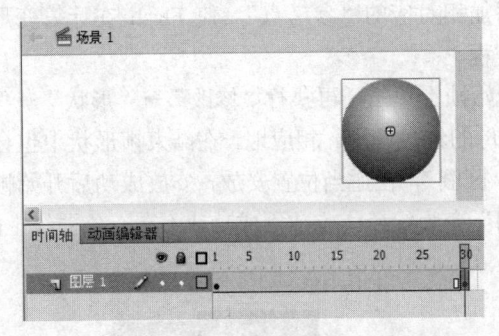

图 2-76　改变实例属性　　　　　　　　图 2-77　传统补间动画

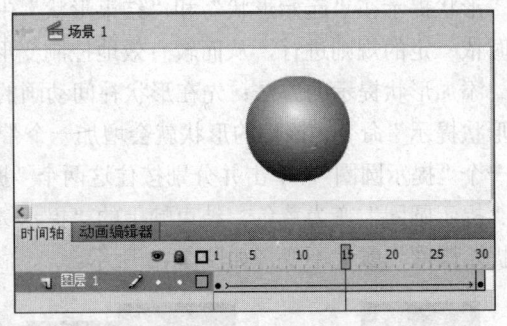

缓动：设置缓动效果，默认情况下对象的运动速度是匀速的，Flash 可以通过设置缓动属性来改变，以模拟现实生活中的运动现象。通过拖动"缓动"的热文本来设置缓动效果，其值在-100～100 之间，为正值时，输出为缓动，即先快后慢，为负值时，输入为缓动，即先慢后快，如图 2-79 所示。

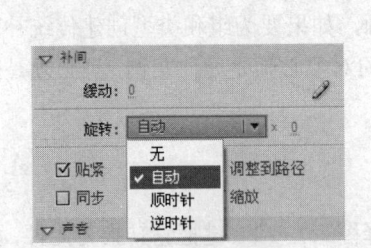

图 2-78　补间帧属性　　　　　　　　　图 2-79　缓动

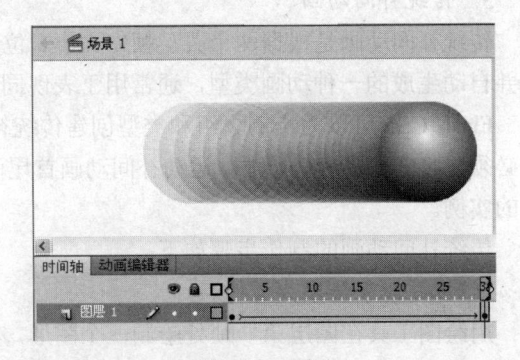

还可以单击"缓动"右边的 按钮，弹出"自定义缓入/缓出"对话框，如图 2-80 所示。

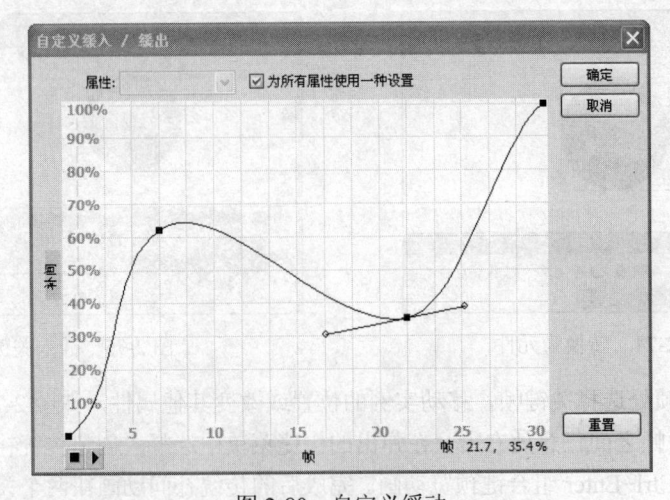

图 2-80　自定义缓动

"自定义缓入/缓出"对话框显示了一个表示运动程度随时间而变化的坐标图，水平轴表示帧，垂直轴表示变化的百分比，图形曲线的斜率表示对象的变化速度，向上凸为加速，向下凹为减速。可以用鼠标在曲线上单击来添加锚点，通过调整这些点来实现复杂的速度控制，选中锚点后按退格键或 Delete 键即可删除锚点。单击"重置"按钮可快速恢复匀速运动状态。在对话框顶部的属性下拉列表中可以选择不同的属性进行单独设置，默认为所有属性使用一种设置。

旋转：在旋转下拉列表框中可以选择旋转方式，包括自动、顺时针和逆时针，拖动右边的热文本可以设置旋转的圈数。

调整到路径：元件在沿引导线移动的过程中，元件的中心点与弧线始终保持一致。

4. 补间动画

补间动画是通过对同一对象的同一属性在不同帧间赋予不同的值来建立的动画，Flash 自动计算两帧间属性的值。创建补间动画的对象类型包括影片剪辑、图形和按钮元件以及文本对象。

补间动画是基于对象而不是基于关键帧的，关键帧在时间轴上只出现在第一帧，这一帧可以是时间轴上的任意位置，后面都是属性关键帧，在属性关键帧中改变对象的属性来生成动画，如图 2-81 所示。

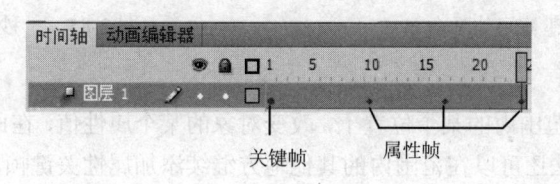

图 2-81 补间动画的帧

补间动画的底色为蓝色，整个成为一个整体，称为补间范围，如图 2-82 所示，单击其中任意位置即可选中进行拖动，可以拖到任意位置。把鼠标放在补间范围的边界处，光标会变成箭头，可以进行左右拖动来改变动画范围的长度，如图 2-83 所示。

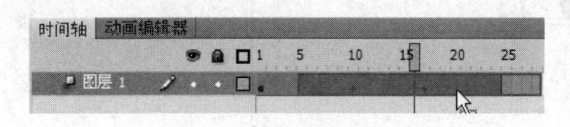

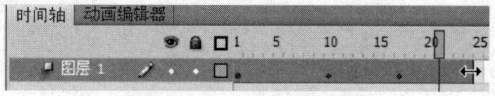

图 2-82 补间范围   图 2-83 修改补间范围

为了选择动画范围中的某一帧或某个关键帧，按 Ctrl 键，然后单击该帧或关键帧。一旦选中，可将该关键帧拖到新的帧中。

按住 Ctrl 键的同时在补间范围内拖动，可以选择多个连续帧。

按住 Alt 键的同时将选择的补间范围移动到新位置，可以直接复制补间范围。

在拖动补间范围边缘改变动画持续时间时，Flash 会自动根据新的范围长度在该范围内插入所有的关键帧，要在范围中添加而不插入现在的关键帧，只需在拖动范围边缘的同时按下 Shift 键。

（1）补间动画制作步骤。

1）将对象转换为元件。

用绘图工具在图层第一帧处绘制一个图形或导入图像，然后选择该图形或图像，按 F8 键把它转换为元件。

2）创建补间动画。

选中第一帧中的关键帧并右击,在弹出的快捷菜单中选择"创建补间动画",如图 2-84 所示,此时 Flash 会自动创建一秒钟长度的补间动画,如图 2-85 所示,然后可以拖动其边缘到需要的长度;或者在想要的长度位置按 F5 键插入帧,然后在中间的任意帧上右击,在弹出的快捷菜单中选择"创建补间动画"。

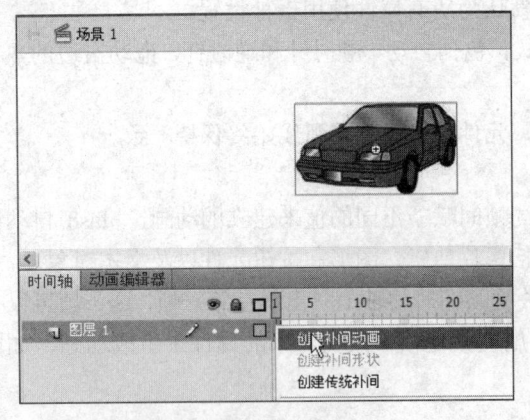

图 2-84　创建补间动画命令　　　　　　图 2-85　一秒钟补间动画

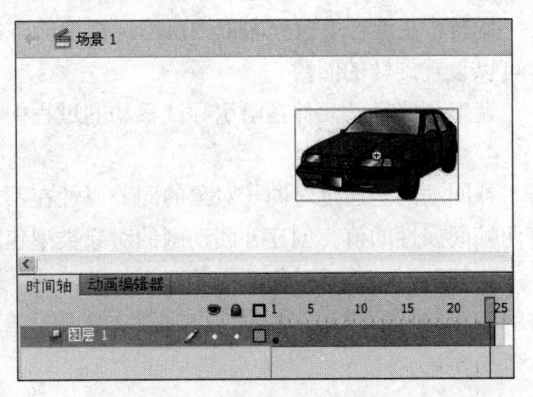

3)添加属性关键帧。

把播放头放在补间范围内的某个位置上,改变对象的某个属性值,在此会自动产生一个菱形的属性关键帧,同样的方法还可以在范围内的其他地方继续添加属性关键帧。可以在舞台上直接拖动对象来改变位置,在时间轴上会自动添加一个属性关键帧,如图 2-86 所示。

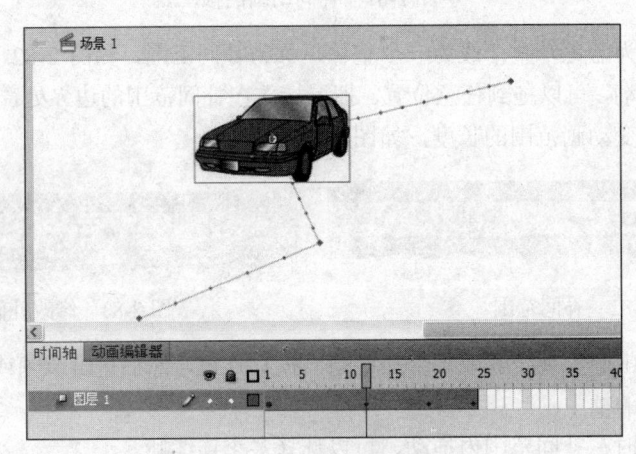

图 2-86　添加属性关键帧

4)编辑运动路径。

当改变了对象的位置后,会在舞台上出现运动路径,可以使用工具编辑路径,包括改变其位置、形状或删除路径等。选择路径直接拖动可以改变其位置,使用选择工具和部分选择工具以及变形工具可以改变其形状,按 Delete 键可以删除路径,如图 2-87 所示。

(2)动画编辑器。

可以打开动画编辑器更精确地调整动画的属性值。在 Flash CS5 中动画编辑器面板与时间轴嵌套在一起处于 Flash 界面的下方,如果没有,则可以通过"窗口"→"动画编辑器"命令来打开动

48

画编辑器面板，如图2-88所示。

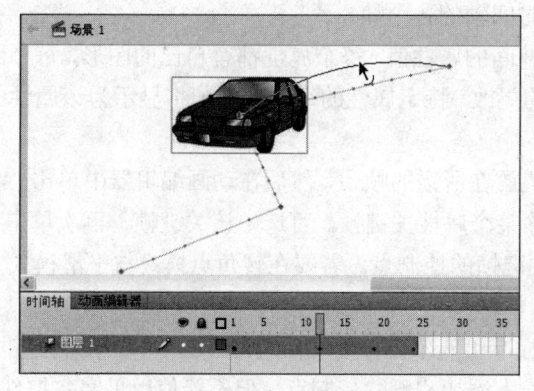

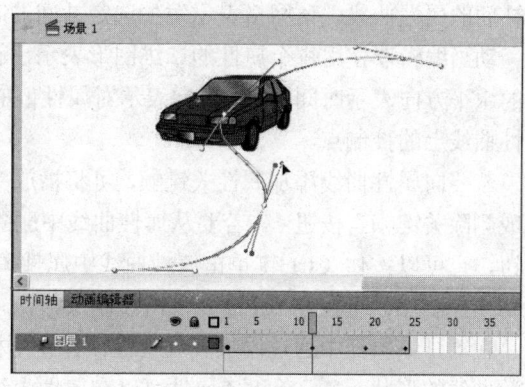

（a）选择工具编辑路径　　　　　　　　（b）部分选择工具编辑路径

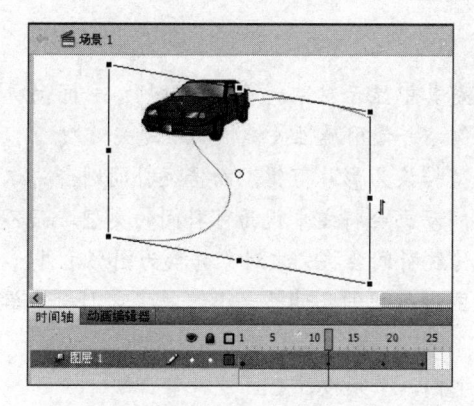

（c）任意变形工具编辑路径　　　　　　　（d）删除路径

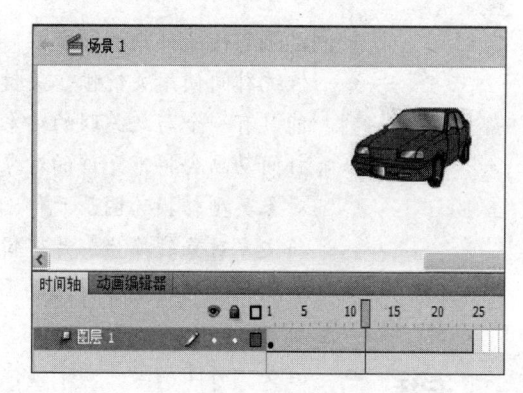

图2-87　编辑运动路径

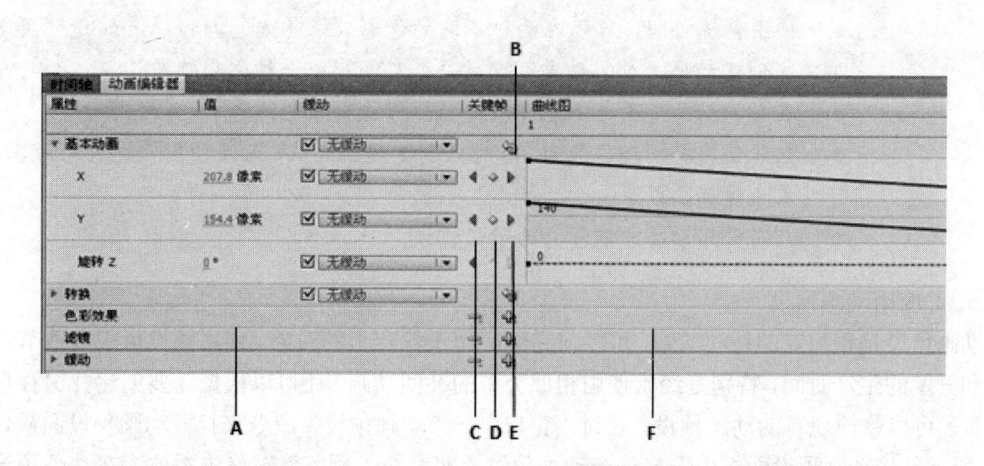

A：属性及属性值　B：重置按钮　C：上一个关键帧　D：添加关键帧　E：下一个关键帧　F：属性曲线区域

图2-88　动画编辑器

在动画编辑器中可以实现创建自定义缓动曲线、设置各属性关键帧的值、重置各属性或属性类别、向各个属性类别添加不同的预设缓动等操作。

选择时间轴中的补间范围或者舞台上的补间对象或运动路径后，动画编辑器即会在网格上显示该补间的属性曲线，该网格表示发生选定补间的时间轴的各个帧。

动画编辑器使用每个属性的二维图形表示已补间的属性值，每个属性都有自己的图形，每个图形的水平方向表示时间，垂直方向表示对属性值的更改。特定属性的每个关键帧将显示为该属性的属性曲线上的控制点。

若要向属性曲线添加属性关键帧，可将播放头放在所需的帧中，然后在动画编辑器中单击"添加或删除关键帧"按钮◇。若要从属性曲线中删除某个属性关键帧，可选中该关键帧，再次单击◇按钮，也可以按住 Ctrl 键单击属性曲线中属性关键帧的控制点。若要在转角点模式与平滑模式之间切换控制点，可按住 Alt 键并单击控制点。

在动画编辑器中通过添加属性关键帧并使用标准贝塞尔控件处理曲线，使用户可以精确控制大多数曲线的形状。X、Y 和 Z 属性可以在属性曲线上添加和删除控制点，但不能使用贝塞尔控件。在更改某一属性曲线的控制点后图像将立即显示在舞台上。

> **补间动画与传统补间的区别**
> - 传统补间使用关键帧，关键帧是其中显示对象的表实例的帧；补间动画只能具有一个与之关联的对象实例，并使用属性关键帧而不是关键帧。
> - 补间动画会将不允许的对象类型转换为影片剪辑，而传统补间则会将这些对象类型转换为图形元件；补间动画会将文本视为可补间的类型，而不会将文本对象转换为影片剪辑，传统补间会将文本对象转换为图形元件。
> - 可以在时间轴中对补间动画范围进行拉伸和调整大小，并将它们视为单个对象。
> - 若要在补间动画范围中选择单个帧，必须按住 Ctrl 键再单击帧。
> - 对于传统补间，缓动可应用于补间内关键帧之间的范围；对于补间动画，缓动可应用于补间动画范围的整个长度。
> - 使用传统补间，可以在两种不同的色彩效果（如色调和 Alpha 透明度）之间创建动画，补间动画可以对每个补间应用一种色彩效果。
> - 在补间动画范围上不允许帧脚本，传统补间允许脚本。
> - 只能使用补间动画来为 3D 对象创建动画效果，无法使用传统补间为 3D 对象创建动画效果。
> - 只有补间动画才能保存为动画预设。

（3）应用动画预设。

动画预设是预配置的补间动画，可以将它们应用于舞台上的对象。使用预设可极大地节约项目设计和开发的生产时间，特别是经常使用相似类型的补间动画。还可以根据需要创建并保存自定义的预设。可以修改现有的动画预设。通过"窗口"→"动画预设"命令来打开动画预设面板，如图 2-89 所示。从动画预设面板中选择一个动画预设，即可在"预览"窗格中播放，在动画预设面板外单击，将停止播放。

应用动画预设时，在舞台上选择需要设置的对象（元件实例或文本字段）后，在"动画预设"面板中选择一种预设动画，然后单击"应用"按钮应用预设，每个对象只能应用一个预设。

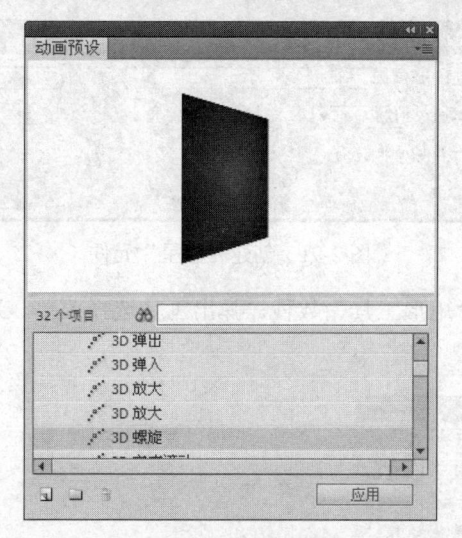

图 2-89　动画预设面板

自定义动画预设：选择补间范围或创建补间的实例并右击，在弹出的快捷菜单中选择"另存为动画预设"命令，如图 2-90 所示，然后在弹出的对话框中输入名称，单击"确定"按钮保存。

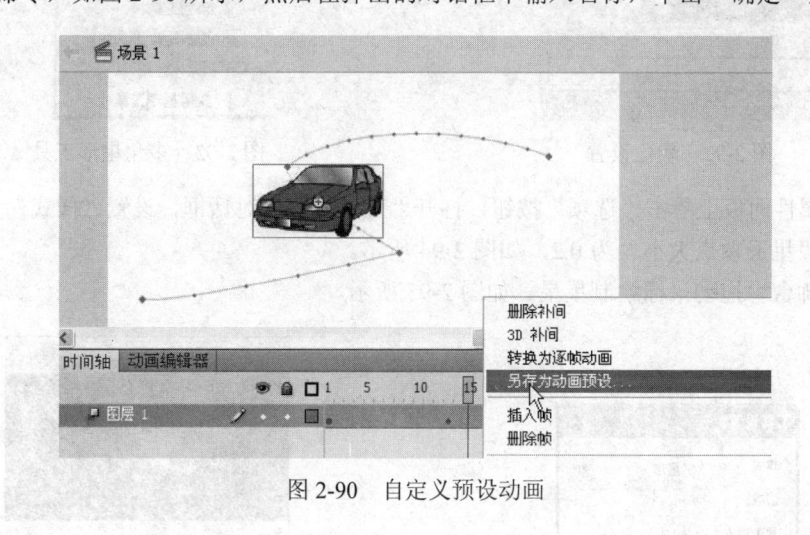

图 2-90　自定义预设动画

2.2.3　步骤详解

继续本案例的动画制作，本次任务是使用 Flash 的补间动画来制作星星闪烁动画、流星动画以及风吹草动的动画。

1. 绘制星星

（1）打开"璀璨的夜晚.fla"文件，执行"插入"→"新建元件"命令打开新建元件对话框，新建一个"星星"的图形元件，单击"确定"按钮进入星星编辑窗口，如图 2-91 所示。

（2）展开"颜色"面板，单击选择面板中的"笔触颜色"控件，在弹出的颜色调板中设置笔触色为"无颜色"。

（3）单击选择面板中的"填充颜色"控件，在"类型"下拉列表框中选择"径向渐变"，设置左边的填充色为白色 FFFFFF，右边为淡蓝色 0066FF，Alpha 为 0%，如图 2-92 所示。

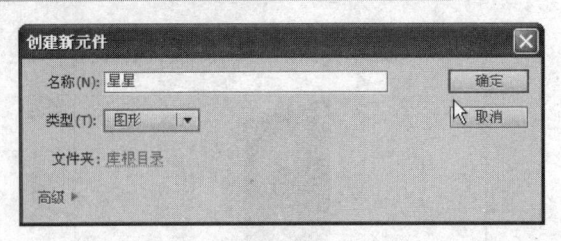

图 2-91 创建"星星"元件

（4）按下工具箱中的"矩形工具"数秒，弹出工具选择菜单，选择"多角星形工具"，如图 2-93 所示。

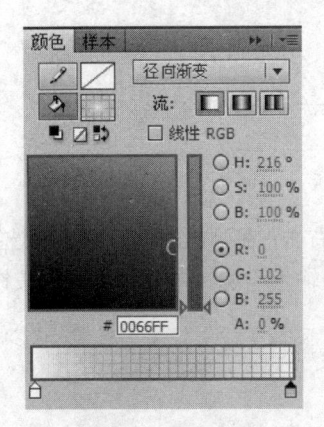

图 2-92 颜色设置

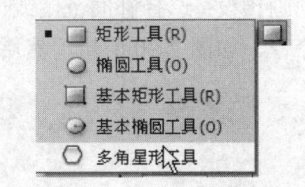

图 2-93 多角星形工具

（5）在属性面板上单击"选项"按钮，打开"工具设置"对话框，设置"样式"为星形，"边数"为 4 条，"星形顶点大小"为 0.2，如图 2-94 所示。

（6）在舞台中拖动鼠标绘制星星，如图 2-95 所示。

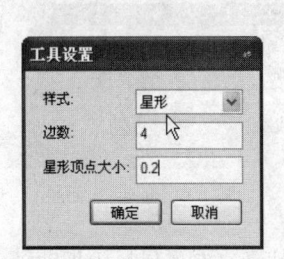

图 2-94 星形工具设置

图 2-95 绘制星星

（7）双击图层名称改为"星星"。

（8）新建图层，双击图层名称改为"光晕"，如图 2-96 所示。

（9）展开"颜色"面板，单击选择面板中的"笔触颜色"控件，在弹出的颜色调板中设置笔触色为"无颜色"。

（10）单击选择面板中的"填充颜色"控件，在"类型"下拉列表框中选择"径向渐变"，设置左边的填充色块为白色 FFFFFF，右边色块为白色 FFFFFF，Alpha 为 0%，如图 2-97 所示。

（11）按下工具箱中的"矩形工具"数秒，弹出工具选择菜单，选择"椭圆工具"。

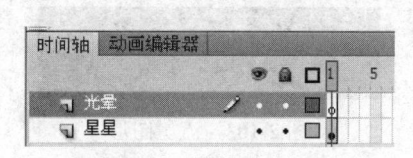

图 2-96 新建"光晕"层

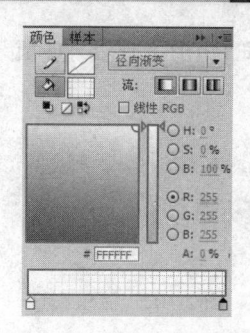

图 2-97 光晕颜色设置

（12）按下 Shift 键的同时按住鼠标拖动绘制正圆。

（13）选中光晕图层，按住鼠标左键不动拖放到底层，让光晕在下，星星在上。

（14）拖动鼠标选中两个图层中的第一帧，展开"对齐"面板，勾选"与舞台对齐"复选框，单击"水平中齐"与"垂直中齐"，让星星和光晕与舞台中心对齐，如图 2-98 和图 2-99 所示。

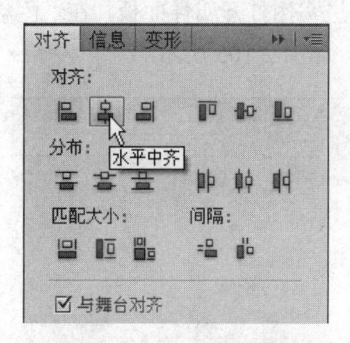

图 2-98 "对齐"面板

图 2-99 星星、光晕与舞台中心对齐

2．绘制流星

（1）执行"插入"→"新建元件"命令打开新建元件对话框，新建一个"流星"的图形元件，单击"确定"按钮进入流星编辑窗口，如图 2-100 所示。

（2）展开"颜色"面板，单击选择面板中的"笔触颜色"控件，在弹出的颜色调板中设置笔触色为"无颜色"。

（3）单击选择面板中的"填充颜色"控件，在"类型"下拉列表框中选择"线性渐变"，设置左边的填充色为白色 FFFFFF，右边为灰色 E2E2E2，Alpha 为 0%，在中间添加一个色块，颜色设置为浅蓝色 55A6FF，如图 2-101 所示。

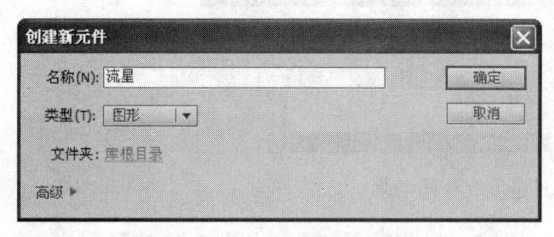

图 2-100 创建"流星"元件

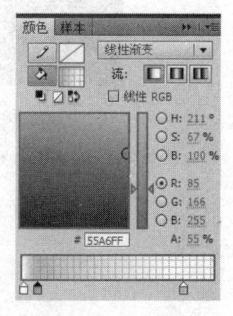

图 2-101 流星颜色设置

53

（4）选择"矩形工具"，拖动鼠标绘制一细矩形条，其基本属性与图形如图 2-102 和图 2-103 所示。

图 2-102　流星属性 　　　　　　　　　　图 2-103　流星图形

3. 群星闪烁动画

（1）执行"插入"→"新建元件"命令打开新建元件对话框，新建一个"星星闪烁动画"的影片剪辑元件，单击"确定"按钮进入编辑窗口，如图 2-104 所示。

（2）在库中把绘制好的"星星"元件拖放到舞台上产生一个实例，并让它与舞台中心对齐。

（3）分别在第 10 帧、20 帧、30 帧、40 帧处按 F6 键插入关键帧。

（4）选择第 10 帧处的关键帧，然后单击舞台上的星星实例打开属性面板，在"色彩效果"下拉列表框中选择 Alpha，拖动滑动条把 Alpha 值设置为 0，如图 2-105 所示。

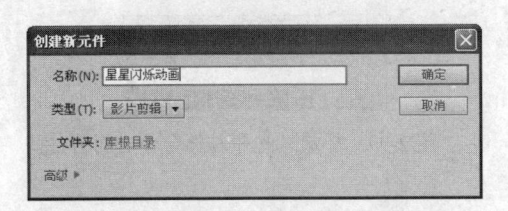

图 2-104　创建"星星闪烁动画"元件 　　　　图 2-105　设置 Alpha 属性

（5）用同样的方法把 30 帧处实例的 Alpha 值也设置为 0。

（6）右击 0～10 帧中的任意帧，在弹出的快捷菜单中选择"创建传统补间"，制作传统补间动画，如图 2-106 所示。

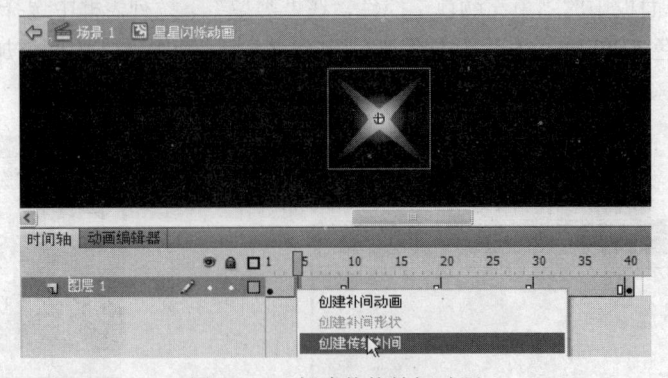

图 2-106　创建传统补间动画

（7）同样的方法在 10～20、20～30、30～40 帧间制作动画，效果如图 2-107 所示。

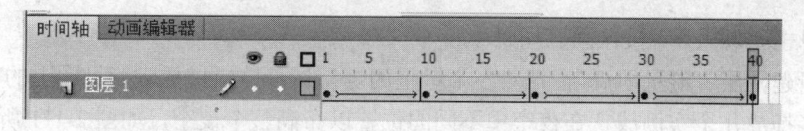

图 2-107　完成传统补间动画

（8）把播放头放在第一帧，按 Enter 键查看动画效果。至此，一个星星的闪烁动画制作完毕，下面制作多个星星一起闪烁的动画。

（9）执行"插入"→"新建元件"命令打开新建元件对话框，新建一个"多个星星闪烁"的影片剪辑元件，单击"确定"按钮进入编辑窗口。

（10）从库中拖动影片剪辑元件"星星闪烁动画"到舞台上，创建第一个实例。

（11）新建图层，在第 2 帧处按 F7 键插入一个空白关键帧，如图 2-108 所示。

（12）从库中拖动影片剪辑元件"星星闪烁动画"到舞台上的其他位置，创建第二个实例。

（13）单击该实例，选择任意变形工具对此实例进行一些放大缩小和旋转变形操作，如图 2-109 所示，具体根据个人而定。

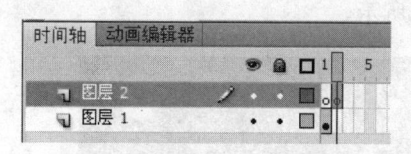

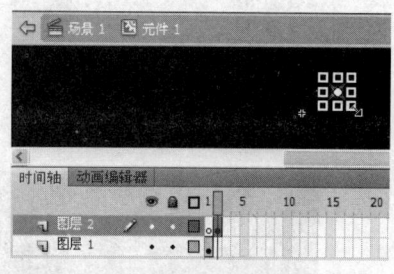

图 2-108　添加空白关键帧　　　　图 2-109　缩放星星闪烁动画实例

（14）重复步骤 11～13，每新建一个图层就向后移动一帧，这样造成星星闪烁时间的错位，看起来更真实一些。

（15）在最后一层的起始帧加 50 帧处按住鼠标左键拖动选择所有层的这一帧，按 F5 键插入帧，让星星闪烁起来，如图 2-110 所示。

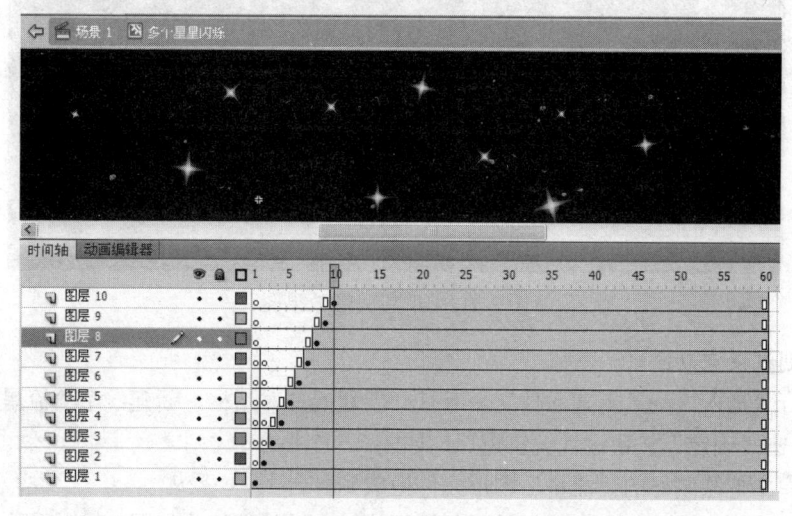

图 2-110　星星闪烁延时

（16）单击"场景1"按钮回到场景1。

（17）新建图层"群星闪烁"，把"多个星星闪烁"影片剪辑拖放到背景图上的夜空中。

（18）多拖放几个实例放置在夜空中不同的位置以布满整个夜空，如图2-111所示。

图2-111 群星闪烁

（19）按Ctrl+Enter组合键测试效果，如图2-112所示。

图2-112 群星闪烁效果图

4. 流星划过夜空动画

（1）执行"插入"→"新建元件"命令打开新建元件对话框，新建一个"流星动画"的影片剪辑元件，单击"确定"按钮进入编辑窗口，如图2-113所示。

（2）在库中把绘制好的"流星"图形元件拖放到舞台上。

（3）选择流星，选择任意变形工具对其进行旋转、缩放编辑，如图2-114所示。

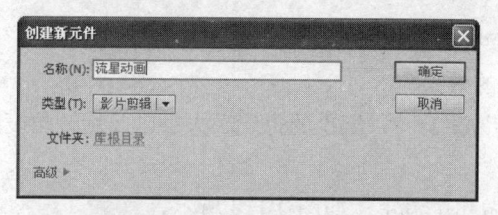

图 2-113　创建流星动画元件

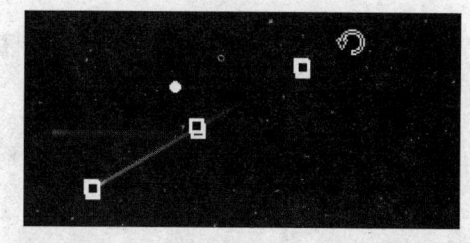

图 2-114　编辑流星

（4）右击第一帧，在弹出的快捷菜单中选择"创建补间动画"命令创建补间动画，如图 2-115 所示。

图 2-115　创建补间动画

（5）将鼠标放在补间范围末尾，当光标变成箭头时向右拖动到 35 帧延长补间范围，如图 2-116 所示。

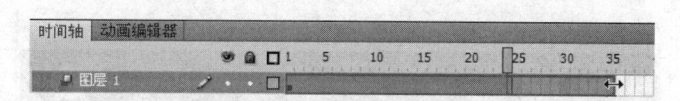

图 2-116　延长补间范围

（6）把播放头放在 35 帧处，在编辑窗口中把流星拖放到另一个位置，此时在流星的两个位置之间会出现一条路径线，同时 35 帧处会出现一个菱形的属性关键帧，如图 2-117 所示。

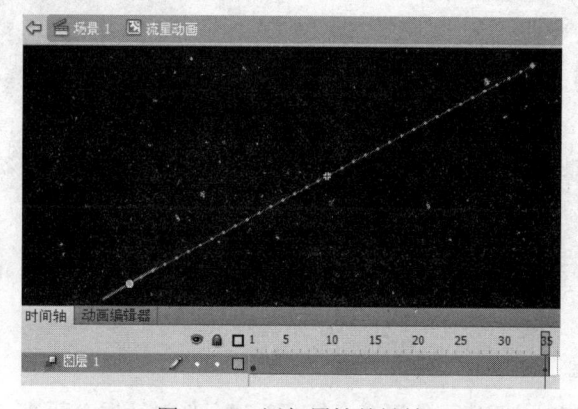

图 2-117　添加属性关键帧

57

（7）在35帧处选择流星，打开属性面板，在色彩效果的"样式"下拉列表框中选择Alpha，设置其值为0%，实现渐隐的效果。

（8）新建图层，重复步骤2～7，流星的位置、大小以及旋转角度随机选择，制作另一个流星动画。

（9）重复步骤8，多做几个流星，如图2-118所示。

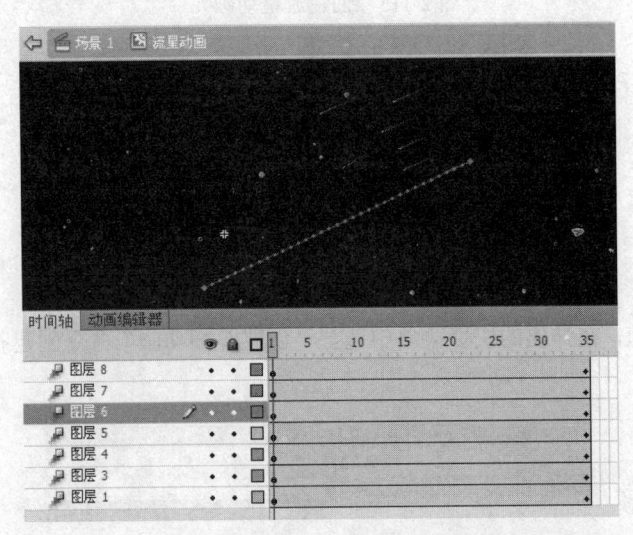

图 2-118　多个流星

（10）单击"场景1"按钮回到场景1。

（11）新建图层"流星"，把"流星动画"影片剪辑拖放到背景图上的夜空中放到合适的位置。

（12）按Ctrl+Enter组合键测试效果，如图2-119所示。

图 2-119　流星动画效果

5．草随风摆动动画

（1）执行"插入"→"新建元件"命令打开新建元件对话框，新建一个"草1"的影片剪辑元件，单击"确定"按钮进入编辑窗口，如图2-120所示。

（2）单击选择面板中的"填充颜色"控件，在"类型"下拉列表框中选择"线性渐变"，设置左边的填充色为000727，右边为灰色666666，Alpha为84%，如图2-121所示。

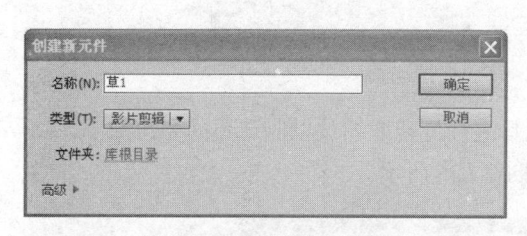

图2-120　创建草1元件

图2-121　颜色设置

（3）使用矩形工具绘制一个矩形，使用部分选择工具选中其中的一个控制点并删除，然后使用选择工具调整其线条弧度，如图2-122所示。

（4）分别在25和50帧处按F6键插入关键帧，使用部分选择工具和选择工具修改25帧处的草的形状如图2-123所示。

图2-122　绘制草

图2-123　修改草的形状

（5）分别右击两段静态帧的任意位置，在弹出的快捷菜单中选择"创建补间形状"命令创建形状动画，如图2-124所示。

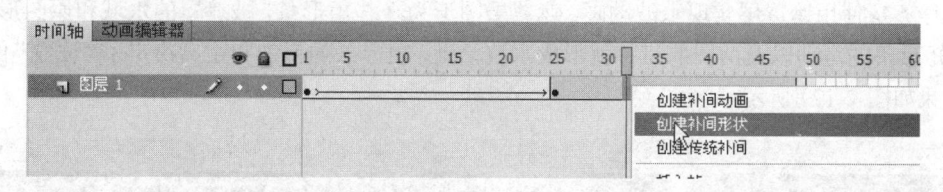

图2-124　创建补间形状

（6）执行"插入"→"新建元件"命令打开新建元件对话框，新建一个"草2"的影片剪辑元件，单击"确定"按钮进入编辑窗口。

（7）重复步骤2~5，绘制并创建一片偏向右的草及其摇摆动画，如图2-125所示。

（8）单击"场景1"按钮回到场景1。

（9）新建图层"草随风摇摆"，把"草1"和"草2"影片剪辑拖放到背景图上的水边。

59

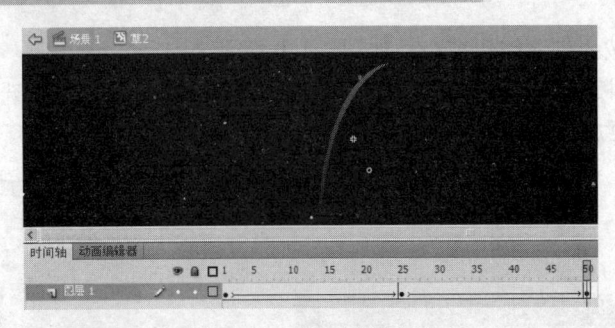

图 2-125　草 2 摇摆动画

（10）多拖放几个实例并使用任意变形工具进行旋转或缩放以制造不同姿态的草。

（11）按 Ctrl+Enter 组合键测试效果，如图 2-126 所示。

图 2-126　草随风摇摆效果

任务 2.3　项目分解——遮罩动画制作

2.3.1　效果展示

本任务是使用遮罩层实现水波动画，遮罩层图形为一些矩形条，被遮罩的水域和原图形成一点错位，矩形条的运动以及两图的错位就形成水波动画，矩形条的粗细和距离决定了"波纹"的大小，最终效果如图 2-127 所示。

图 2-127　水波动画

2.3.2 知识讲解

遮罩动画是 Flash 动画中常见的动画形式，通过遮罩层来显示需要展示的动画图像。遮罩类似于一个孔或一个窗口，透过这个孔或窗口可以看到位于它下面的图层上的内容，只有在这个孔或窗口范围内的内容才能看到和显示出来，其余的所有内容都被遮挡而隐藏起来。

遮罩图层动画由遮罩层与被遮罩层来构成，可以为遮罩图层创建动画，也可以为被遮罩层创建动画，可以是补间形状动画也可以是补间动画。

遮罩图层动画制作步骤如下：

（1）新建两个图层，在图层 1 导入一张图片，在图层 2 绘制一个圆并制作圆由小变大的动画，如图 2-128 所示。

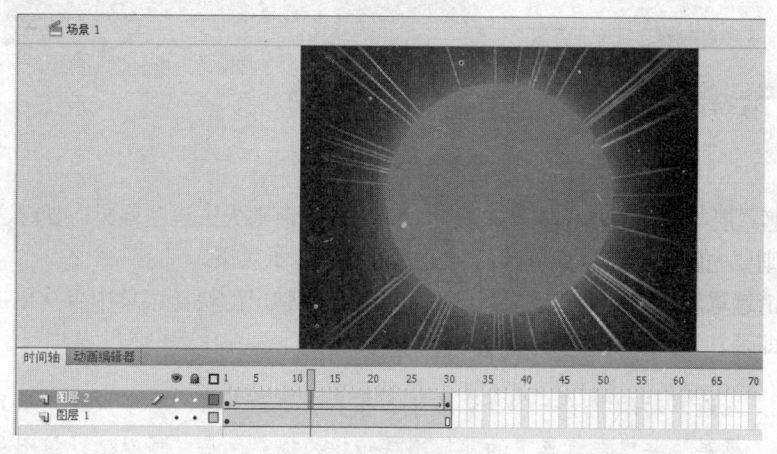

图 2-128 遮罩动画准备

（2）选中上层图层的任意位置并右击，从弹出的快捷菜单中选择"遮罩层"，把此图层转换成遮罩层，如图 2-129 所示。选择后，在"遮罩层"前会出现一个 √ 符号。当把图层转换为遮罩层后，它的下层会自动转换为被遮罩层。

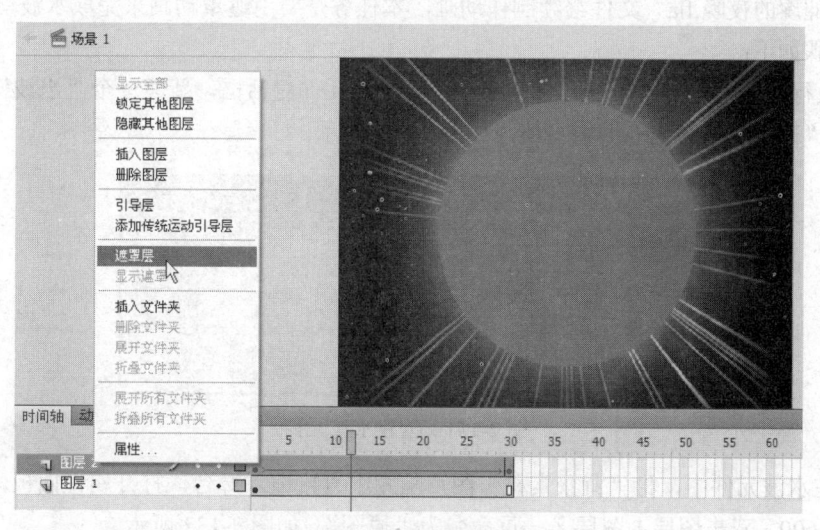

图 2-129 转换图层为遮罩层

转换后的效果如图 2-130 所示。

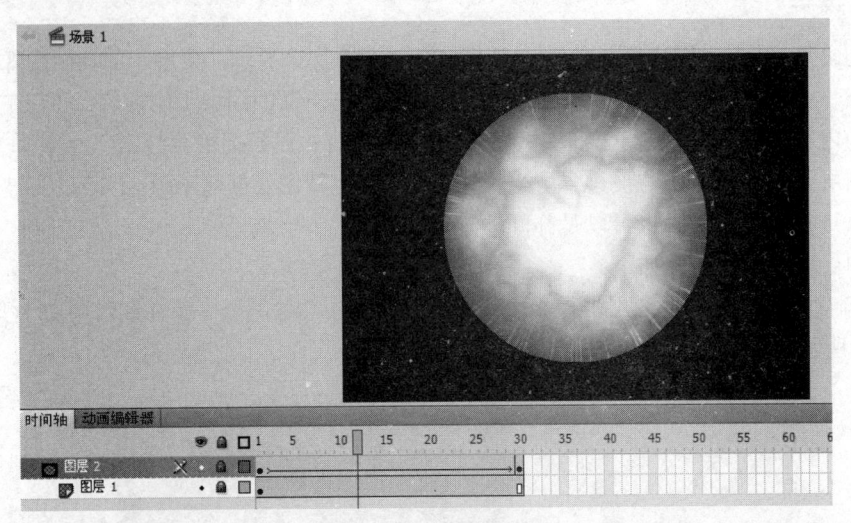

图 2-130　遮罩动画效果

转换后，遮罩层与被遮罩层都自动被锁定了，如果解锁则失去遮罩效果。要对这两个层对象进行编辑修改，则要先解锁，在完成修改后锁定即可看到遮罩效果。

如果要撤消遮罩层，转换为普通层，则右击该层，在弹出的快捷菜单中再次单击"遮罩层"命令，把√去掉即可。

> **提示**　在遮罩动画中，一个遮罩层可以有多个被遮罩层，多个被遮罩层只能有一个遮罩层。要想把遮罩下的其他图层转换为被遮罩层，可以选择该图层并右击，从弹出的快捷菜单中选择"属性"，在属性面板中选择"被遮罩层"单选按钮。

2.3.3　步骤详解

打开"璀璨的夜晚.fla"文件继续制作动画，本任务是要用遮罩动画来完成水波动画。

制作步骤如下：

（1）执行"插入"→"新建元件"命令打开新建元件对话框，新建一个"水波"的影片剪辑元件，单击"确定"按钮进入编辑窗口，如图 2-131 所示。

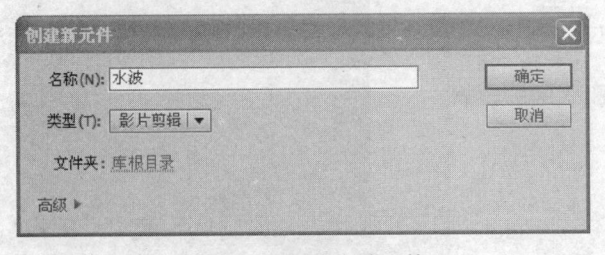

图 2-131　创建水波元件

（2）在水波元件中，将"背景素材"图片从库中直接拖入舞台，打开属性面板，将图片大小修改为 800*600。双击图层 1 图层名，重命名为"原图"，如图 2-132 所示。

图 2-132　导入原图

（3）打开"对齐"面板，选择水平中齐、垂直中齐。选中"原图"图层中的图片，按 Ctrl+B 组合键打散使其呈麻点状，使用套索工具或橡皮擦将天空删除，方便前面制作的星星或流星做到图上的房子后面去，如图 2-133 所示。

图 2-133　删除天空

（4）右击"原图"图层第一帧，在弹出的快捷菜单中选择"复制"命令，插入图层，创建图层 2，在图层 2 第一帧右击进行粘贴，双击图层 2 图层名，重命名为"水域"。

（5）将"原图"层进行上锁并关闭眼睛，用工具栏中的套索工具（或橡皮擦）将图片中不需要做水波的部分删除，只保留需要制作水波流动的部分，如图 2-134 所示。

（6）选择工具栏中的选择工具，点选处理好的图片，用键盘中的小键盘工具向右、向下各敲动一下，使其各移动 1 个像素，将"水域"也上锁。

（7）选中"水域"层，单击"插入图层"新建图层 3，双击图层名重命名为"遮罩"，如图 2-135 所示。

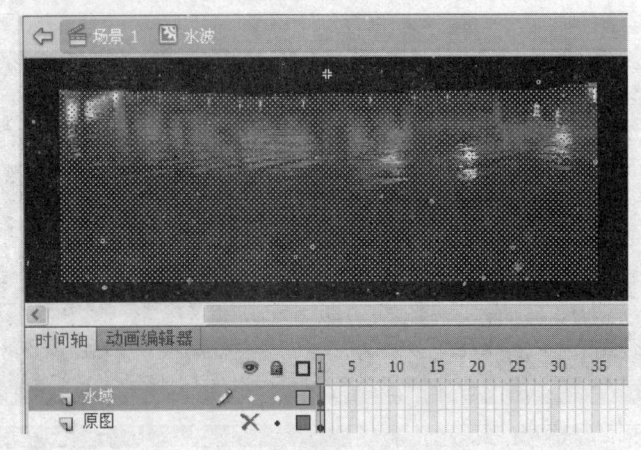

图 2-134　制作水波区域

（8）点选工具栏中的矩形工具并关闭笔触颜色，填充色任意，画一个比图片稍宽，高为 5 像素的矩形线条，单击"水平中齐"使其与图片平行，如图 2-136 所示。

图 2-135　新建遮罩层　　　　　　　　　　图 2-136　绘制遮罩条

（9）选择此矩形条，按住 Alt 键进行拖动进行复制。对两个矩形条进行水平对齐。重复此操作直至铺满整个图片，如图 2-137 所示。

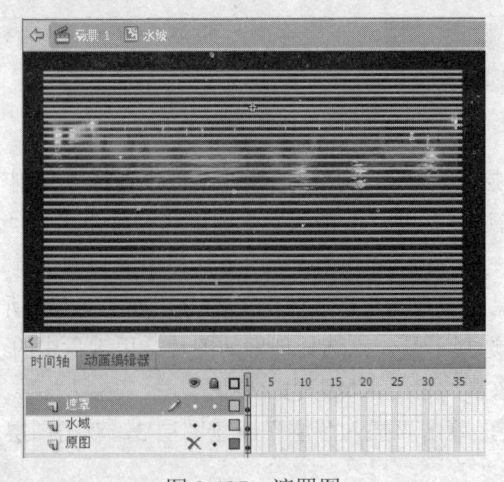

图 2-137　遮罩图

（10）选择工具栏中的选择工具，按住鼠标左键拖动框选所有遮罩线条，再右击，在弹出的快捷菜单中选择"转换为元件"命令转换为影片剪辑元件，命名为"遮罩图"，单击"确定"按钮，如图2-138所示。

图2-138 转换为元件

（11）分别在"原图"和"水域"图层的第100帧处按F5键插入帧，在"遮罩"层的第100帧处插入关键帧。

（12）点选"遮罩"层的第100帧的关键帧，将鼠标放到图片上选中矩形条，用小键盘工具向下敲动，使遮罩线条往下移动，直至上对齐图片，点开属性面板，单击"滤镜"，再单击"+"，选择"模糊"，设置模糊值为25，如图2-139所示。

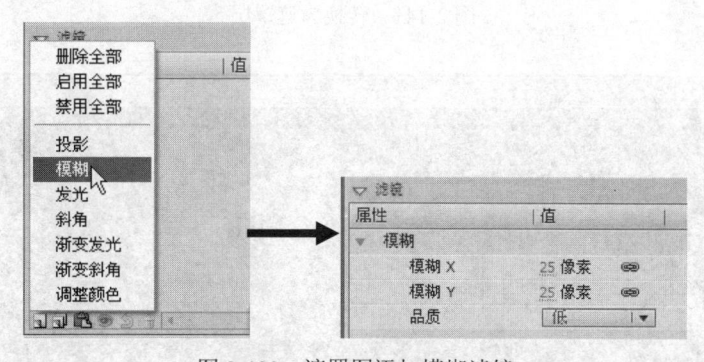

图2-139 遮罩图添加模糊滤镜

（13）把鼠标放在"遮罩"层的第1～100帧之间的任意位置并右击，在弹出的快捷菜单中选择"创建补间动画"，如图2-140所示。

（14）选中"遮罩"层并右击，在弹出的快捷菜单中勾选"遮罩层"，如图2-141所示。

（15）勾选遮罩层后，将"原图"层隐藏的眼睛点开，这时可见图片，如图2-142所示。

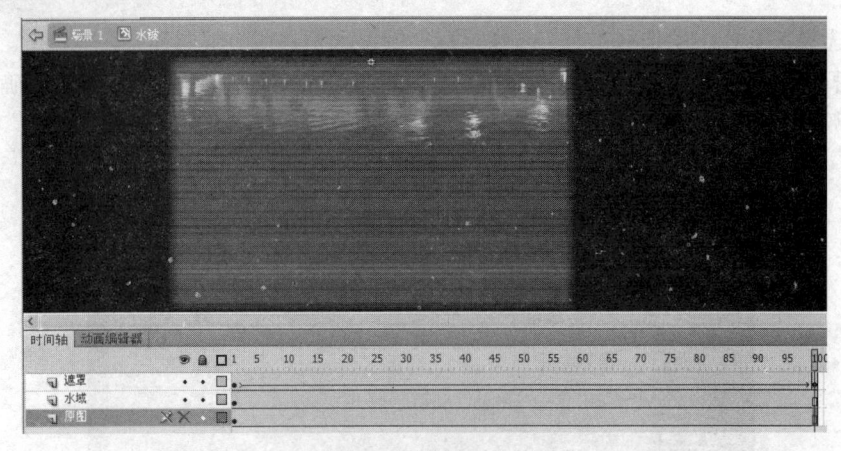

图 2-140 遮罩层动画

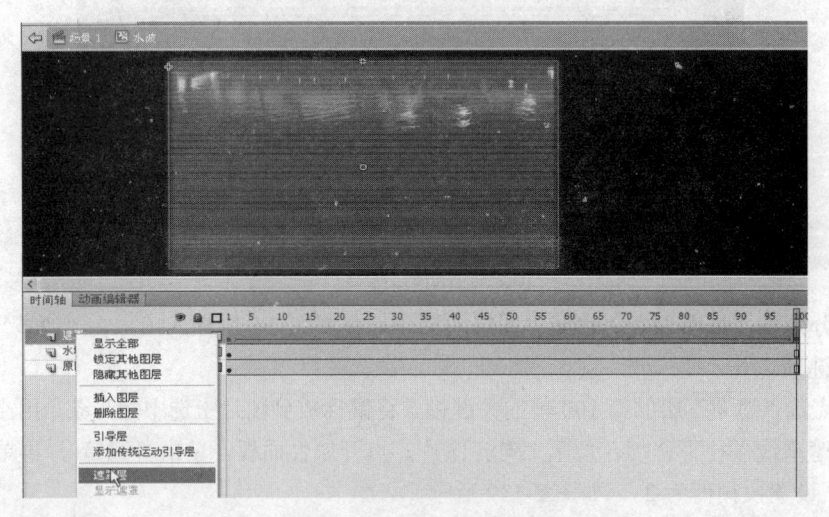

图 2-141 转换为遮罩层

图 2-142 水波动画完成

（16）返回场景 1，新建图层，双击图层名重命名为"水波"，将图层选中拖放到"流星"与

"群星闪烁"层的上层,将"诗"层调整到"水波"的上层。选中"水波"层的第一帧,将"水波"元件直接拖入舞台,进行水平中齐、垂直中齐,如图2-143所示。

图2-143　场景中添加水波动画元件

(17) 按 Ctrl+Enter 组合键进行影片测试,效果如图2-144所示。

图2-144　水波动画效果

任务2.4　项目分解——引导层动画制作

2.4.1　效果展示

本任务是使用引导层动画制作萤火虫飞舞的动画,在引导层上画好引导线,让萤火虫沿引导线飞,效果如图2-145所示。

图 2-145　萤火虫飞舞

2.4.2　知识讲解

在引导层上绘制路径，使补间实例、组或文本块沿着这些路径运动。可以将多个层链接到一个引导层上，使多个对象沿同一条路径运动。

引导层动画必须具备两个条件：一是路径，二是在路径上运动的对象。引导路径是一些静态线条，在播放动画时路径线条不会显示。

引导图层动画的制作步骤如下：

（1）做好被引导层的动画，如图 2-146 所示。

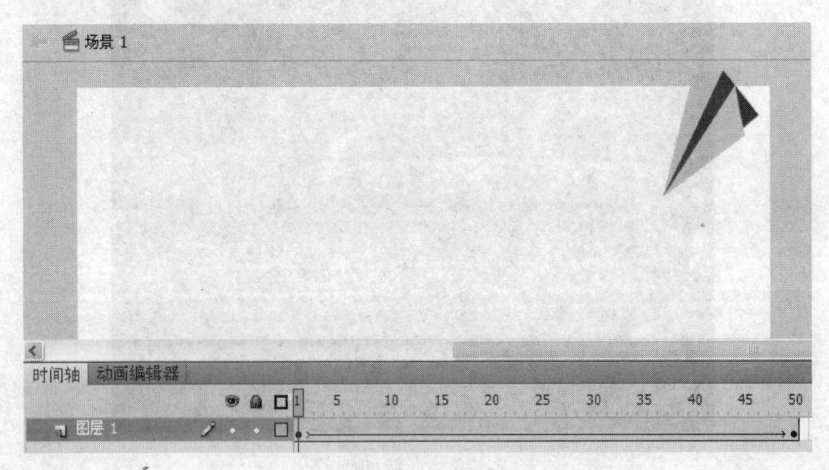

图 2-146　被引导层动画制作

（2）创建引导图层。

右击被引导层，在弹出的快捷菜单中选择"添加传统运动引导层"命令，创建引导图层，如图 2-147 所示。

在引导图层上用工具绘制路径，如图 2-148 所示。

（3）绑定实例。

锁定引导层，在第一帧处拖动对象到路径的其中一个端点处，使其紧贴到引导线上。在另一个关键帧处拖动对象到路径的另一个端点，使其紧贴到引导线上。

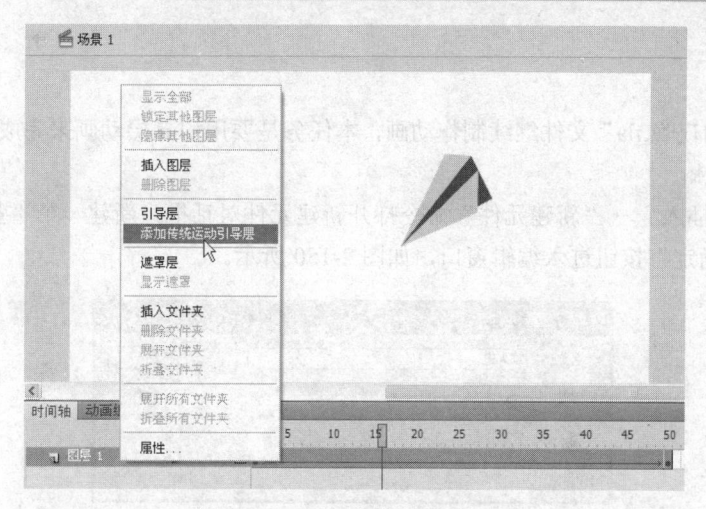

图 2-147 添加传统运动引导层

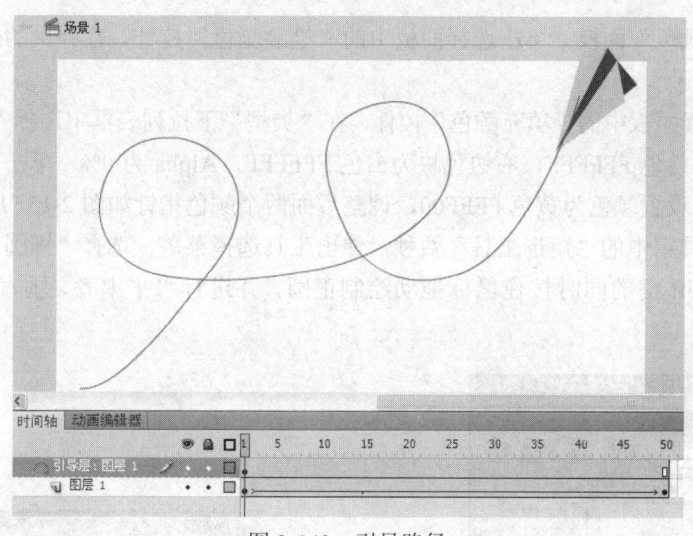

图 2-148 引导路径

（4）设置引导属性。

选中被引导层，把播放头放在两关键帧之间的任意一帧上，打开属性面板，在其中选中"调整到路径"复选框，如图 2-149 所示。

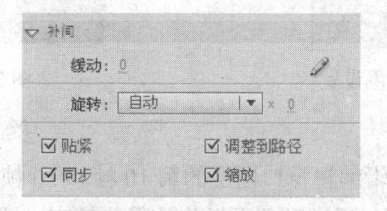

图 2-149 调整到路径

提示 引导层动画只能在传统补间动画中创建，对于补间动画，则不能使用引导层。

2.4.3 步骤详解

打开"璀璨的夜晚.fla"文件继续制作动画,本任务是要用引导层动画来完成萤火虫飞舞动画。

1. 绘制萤火虫

(1)执行"插入"→"新建元件"命令打开新建元件对话框,新建一个"萤火虫"的影片剪辑元件,单击"确定"按钮进入编辑窗口,如图 2-150 所示。

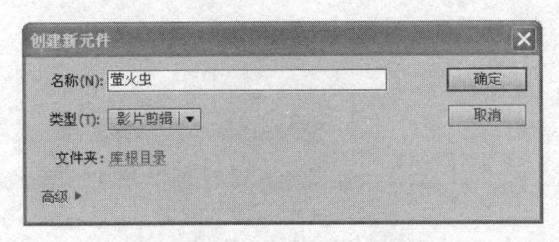

图 2-150 创建萤火虫元件

(2)展开"颜色"面板,单击选择面板中的"笔触颜色"控件,在弹出的颜色调板中设置笔触色为"无颜色"。

(3)单击选择面板中的"填充颜色"控件,在"类型"下拉列表框中选择"径向渐变"。设置左边的填充色块为白色 FFFFFF,右边色块为白色 FFFFFF,Alpha 为 0%,单击色条的中间部分增加一个颜色指针,设置颜色为黄色 FFFF00,调整后面两个颜色指针如图 2-151 所示。

(4)按下工具箱中的"矩形工具"数秒,弹出工具选择菜单,选择"椭圆工具"。

(5)按下 Shift 键的同时按住鼠标拖动绘制正圆,并进行水平中齐、垂直中齐,如图 2-152 所示。

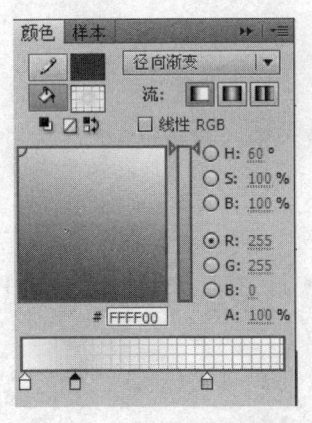

图 2-151 萤火虫颜色设置

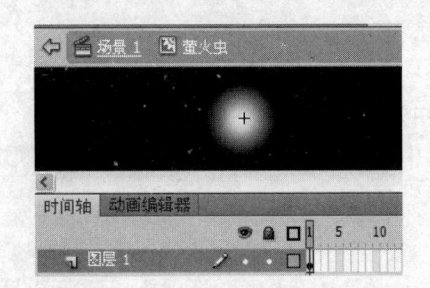

图 2-152 绘制萤火虫

2. 制作萤火虫闪光动画

(1)在"萤火虫"影片剪辑编辑窗口图层的第 10 帧和 20 帧处分别按 F6 键添加关键帧。

(2)选择第 10 帧中的圆形,通过颜色面板将放射状填充方式的白色区域变大,调整色条上各颜色指针的位置如图 2-153 和图 2-154 所示。

(3)分别右击两段关键帧中间的静态帧,在弹出的快捷菜单中选择"创建补间形状"来创建形状补间动画,如图 2-155 和图 2-156 所示。

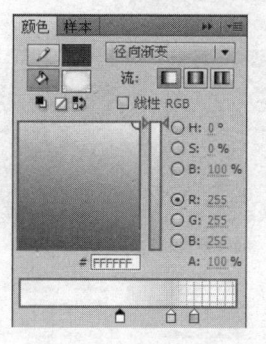

图 2-153 颜色设置

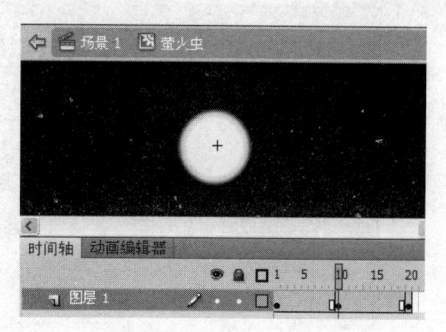

图 2-154 萤火虫闪亮图形

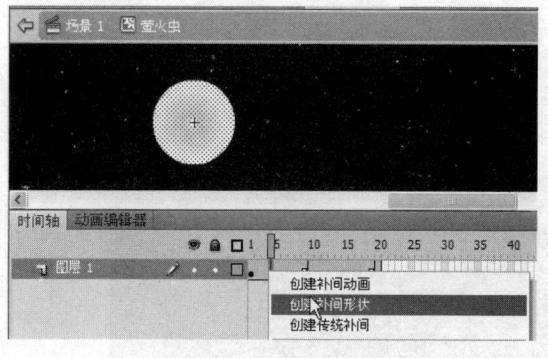

图 2-155 创建补间形状

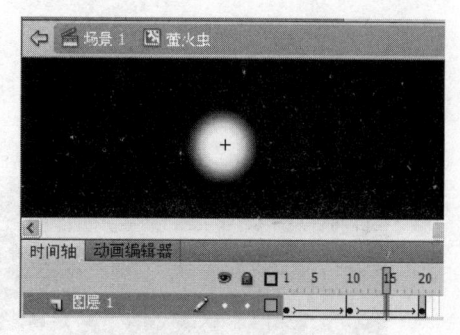

图 2-156 动画完成

3. 制作萤火虫飞舞动画

（1）执行"插入"→"新建元件"命令打开新建元件对话框，新建一个"萤火虫"的影片剪辑元件，单击"确定"按钮进入编辑窗口，如图 2-157 所示。

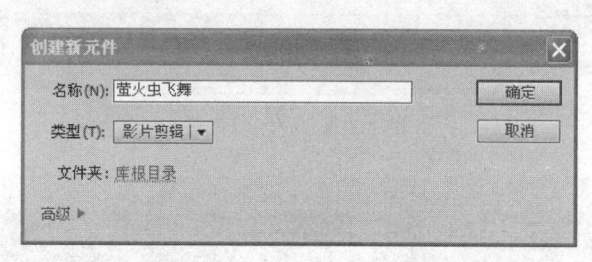

图 2-157 创建萤火虫飞舞元件

（2）拖放"萤火虫"元件到舞台上，在第 100 帧处按 F6 键添加关键帧，右击中间的任意帧，在弹出的快捷菜单中选择"创建传统补间"。

（3）右击图层，在弹出的快捷菜单中选择"添加传统运动引导层"，则在图层 1 上层自动添加一引导层，如图 2-158 所示。

（4）选择铅笔工具，从萤火虫处开始绘制曲线作为引导线，如图 2-159 所示。

（5）单击图层 1 的第一帧，选择舞台中的萤火虫并拖放吸附到引导线的一个端点上，再单击第 100 帧，选择舞台中的萤火虫并拖放吸附到引导线的另一个端点上，如图 2-160 所示。

（6）添加一个图层，重复步骤 1～5，其中可以使用任意变形工具缩放萤火虫的大小，把萤火虫拖放到不同位置，用引导线绘制的长短、运动时间的长短来控制萤火虫飞舞的不同。

图 2-158 添加引导层

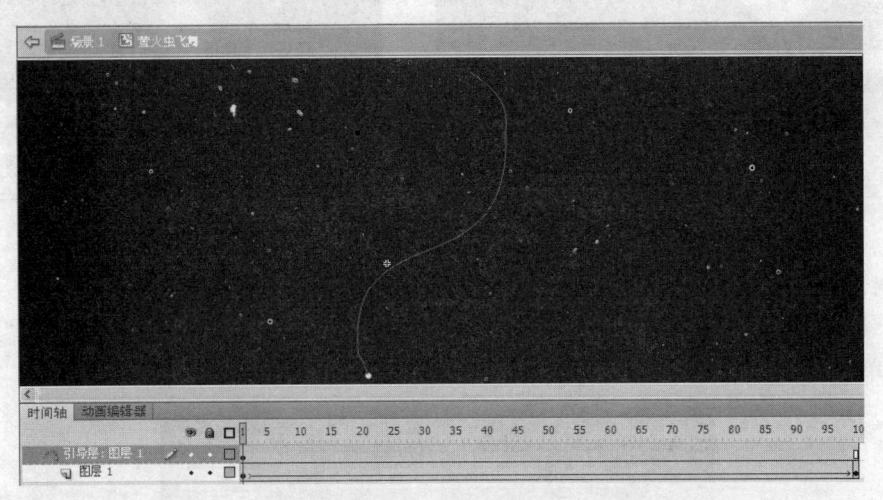

图 2-159 绘制引导线

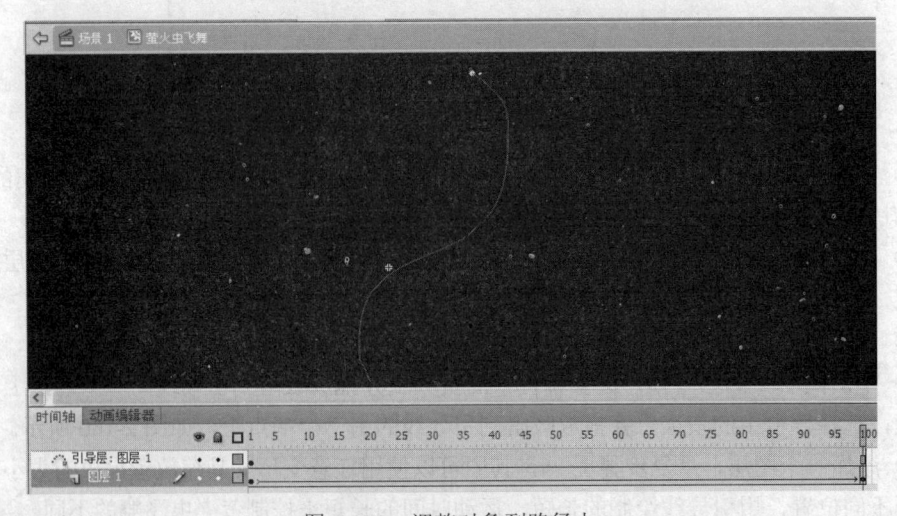

图 2-160 调整对象到路径上

（7）重复步骤6多做几个萤火虫飞舞，最终效果如图2-161所示。

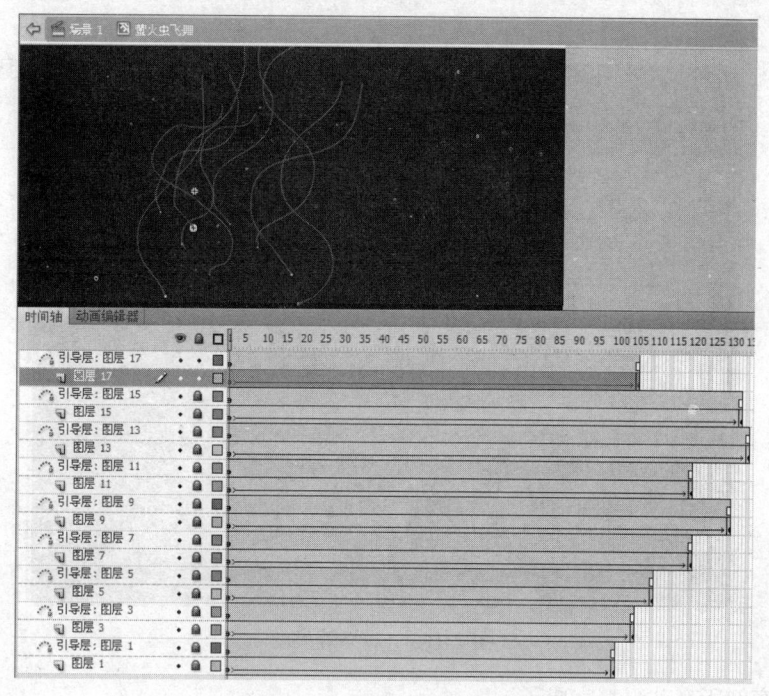

图2-161　多个萤火虫动画

（8）返回场景1，新建图层，双击图层名重命名为"萤火虫飞舞"，将图层选中拖放到"草随风摇摆"层下面。将"萤火虫飞舞"元件直接拖入舞台放置在水的下边缘，可以多拖放几个实例，如图2-162所示。

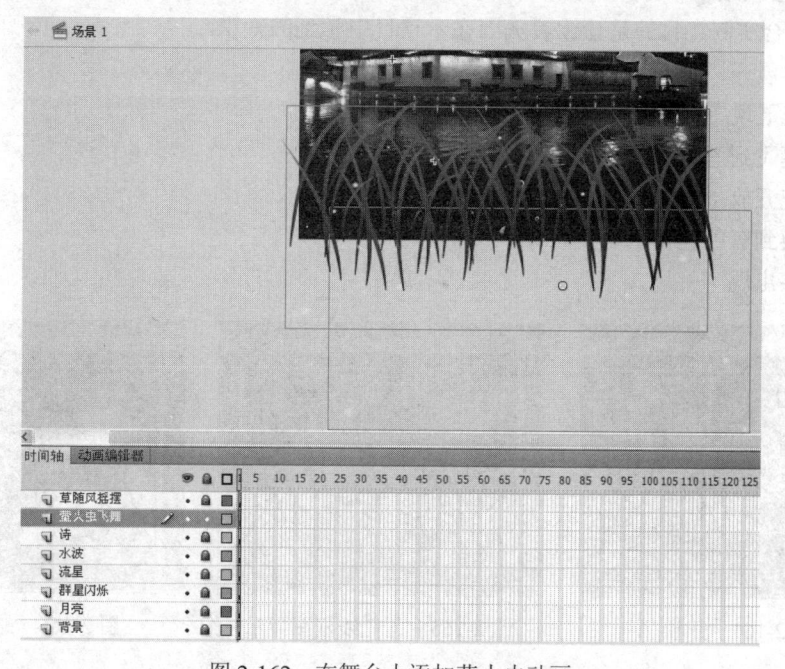

图2-162　在舞台上添加萤火虫动画

（9）按 Ctrl+Enter 组合键进行影片测试，效果如图 2-163 所示。

图 2-163　最终效果图

至此，本案例所有动画都完成了。

拓展训练——开卷蜻蜓莲语

本次拓展训练练习一个如图 2-164 至图 2-169 所示的"开卷蜻蜓莲语"动画，这是综合了几种动画的一个综合实例，目的是让读者巩固在本项目中学到的知识。

- 画卷展开
- 莲花展现
- 蜻蜓飞到莲花上
- 莲花开放
- 切换到有色莲花图
- 文字出现

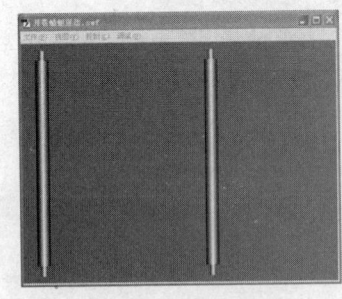

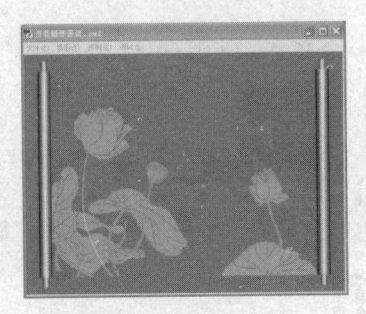

图 2-164　开卷　　　　图 2-165　莲花线框图显示　　　　图 2-166　蜻蜓飞来

图 2-167 莲花开　　　　图 2-168 有色莲花切换　　　　图 2-169 文字出现

项目三
ActionScript 应用基础——圣诞快乐

本项目通过完成圣诞贺卡案例让学习者掌握 ActionScript 的相关知识，项目分解为 4 个模块，每个模块及其涉及的主要知识点如下：
- 星光闪烁效果：影片剪辑的属性设置、影片剪辑的复制方法
- 影片播放控制：场景间的切换、按钮上添加 ActionScript 代码的方法
- 鼠标跟随效果：鼠标跟随效果制作、startDrag 函数的运用
- 音乐的控制：声音控制的相关函数和方法

本项目只是让学习者体验运用 ActionScript 功能的一个实例，仅涉及 ActionScript 功能的很小一部分，希望能通过本项目激发学习者探究 ActionScript 功能的兴趣，使其不断深入学习 ActionScript，做出更多优秀的效果，本案例效果如图 3-1 和图 3-2 所示。

图 3-1 星光闪烁效果　　　　　　　图 3-2 鼠标跟随效果

任务 3.1　项目分解——星光闪烁效果

3.1.1　效果展示

本任务是使用 ActionScript 制作星光闪烁的动画，效果如图 3-3 所示。

图 3-3　星光闪烁效果

3.1.2　知识讲解

1. ActionScript 的功能

ActionScript 是 Flash 内置的编程语言，用它进行动画编程，可以实现各种动画特效、对影片的良好控制、强大的人机交互以及与网络服务器的交互功能。它的存在确保了 Flash 影片与普通的按照线性模式播放的动画相比，具备强大得多的人机交互能力。下面就实际应用 ActionScript 的典型功能进行介绍。

（1）控制播放顺序。可以通过选择某个菜单将影片暂停在某个位置，然后由用户来决定下一步干什么，这就避免了让影片径直朝前播放。

（2）创建复杂动画。直接使用 Flash 中的绘图工具和基本命令来创建足够复杂的动画是相当困难的，但是脚本可以帮助你创建复杂的动画。例如可以用 ActionScript 实现雪花飘扬的效果，并且控制飘扬雪花的大小、透明度、运动规律等，以实现自然雪花飘扬的效果。如果不用 ActionScript 来实现这样的动画，你将需要几千帧来模仿相似的动作，而用 ActionScript 则将只需要一帧。

（3）响应用户输入。可以通过影片向用户提出问题并接收答案，然后将答案信息用于影片中或将其传送到服务器。加入了相应 ActionScript 的 Flash 影片更适合做网页中的表单。

（4）从服务器获取数据。与向服务器传送数据相反，使用 ActionScript 也可以从服务器中获取数据，你可以获取即时的信息并将它提供给用户。

（5）计算。ActionScript 也可以对数值进行计算，用它可以模拟出各种复杂的计算器。

（6）调整图像。ActionScript 可以在影片播放时改变图像的大小、角度、旋转方向、影片剪辑元件的颜色等，还可以从屏幕中复制或删除对象。

（7）测试环境。可以用 ActionScript 测试 Flash 影片的播放环境，如获取系统时间、获取 Flash Player 的版本信息等。

（8）控制声音。ActionScript 可以方便地控制声音的播放，甚至控制声音的声道平衡和音量等。

在本项目后面的实例中，将对这些功能中应用最多的进行更为深入的具体讲解，并通过做实际的项目来体会 ActionScript 的功能。

2. ActionScript 的编程环境

"动作"面板是 Flash 提供给用户编写 ActionScript 脚本的工具。单击"窗口"→"动作"命令或按 F9 键可以打开"动作"面板，如图 3-4 所示。

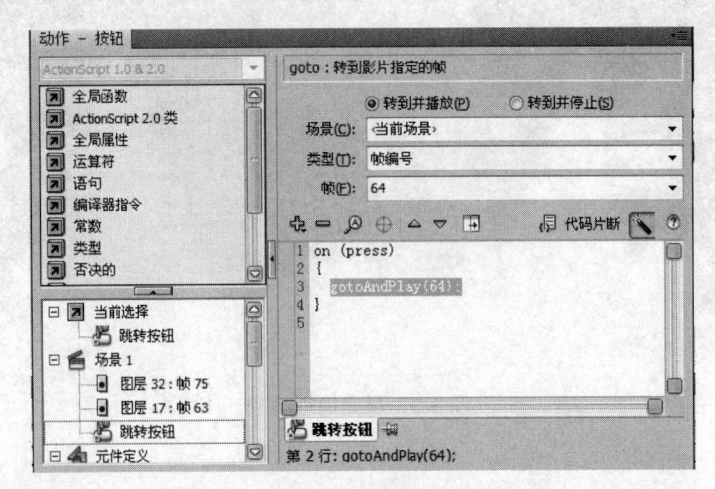

图 3-4 ActionScript 的编程环境示例

（1）脚本元素列表区。按类别对 ActionScript 元素进行分组，可以通过双击或直接拖动的方式将所选元素插入到脚本窗格中。

动作：在脚本中插入动作语句。

运算符：包含了可在语句中使用的运算符。

函数：包含了可在语句中使用的函数。

常量：包含了可在语句中使用的常量。

属性：包含了可在语句中使用的属性。

对象：包含了可在脚本中使用的对象及其属性、事件、方法列表。

否决的：早期版本中使用的函数等，较少使用。

Flash UI 组件：包含了可在脚本中使用的 Flash UI（用户界面）组件及其属性、事件和方法列表。

（2）脚本编辑区。可以在该窗格中输入 ActionScript 代码。

（3）参数设置区。工具栏中包含了各种代码编写辅助功能，这些功能可以简化代码编写工作。ActionScript 代码的编写有两种模式：专家模式和标准模式，通过脚本助手可以切换编写模式。

3. ActionScript 的语法

（1）脚本的存放位置。用户在编写脚本时，既可以为关键帧、按钮实例和影片剪辑分别编写，也可以将这些脚本集中编写，统一附加到一个或多个关键帧、按钮实例或影片剪辑实例中。在集中编写时，如果所操作的对象不是当前对象，则必须指明对象。

（2）脚本的执行方式与活动时间段。如果脚本被附加到某个图层的关键帧上，则在首次运行动画时，只有在执行到该关键帧后脚本才被激活，并且此后该脚本将始终在其活动期间有效。脚本活动时间为脚本在该层动画的结束帧。

（3）理解对象、属性、事件、方法、动作与事件句柄。Flash 的 ActionScript 是一种面向对象的程序设计语言，也就是说，所有程序都是围绕对象编写的。对象有属性、事件和方法。对象属性通常用于定义对象的外观，如坐标、大小、颜色、是否可见等。

1）对象的种类。在 ActionScritpt 中，第 1 类对象主要包括关键帧、按钮实例、影片剪辑实例。其中对于影片剪辑实例和按钮实例可以用库面板创建，也可以用脚本创建。

```
on (press)
{
    gotoAndPlay(64);
}
```

第 2 类对象是使用 new 操作符创建对象实例后才能使用的内置对象，如 Sound()。

第 3 类对象被称为顶层对象，如 Math。

第 4 类对象主要包括各种数据容器，如数组、字符串变量。

2）对象事件是指与对象相关的操作。

事件可以分为鼠标键盘事件、影片剪辑事件和帧事件。例如与影片剪辑相关的事件包括 onEnterFrame（进入每帧时都发生该事件）、onKeyDown（按键时发生该事件）、onLoad（加载影片剪辑时发生该事件）；与按钮相关的事件包括 onRelease、onPress 等。

为使应用程序能够对事件作出响应，必须使用事件处理函数。事件处理函数是用于与特定对象和事件关联的脚本代码。事件处理函数主要有两种：on()用于处理按钮事件；onClipEvent()用于处理影片剪辑事件。

对象方法是指隶属于对象的一组子程序。例如，与影片剪辑相关的方法包括 attachMovie（根据库符号创建影片剪辑实例）、loadMovie（用于从某个 URL 地址加载 SWF 文件到影片剪辑）和 play（从当前帧播放影片剪辑）等。

由于 ActionScript 中对象的种类非常多，因此这些对象的特点也有所不同，某些对象只有方法（如 Date 对象），某些对象还有常量（如 Math），除按钮实例和影片剪辑实例以外的大多数对象都没有事件等。

3）动作。所谓动作是指操作对象的一组命令，例如与影片剪辑相关的动作有 play（播放影片）、stop（停止播放影片）等。

动作与方法之间的异同：动作和方法非常类似，其作用也基本相同，只是使用的格式不同。大部分动作都有对应的方法。例如 this.startDrag()可以写为：

```
on (press) {
    startDrag(this);
}
```

4）使用对象事件和事件句柄。

使用对象事件有两种方法：一种是使用事件句柄，另一种是使用事件句柄方法。

按钮和影片剪辑作为对象都包含动作和事件。按钮动作用 on 句柄引出，影片剪辑动作用 onClipEvent 句柄引出。

5）使用和设置对象属性。

应用方法：对象名称.属性名称=属性数值

```
onClipEvent(mouseDown){
    _with=200;
    _height=200
}
```

6）使用对象方法。

应用方法：对象名称.方法名称

79

7）代码提示与对象命名。在专家模式下，利用代码提示可辅助设置参数、属性与事件；在标准模式下，利用代码提示可辅助设置参数与属性。

在以下 3 种情况下系统自动弹出代码提示：
- 在对象名称后输入"（"后。
- 在对象名称后输入"."后。
- 在事件句柄后输入"（"后。

如果希望"动作"控制面板为对象实例显示代码提示，用户应该为每个实例名称增加一个特殊后缀，如表 3-1 所示。

表 3-1　实例的特殊后缀

影片剪辑	_mc
声音	_sound
按钮	_btn
字符串	_str

8）区分大小写。ActionScript 区分大小写，但在对变量或标识符命名时要避免用大小写的不同来区别不同的变量或标识符，否则可能会导致意想不到的错误。

9）点语法。可以用点语法访问舞台中对象和实例的属性或方法。点语法表达式以对象或实例名称开头，后面跟着一个"."，最后以要指定的属性、方法或变量等结尾，如 my_mc.play();。

10）目标路径。Flash 动画中的对象具有层级结构，在使用代码控制对象时，需要指定对象的名称及其地址，这种在层级关系中表现对象位置的方法称为目标路径，指定对象的目标路径可以使用点语法，如 myclip.myotherclip.stop();。

分号（;）：语句的结束符，可以省略。

冒号（:）：为变量指定数据类型，例如 var mydate:Date = new Date();。

11）注释。使用简单易懂的句子对代码进行注解，有单行注释（//）和多行注释（/*　　*/）。

12）常数。常数即用固定值的属性，一般用大写字母表示。ActionScript 语言包含多个预定义的常数。例如 BACKSPACE、ENTER、SPACE、TAB 等常数是 key 类的属性，指代键盘的按键。

```
If(Key.getCode==Key.ENTER){
    alert="Are you ready to play?";
    controlMc.gotoAndStop(5);
}
```

13）关键字。关键字是 ActionScript 中用户执行某项特定操作的单词，是具有特定含义的保留字。例如 var 关键字用于声明变量。关键字不能用作变量名、函数名等。

ActionScript 的关键字如表 3-2 所示。

表 3-2　ActionScript 的关键字

Break	Else	instanceof	typeof
Case	For	new	var
Continue	Function	return	void
Default	If	switch	while
Delete	In	this	with

（4）ActionScript 相关术语。

1）实例。

实例是属于某些类的对象，类的对象处于库中时称为元件，应用于场景中时则为实例。每个类的实例都包含该类的所有属性和方法。例如，影片剪辑的实例是 MovieClip 类的实例，因此可以将 MovieClip 类的方法或属性用于任何影片剪辑实例。

2）实例名。

实例名是在脚本中用于指向影片中实例的唯一名称。为实例指定实例名称的方法有以下两种：
- 当实例位于舞台上时，可以选中该实例，然后在"属性"面板的"实例名称"文本框中输入该实例的名称。
- 使用脚本指令创建一个实例，并在创建该实例时为其分配一个实例名称（在第 1 帧添加动作），例如：

```
this.createEmptyMovieClip("pic_mc",this.getNextHighestDepth());
pic_mc.loadMovie("F://abc.jpg");     //"图片的路径"
```

3）数据类型。
- 数字（Number）：双精度浮点数，可以表示整数、无符号整数、浮点数。可以通过使用加、减、乘、除、求模、递加、递减等算术运算符来处理数据，也可以使用脚本内置的 math 和 number 类的方法来处理数据，如 Math.sqrt(25);。
- 字符串（String）：var my_string:String = "hello";，可以通过"+"连接两个字符串。
- 布尔值。
- 影片剪辑（MovieClip）。
- 对象（Object）：用于描述对象特性的属性的集合，每个属性都有名称和值。
- 空值（Null）。
- 未定义（Undefined）。
- 无值（Void）：用于在函数定义中指示函数不返回值。

4）变量。
- 全局变量：在 Flash 文档中所有时间轴和作用域均有效。声明全局变量需要在变量名前加 _global，如 _global.myname = "xiaoyang"。
- 时间轴变量：可用于该时间轴上的任何脚本。声明时间轴变量可以使用 var 语句，在时间轴的任一帧上初始化变量，该变量可以用于该帧后的所有帧。
- 局部变量：在函数体内用 var 定义变量，只能作用于该函数体内。

5）运算符。
- 数值运算符
- 比较运算符
- 赋值运算符
- 逻辑运算符

6）表达式。

Flash 可以计算并返回值的任何语句，由运算符和操作数组成。

7）类。

类用于定义一类对象，并对该类对象的属性和方法进行描述。类的属性和方法统称为类的成员。

若要使用类的属性和方法通常要先创建该类的一个实例。可以通过 new 运算符调用该类的构造函数来创建类的实例。构造函数与类通常具有相同的名称，如：

```
var my_sound:Sound = new Sound( );
```

Flash 大约包含 65 个顶级类和内置类。

8）函数。

函数是可以重用的代码块，可以向其传递参数并能返回值。

9）方法。

属于一类的函数称为该类的方法。

（5）流程控制与循环语句。

1）流程控制语句。

流程控制的主要功能是控制动画程序的执行顺序。通过流程控制，可以让 Flash 根据一些特定的条件来决定要执行哪个程序。通过判断的机制来决定程序的执行顺序。下面就具体的流程控制语句进行介绍。

if...else 控制语句格式：

```
if(条件){
    //条件成立的话，就执行这里的程序
}else{
    //条件不成立的话，就执行这里的程序
}
```

if 后面括号内的条件可以是一个固定的值，也可以是一个变量或表达式。如果条件成立的话，也就是条件为真（true），就会执行 if 后面的程序，如果条件不成立，也就是条件为假（false），就会执行 else 里的程序。例如，有这么一个条件，A>B 将这个表达式代入 if 后面的括号内，这个流程语句的意思就变成：如果 A>B，就执行第一个大括号内的程序，如果 A 不大于 B，就将执行 else 后面大括号内的程序。

2）循环语句。

循环语句，也是用条件来控制的，只要条件成立，那么程序就会不停地执行下去，一直执行到条件不成立为止。常用的循环语句包括 while 循环、for 循环等，在此只重点讲解 for 循环的使用方法。

for 循环命令格式：

```
for(初始变量;条件语句;迭加命令语句){
    //用户自己编写的脚本
}
```

for 语句的括号内有三个项目，必须要用分号隔开。

初始变量：循环语句也是用条件是否成立来控制的，通常用一个变量来控制程序执行的次数。那么，这个初始变量就要先定义一个值。要注意的是，初始变量这个项目只执行一次。

条件语句：这个项目就是我们的判断语句了。如果这个项目判断为真（true），也就是条件成立，它就直接跳进大括号{}内执行里面的程序；反之，如果条件为假（false），它就直接跳出这个 for 语句。

迭加命令语句：接上面的条件语句，如果条件语句成立，会执行{}内的程序，那么执行完程序之后就要回来执行迭加命令语句。通常它用来增加或减少刚开始时的初始变量的值。

（6）影片剪辑的属性与复制。

1）影片剪辑的属性。

前面学习了影片剪辑的一些属性可以通过属性面板、信息面板等进行设置，但是这些设置必须在影片播放前设好，且在影片播放过程中不可改变，通过 ActionScript 控制影片剪辑可以更加灵活，比前面的设置方式更优越。

影片剪辑的常用属性如表 3-3 所示。

表 3-3　影片剪辑常用属性

属性名称	意义	说明
_x _y	横纵坐标	设置影片剪辑的(x,y)坐标，该坐标是相对于父级影片剪辑的本地坐标，如果在主场景中，则是相对于舞台左上角为(0,0)点坐标，影片剪辑的坐标指的是注册点的位置
_width _height	宽 高	影片剪辑的宽度和高度，以像素为单位
_visible	可见性	通过布尔值设置对象的可见性，ture 设置对象为可见，flase 设置对象为不可见
_xscale _yscale	水平垂直缩放百分比	设置影片剪辑从注册点开始应用的水平、垂直缩放比例。默认注册点为(0,0)，默认值为 100
_rotation	旋转角度	以度为单位进行旋转，当它为正值时为顺时针，为负值时为逆时针
_xmouse _ymouse	鼠标坐标	影片中鼠标的横纵坐标
_alpha	透明度	影片剪辑的透明度，0 为完全透明，100 为完全不透明，默认值为 100
_totalframes	总帧数	只读参数，返回影片剪辑的总帧数
_currentframe	当前帧	只读参数，返回播放头所在位置的帧编号

2）影片剪辑的复制。

影片剪辑的复制主要通过函数来实现，下面就影片剪辑复制的主要函数 duplicateMovieClip() 进行介绍。

duplicateMovieClip()函数的作用是通过复制创建影片剪辑的实例。在 Flash 作品中常见的倾盆大雨、雪花飘飘、繁星点点等动画特效就是利用 duplicateMovieClip()函数的功能来实现的。

脚本位置：全局函数|影片剪辑控制|duplicateMovieClip

语法格式：duplicateMovieclip(目标,新实例名称,深度);

参数意义：

目标：target:Object，要复制的影片剪辑的目标路径。此参数可以是一个字符串（如"my_mc"），也可以是对影片剪辑实例的直接引用（如 my_mc）。能够接受一种以上数据类型的参数以 Object 类型列出。

新实例名称：newname:String，所复制的影片剪辑的唯一标识符。

深度：depth:Number，所复制的影片剪辑的唯一深度级别。深度级别是所复制的影片剪辑的堆叠顺序。这种堆叠顺序很像时间轴中图层的堆叠顺序；较低深度级别的影片剪辑隐藏在较高堆叠顺序的剪辑之下。必须为每个所复制的影片剪辑分配一个唯一的深度级别，以防止它替换已占用深度上的 SWF 文件。

函数：当 SWF 文件正在播放时，创建一个影片剪辑的实例。无论播放头在原始影片剪辑中处于什么位置，在重复的影片剪辑中播放头始终从第 1 帧开始。原始影片剪辑中的变量不会复制到重复的影片剪辑中。

在使用 duplicateMovieClip()函数时，需要注意以下几点：
- 复制得到的影片剪辑保持父级影片剪辑原来的所有属性，所以原来的影片剪辑是静止的，复制后的影片剪辑也是静止的，并且一个叠放在另一个上。如果不给它们设置不同的坐标，则只能看到编号最大的影片剪辑复本，而看不出复制的效果。
- 原来的影片剪辑在做补间运动，那么复制品也要做同样的运动，并且无论播放头在原始影片剪辑（或"父"级）中处于什么位置，复制的影片剪辑播放头始终从第一帧开始。所以，复制品和原影片剪辑始终有个时间差，因此，即使不给复制得到的影片剪辑实例设置坐标，也可以看到复制品在运动。
- 复制得到的影片剪辑实例经常要与影片剪辑属性控制（特别是_x、_y、_alpha、_rotation、_xscale、_yscale 等属性的控制）结合才能更好地发挥复制效果。

（7）随机函数 random 的使用方法。

1）random(number)：random(number)返回一个 0～number-1 之间的随机整数。

2）Math.random()：返回一个有 14 位精度的 0～1 之间的数，注意没有参数。

3.1.3 步骤详解

（1）启动 Flash CS5，新建一个 ActionScript 2.0 的空白文档。执行"修改"→"文档"命令（或按 Ctrl+J 键），在打开的对话框中将尺寸更改为 600 像素×400 像素，设置完成后单击"确定"按钮。

（2）执行"插入"→"新建元件"命令，弹出"创建新元件"对话框，在"名称"文本框中输入"背景"，在"类型"下拉列表框中选择"图形"，如图 3-5 所示，单击"确定"按钮进入元件编辑区。

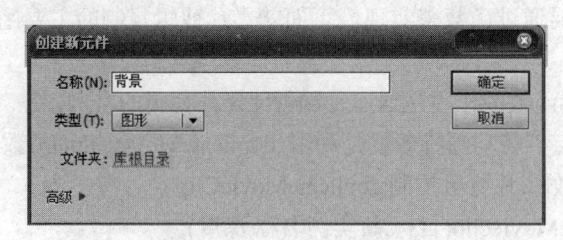

图 3-5 新建"背景"元件

（3）运用工具箱中的矩形工具绘制 600 像素×400 像素的矩形，并利用颜料桶工具填充从白到蓝的径向渐变颜色，效果如图 3-6 所示。

（4）导入山、树、雪人等素材，并通过变形、旋转工具调整元素的位置和大小，形成合理的视觉效果，参考效果如图 3-7 所示。接着为雪人组合（即雪人、雪松、山）制作渐显效果，如图 3-8 所示，此操作在前面项目中已讲过，此处不再详述。

（5）按 Ctrl+F8 键打开新建元件对话框，新建名称为"文字"，类型为"影片剪辑"的元件。在元件编辑状态下导入素材文字，运用补间动画制作文字的渐显效果，如图 3-9 所示。

图 3-6 背景绘制效果

图 3-7 场景一背景效果

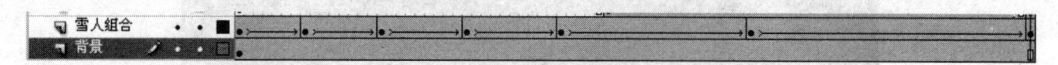

图 3-8 渐显效果

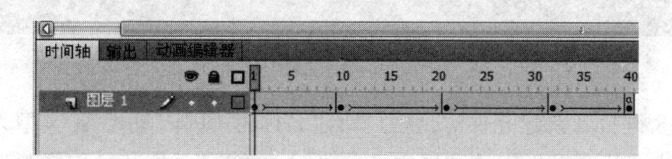

图 3-9 补间动画

为了让该影片剪辑在最终处于 100%显示状态，不至于拖动到舞台上出现闪动效果，因此在最后一个关键帧处需要添加控制语句，此处的作用是使影片剪辑停止播放，具体操作为：右击，在弹出的快捷菜单中选择"动作"命令，在打开的"动作"面板中输入 stop();，如图 3-10 所示。

（6）按 Ctrl+F8 键打开新建元件对话框，新建名称为"1 颗星"，类型为"图形"的元件。结合椭圆和渐变工具绘制如图 3-11 所示的星。

（7）按 Ctrl+F8 键打开新建元件对话框，新建名称为"闪动的星"，类型为"影片剪辑"的元件。运用补间动画制作星星闪动效果，如图 3-12 所示。

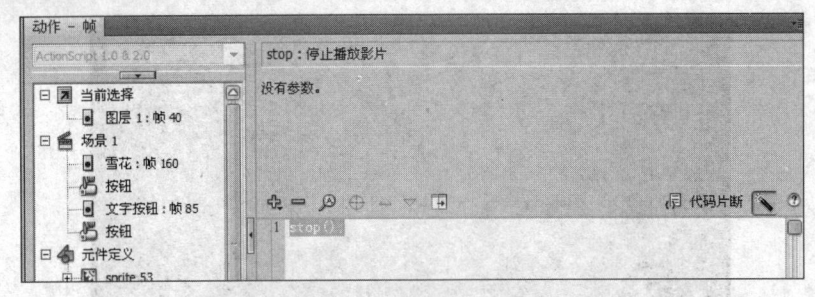

图 3-10 添加 stop 语句

图 3-11 绘制 1 颗星

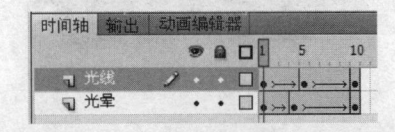

图 3-12 星星闪动效果

（8）按 Ctrl+F8 键打开新建元件对话框，新建名称为"闪闪星光"，类型为"影片剪辑"的元件。进入元件编辑状态，在星星闪动图层中拖入"闪动的星"，将其名称修改为 mc，如图 3-13 所示，结合补间和逐帧动画制作星星闪动的效果。

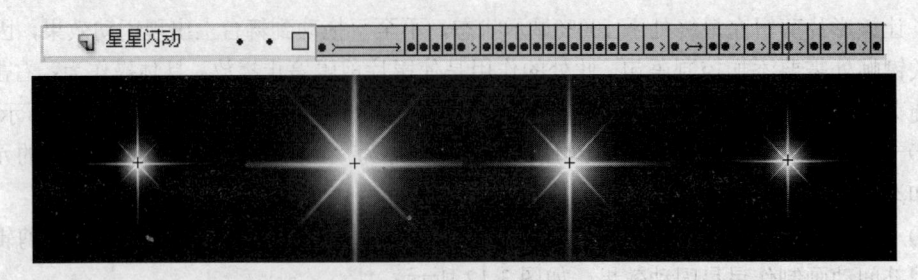

图 3-13 闪闪星光效果

（9）为了制作出随机的星星闪动效果，新建图层，名称为 AS，分别在"星星闪动"图层的最初和最后插入关键帧，在最初帧添加代码：gotoAndPlay(random(40) + 1);，如图 3-14 所示，在最后关键帧中添加代码：gotoAndPlay(3);，如图 3-15 所示。

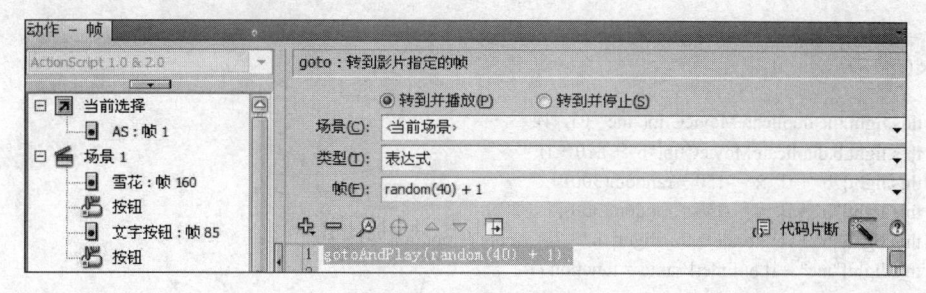

图 3-14　最初帧代码

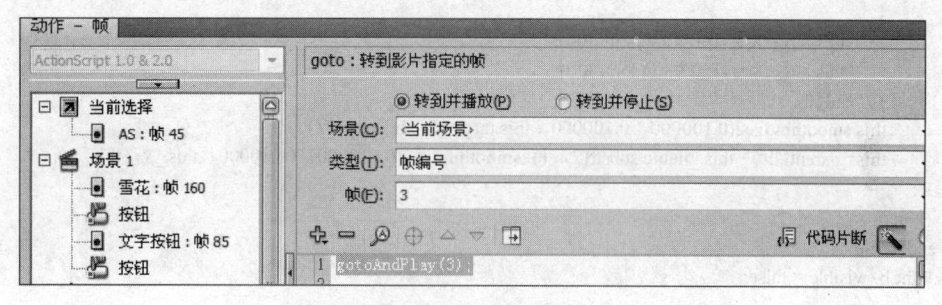

图 3-15　最后帧代码

（10）按 **Ctrl+F8** 键打开新建元件对话框，新建名称为"闪闪星光加强"，类型为"影片剪辑"的元件。进入元件编辑状态，在闪闪星光 1 和闪闪星光 2 图层中分别拖入"闪闪星光"元件，如图 3-16 所示，以加强星光效果，并在属性面板中将"闪闪星光"元件的名称修改为 b。

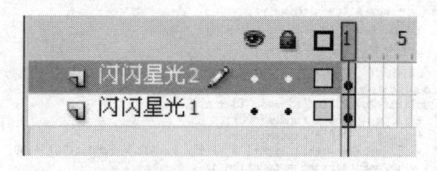

图 3-16　加强星光效果

（11）按 **Ctrl+F8** 键打开新建元件对话框，新建名称为"复制星星"，类型为"影片剪辑"的元件。进入元件编辑状态，修改图层名称为"闪闪星光加强"，拖入"闪闪星光加强"元件，在属性面板中将其名称改为 light，如图 3-17 所示。

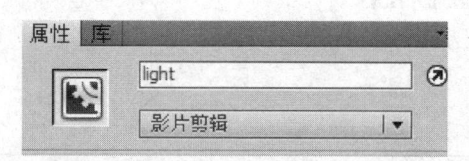

图 3-17　修改影片剪辑名称

（12）新建图层，名称为 AS，插入关键帧，在关键帧中添加如下代码，添加完成后如图 3-18 所示。

```
MovieClip.prototype.smoothmove2 = function (spx,spy,tx,ty)
{
    this._x = this._x + spx * (tx - this._x);
    this._y = this._y + spy * (ty - this._y);
};
var i = 1;
while (i <= 7)
{
    this.light.mc.duplicateMovieClip("mc" + i,  i);
    this.light.b.duplicateMovieClip("b" + i,10 + i);
    this.light["b" + i]._x = -150 + random(300);
    this.light["b" + i]._y = -150 + random(300);
    this.light["b" + i]._xscale = this.light["b" + i]._xscale = random(70) + 30;
    this.light["mc" + i].onEnterFrame = function ()
    {
        if (random(50) == 0)
        {
            this.targetX = -150 + random(300);
            this.targetY = -150 + random(300);
        } // end if
        this.smoothmove2(0.100000,  0.100000,  this.targetX,  this.targetY);
        this._parent["b" + this._name.substr(2,  1)].smoothmove2(0.010000,  0.010000,  this._x,  this._y);
    };
    ++i;
} // end while
this.light.b._visible = false;
```

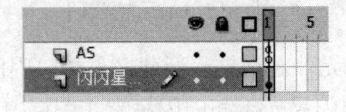

图 3-18　复制星星代码

（13）在工作区中新建"星光闪烁"图层，拖入数个"复制星星"到不同位置，营造星光闪烁气氛，如图 3-19 所示。

图 3-19　星光闪烁效果

任务 3.2　项目分解——影片播放控制

3.2.1　案例效果展示

本任务是使用 ActionScript 制作影片切换的动画效果，如图 3-20 所示。

图 3-20　影片切换前后对比

3.2.2　知识讲解

1. 时间轴控制函数

时间轴控制函数主要用来控制帧和场景的播放、停止、跳转等，这类函数包括 stop()、play()、gotoAndPlay()、gotoAndStop()、nextFrame()、prevFrame()、nextScene()、prevScene()。

（1）stop 和 play 函数。

stop()：暂停当前动画的播放，使播放头停止在当前帧。

play()：如果当前动画暂停播放，而且动画并没有播放完时，从播放头停止处继续播放动画。

（2）gotoAndPlay 和 gotoAndStop 函数。

gotoAndPlay([scene,]frame)：指定跳转到某个帧开始播放动画，参数 scene 是设置开始播放的场景，如果省略 scene 参数，则默认当前场景；参数 frame 是指定播放的帧号。

gotoAndStop([scene,]frame)：指定跳转至动画的指定帧并停止在该帧。

（3）nextFrame 和 prevFrame 函数。

nextFrame()：播放动画的下一帧，并停在下一帧。

prevFrame()：播放动画的前一帧，并停在前一帧。

（4）nextScene 和 prevScene 函数。

nextScene()：使动画进入下一场景的第 1 帧，并继续播放动画。

prevScene()：使动画进入前一场景的第 1 帧，并继续播放动画。

3.2.3 步骤详解

（1）将前面所做的图层均在第 85 帧终止，在其中任意一层的最后一帧插入关键帧（本例在"文字按钮"层插入），在该关键帧上右击，在弹出的快捷菜单中选择"动作"，添加代码：stop();，如图 3-21 所示。

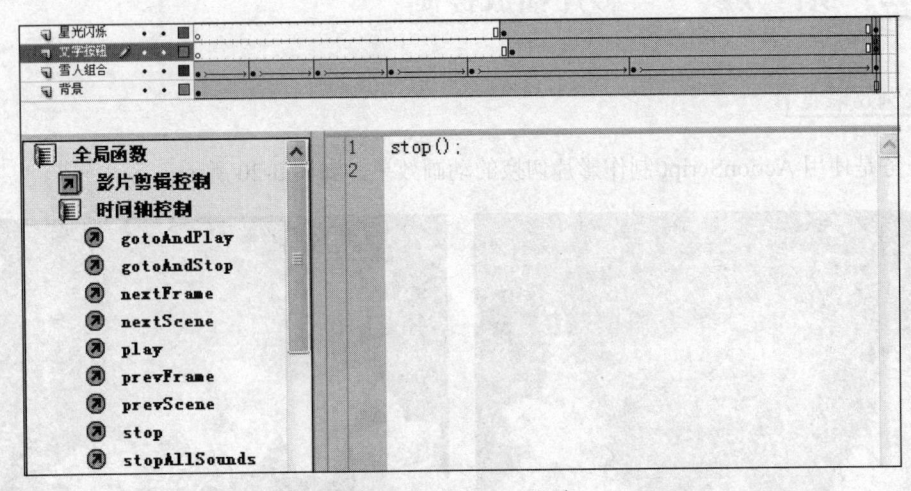

图 3-21 添加 stop 语句

（2）在"星光闪烁"图层上新建图层"背景 2"，在第 86 帧处插入关键帧，将"背景"层的第一帧拷贝到该帧上，如图 3-22 所示。

图 3-22 制作背景

90

(3)在"背景 2"图层上分别新建图层"雪景"、"雪人"、"月亮",分别在第 87 帧处插入关键帧,绘制如图 3-23 所示的雪景。

图 3-23 绘制雪景

(4)单击"插入"→"新建元件"命令,选择类型为"影片剪辑",名称为"飘动的雪花",进入该元件的编辑界面,导入雪花素材,运用之前学习的引导线动画制作雪花飘动效果,并在该元件图层的最上面新建名称为 AS 的图层,在该元件的最后一帧插入关键帧,并在其中加入代码:this.removeMovieClip();,如图 3-24 所示。

该代码的作用是在雪花飘动的最后删除自己。

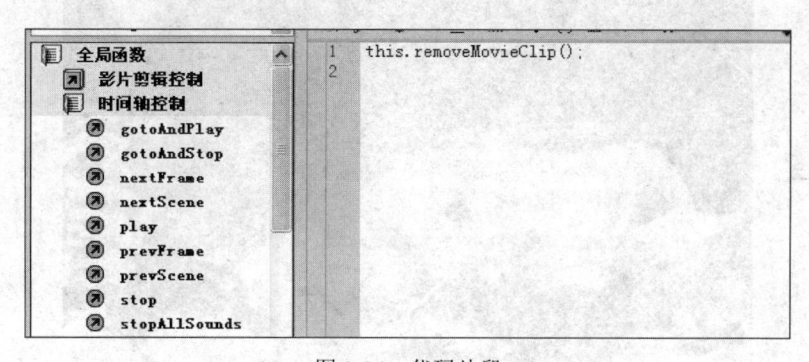

图 3-24 代码片段

(5)单击"插入"→"新建元件"命令,选择类型为"影片剪辑",名称为"雪花复制",在该元件的图层 1 中拖入刚刚创建的"飘动的雪花"影片剪辑,并在属性面板中将该影片剪辑命名为 sn,如图 3-25 所示。

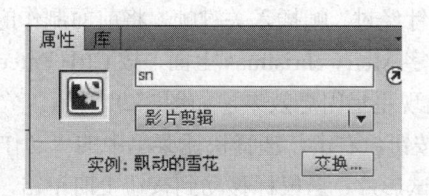

图 3-25 修改影片剪辑名称

91

（6）新建图层，命名为 AS，在该图层的第一帧插入关键帧，添加复制雪花的代码，如图 3-26 所示，实现"飘动的雪花"影片剪辑的复制，达到雪花纷飞的效果。

```
i = 0;
j = 0;
sn._visible = false;
randomx = 580;
posy = 0;
randomS = 50;
timer = 15;
this.onEnterFrame = function ()
{
    if (i == timer)
    {
        mc = sn.duplicateMovieClip("sn" + j,
        mc._x = random(randomx);
        mc._y = 0;
        mc._alpha = random(20) + 80;
        i = 0;
        ++j;
    } // end if
    ++i;
};
```

图 3-26 添加复制雪花代码

（7）在场景的"月亮"图层上新建图层"雪花"，在第 87 帧处插入关键帧，在其中拖入刚刚制作的"雪花复制"影片剪辑，调整影片剪辑的位置，实现如图 3-27 所示的效果。至此完成了场景二的制作，后面将学习如何实现场景一到场景二的切换。

图 3-27 雪花纷飞效果

（8）单击"插入"→"新建元件"，选择类型为"按钮"，名称为"按钮"，创建按钮元件，进入按钮元件编辑场景，在"指针经过"帧插入关键帧，将前面制作的"鼠标停留效果"拖动到该关键帧上，将按钮拖动到场景文字 Merry christmas 上面，按 Ctrl+Enter 组合键测试影片，当鼠标移动到 Merry christmas 上时就会出现星星闪烁效果，如图 3-28 所示。

（9）单击选中场景中的按钮，右击，选择快捷菜单中的"动作"选项，添加代码，如图 3-29 所示。按 Ctrl+Enter 组合键测试影片，当鼠标移动到按钮上时单击，画面即切换到第二场景，实现了场景间的切换，如图 3-20 所示。

ActionScript 应用基础——圣诞快乐 项目三

图 3-28 鼠标效果

```
1  on (press) {
2      gotoAndPlay(86);
3  
4  }
5  
```

图 3-29 代码片段

任务 3.3 项目分解——鼠标跟随效果

3.3.1 案例效果展示

本任务是使用 ActionScript 制作鼠标跟随的动画效果，如图 3-30 所示。

图 3-30 鼠标跟随效果

93

3.3.2 知识讲解

1. 拖拽函数 StartDrag

鼠标跟随效果就是在舞台中元件跟随鼠标移动的效果,主要用到的函数是 StartDrag,下面就该函数的使用方法进行介绍。

命令格式:

StartDrag(拖动的影片剪辑,[是否锁定到鼠标位置中央,左,上,右,下])

或者

要拖动的影片剪辑.StartDrag([是否锁定到鼠标位置中央,左,上,右,下])

命令讲解:在制作动画的过程中,上面两种书写方法可任选一种。其中[]内的为可选参数,可以写,也可以不写。左、上、右、下 4 个参数是用来控制被拖对象的移动范围的。

2. 停止拖拽命令

命令格式:被拖动的影片剪辑实例名.stopDrag()

这样就可以停止对对象的拖拽动作。

3.3.3 步骤详解

(1)单击"插入"→"新建元件"命令,选择类型为"影片剪辑",名称为 Merry christmas,创建影片剪辑元件,进入影片剪辑元件编辑场景,在其中输入 Merry christmas 文字,如图 3-31 所示。

图 3-31　Merry christmas 文字

(2)单击"插入"→"新建元件"命令,选择类型为"影片剪辑",名称为"鼠标跟随",创建影片剪辑元件,进入影片剪辑元件编辑场景,如图 3-32 所示。

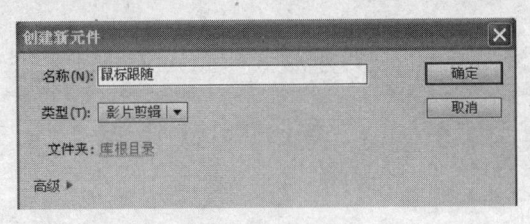

图 3-32　新建元件

(3)在"鼠标跟随"元件的第一个图层中拖入刚刚完成的 Merry christmas 元件,并将该元件命名为 mc,如图 3-33 所示。

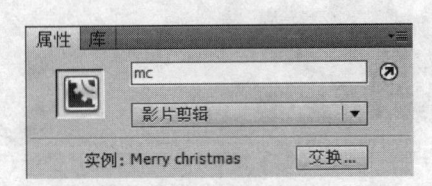

图 3-33　命名元件

（4）在"鼠标跟随"元件中新建图层，命名为 AS，在该图层的第一帧中插入关键帧，右击，选中快捷菜单中的"动作"选项，添加代码，如图 3-34 所示。

```
startDrag("mc",true);
```

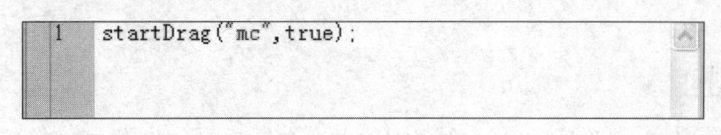

图 3-34　代码片段

（5）按 Ctrl+Enter 组合键测试影片，单击 Merry christmas 进入第二场景，即可看到 Merry christmas 字幕随着鼠标移动，如图 3-35 所示。

图 3-35　鼠标跟随

3.3.4　课后思考

请运用 StartDrag 完成场景中 LOADING 字母鼠标跟随效果，如图 3-36 所示。

图 3-36　拓展实例

任务 3.4　项目分解——音乐的控制

3.4.1　案例效果展示

本任务是使用 ActionScript 制作音乐控制的动画效果，如图 3-37 所示。

图 3-37　音乐控制

3.4.2　知识讲解

下面介绍声音控制的相关函数及方法。

（1）new 函数：该构造函数可以用来为指定的影片剪辑创建新的 Sound 对象。
my_sound=new Sound(目标);

（2）Sound.attachSound 方法：用于将指定的声音附加到指定的 Sound 对象。该声音必须位于当前影片的库中，并且必须已经在"链接属性"面板中指定导出。必须调用 Sound.start()才开始播放此声音。
my_sound.attachSound("id 名称")

（3）Sound.start 方法：用于从开头开始播放（如果未指定声音的播放开始点）最后附加的声音，或者从指定的声音处开始播放，用法为：
my_sound.start(秒偏移量,循环);
秒偏移量：可选参数，通过该参数可以指定从特点开始播放声音。

（4）Sound.stop 方法：用于停止当前播放的声音，或者只停止播放指定的声音，用法为：
my_sound.stop("id 名称")
id 名称：可选参数，指定特定声音停止播放。

（5）Sound.setVolume 方法：用来设置音量，用法为：
my_sound.setVolume(音量);
音量：一个 0～100 之间的数字，表示音量级别。100 为最大音量，而 0 为没有音量。

（6）Sound.position 属性：声音已播放的毫秒数。

（7）Sound.onSoundComplete 处理函数：声音播放完时自动调用，用法为：
mysound.onSoundComplete = function() {
　　程序体
}

3.4.3　步骤详解

（1）单击"文件"→"导入"→"导入到库"命令，将圣诞歌曲 sound.mp3 导入到库中，如图 3-38 所示。

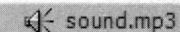

图 3-38　音乐导入

（2）选中库中的声音文件并右击，在弹出的快捷菜单中选择"属性"，在弹出的对话框中勾选"为 ActionScript 导出"和"在帧 1 中导出"选项，并输入一个标识符：music，如图 3-39 所示。

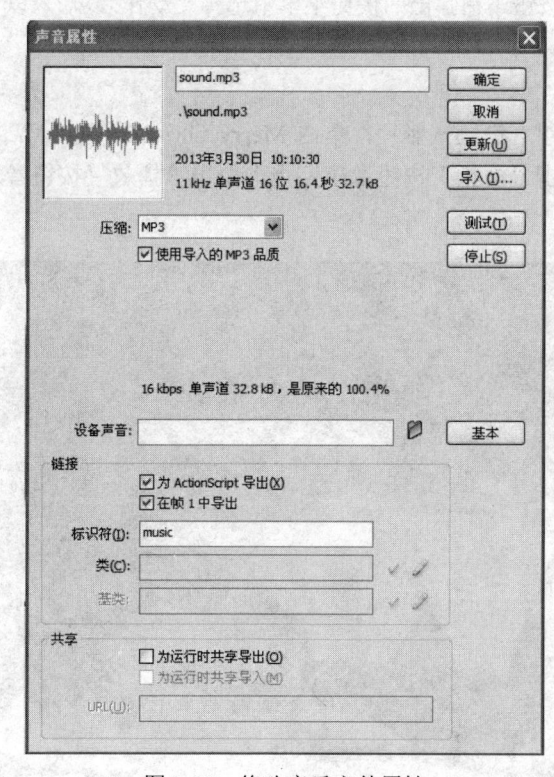

图 3-39　修改音乐文件属性

（3）回到主舞台，新建图层，命名为"声控"，在第 86 帧插入关键帧并右击，在弹出的快捷菜单中选择"动作"，输入如图 3-40 所示的脚本。

```
1  sound = new Sound();
2  sound.attachSound("music");
3  sound.start();
```

图 3-40　代码片段

（4）回到主舞台，新建图层，命名为"按钮"，在第 86 帧插入关键帧，拖入两个声音控制按钮："播放"按钮和"停止"按钮，如图 3-41 所示。

图 3-41　播放及停止按钮

（5）右击"播放"按钮，在弹出的快捷菜单中选择"动作"，输入以下脚本：

```
on (release) {
    sound.start();
}
```

（6）右击"停止"按钮，在弹出的快捷菜单中选择"动作"，输入以下脚本：

```
on (release) {
    sound.stop();
}
```

（7）按 Ctrl+Enter 组合键测试影片，单击 Merry christmas 进入第二场景，即可听到 Merry christmas 音乐播放，单击"停止"按钮音乐停止，单击"播放"按钮音乐再次播放，如图 3-42 所示。

图 3-42　控制声音播放

3.4.4　课后思考

本按钮运用 Sound 类实现了声音的播放与停止，在实际创作中还经常会用到暂停的功能，如果在本案例中添加"暂停"按钮，应该如何实现暂停功能呢？

拓展训练——中秋快乐

设计并制作一个以"中秋"为主题的动画，要求如下：
- 能较好地反映中秋文化。
- 能够运用到影片剪辑的复制（如闪烁的星光）。
- 添加背景音乐，并能实现音乐控制。
- 必须有 3 个场景以上，能运用按钮实现场景间的切换。

项目四

Flash 贺卡设计与制作——新年贺卡

本案例中是通过四季交替来表达一年时间的流逝,而一年四季每个季节都有各自的特点,自然界中的花草树木也会随春、夏、秋、冬的季节变化而变化,最普遍的区别就是四季代表性的花卉不同,比如春天的桃花、夏天的荷花、秋天的菊花、冬天的梅花。然后再将四季的场景组合在一起,添加一段祝福的话语来表达新春的祝贺之意。

本案例由 5 个场景构成,分别是春天场景、夏天场景、秋天场景、冬天场景和祝福语场景,案例效果如图 4-1 至图 4-5 所示。

图 4-1 春天场景 　　　　图 4-2 夏天场景 　　　　图 4-3 秋天场景

图 4-4 冬天场景 　　　　图 4-5 祝福语场景

任务 4.1　项目分解——贺卡元素绘制

4.1.1　效果展示

本案例中涉及的元素较多，如春天的桃花、夏天的荷花等，贺卡元素展示如图 4-6 至图 4-14 所示。

图 4-6　桃花 　　　图 4-7　荷花 　　　图 4-8　蝴蝶 　　　图 4-9　菊花 　　　图 4-10　枫叶

图 4-11　梅花 1 　　图 4-12　梅花 2 　　图 4-13　梅花 3 　　图 4-14　梅花 4

4.1.2　知识讲解

1. 什么是电子贺卡

电子贺卡用于联络感情和互致问候，之所以深受人们的喜爱，是因为它具有温馨的祝福语言、浓郁的民俗色彩、传统的东方韵味、古典与现代交融的魅力，既方便又实用，是促进和谐的重要手段。贺卡在传递"含蓄"的表白和祝福的同时，又形成了自己独特的文化内涵，加强了人们之间的相互尊重与体贴。

使用 Flash 制作的电子贺卡与传统的电子贺卡相比，可以根据自己的需要在电子贺卡中选择背景图片、祝福语、音乐、主题等，达到想要的效果；还可以把自己最想说的话录下来，作为音乐文件加载在电子贺卡中发给对方。这样的贺卡不但经济环保，还可以通过网络便捷传输。

2. 贺卡设计思路

（1）前期构思。在制作 Flash 贺卡之前，先要对贺卡进行前期构思，想想要表达什么样的主题和感情，如何进行创意和设计。如本案例中的新年贺卡，就是想通过对一年四个季节的表现来体现新年的感觉，引导出相应的祝福语。

（2）收集或制作素材。有了好的构思之后，就要开始着手准备素材。根据自己构思的内容，需要什么样的图片或音乐，可以在网络中寻找，也可以自己进行编辑制作。本案例中所用到的素材都是在网上找到相关素材作参考，然后自行制作的。

（3）编辑动画。素材准备好后即可进行主要场景的制作，包括各种素材在场景中的安排、添加声音等。本案例中使用了 5 个场景，分别是春夏秋冬以及祝福语场景。将之前准备的素材根据自己的构思组织起来，然后再设计相应的动画效果。

（4）测试与发布。在完成整个动画的编辑之后，可以对动画进行测试及调试，对不满意的地方进行调整和修改，直至最后的创作完成，之后可根据情况对贺卡的发布进行相关的设置，对发布的格式以及图像等的压缩品质进行调整，最后发布贺卡。

4.1.3 步骤详解

1. 绘制桃花

（1）启动 Flash CS5，新建一个 ActionScript 2.0 的空白文档。执行"修改"→"文档"命令，在打开的对话框中将"背景颜色"设置为浅粉色#FFEEFF，尺寸更改为 500 像素×700 像素，帧频为 12fps，如图 4-15 所示，单击"确定"按钮。

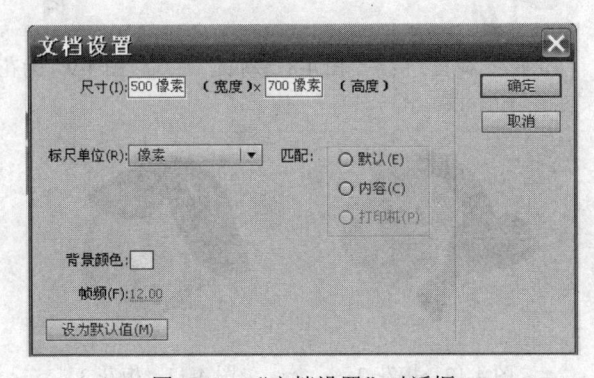

图 4-15　"文档设置"对话框

（2）执行"插入"→"新建元件"命令，弹出"创建新元件"对话框，在"名称"文本框中输入"桃花"，在"类型"下拉列表框中选择"图形"，如图 4-16 所示，单击"确定"按钮进入元件编辑区。

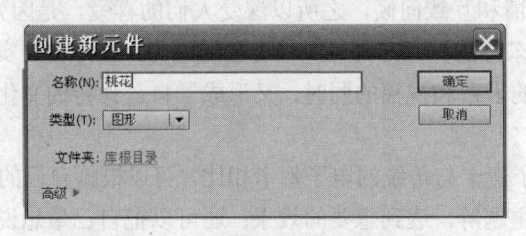

图 4-16　"创建新元件"对话框

（3）在工具箱中选择铅笔工具，设置笔触颜色为黑色#000000，笔触宽度为 1.0，在工作区中绘制一个桃花形状，如图 4-17 所示。

（4）在时间轴面板中单击 按钮新建图层 2，在图层 2 上继续使用铅笔工具，设置笔触颜色为#FF9966，笔触宽度为 1.0，在工作区中绘制桃花的花蕊部分，效果如图 4-18 所示。

（5）设置填充颜色为#FFFFFF，填充图层 1 中花心部分内层；设置填充颜色为#FFCC66，填充图层 1 中花心部分外层；设置填充颜色为#FF9966，填充图层 2 中的花蕊部分，完成后效果如图 4-19 所示。

102

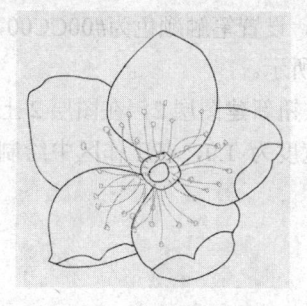

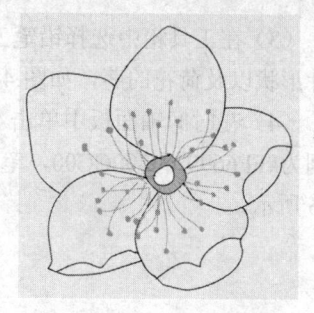

图 4-17　桃花花瓣线稿　　　　图 4-18　桃花完整线稿　　　　图 4-19　桃花花心花蕊上色

（6）执行"窗口"→"颜色"命令，打开"颜色"面板，设置填充样式为"线性渐变"，填充颜色为由#FF6699 到#FFFFFF，如图 4-20 所示。在图层 1 中为桃花花瓣部分填充颜色，效果如图 4-21 所示。

（7）使用选择工具选中图层 1 中的黑色轮廓线，按 Del 键删除，完成桃花花瓣效果，如图 4-22 所示。

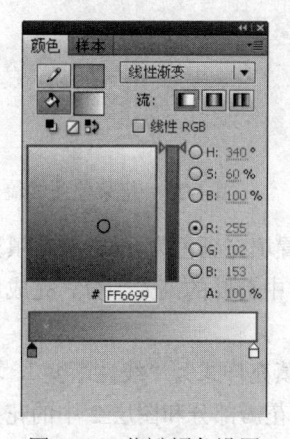

图 4-20　花瓣颜色设置　　　　图 4-21　花瓣填充效果　　　　图 4-22　桃花元件最终效果

2. 绘制荷花

（1）执行"插入"→"新建元件"命令，弹出"创建新元件"对话框，在"名称"文本框中输入"荷花"，在"类型"下拉列表框中选择"图形"，如图 4-23 所示，单击"确定"按钮进入元件编辑区。

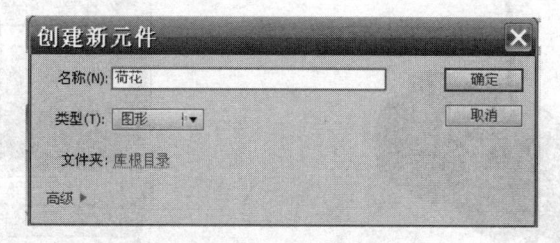

图 4-23　创建荷花图形元件

（2）在工具箱中选择铅笔工具，设置笔触颜色为#FF6699，笔触宽度为 1.0，在工作区中绘制荷花形状，如图 4-24 所示。

103

（3）在工具箱中选择铅笔工具，设置笔触颜色为#00CC00，笔触宽度为1.0，在工作区中绘制荷叶形状以及荷花的茎，如图4-25所示。

（4）在时间轴面板中单击 按钮新建图层2，在图层2上继续使用铅笔工具，设置笔触颜色分别为#FF6699 和#00CC00，笔触宽度为1.0，在工作区中绘制荷花的花朵和莲蓬部分，效果如图4-26所示。

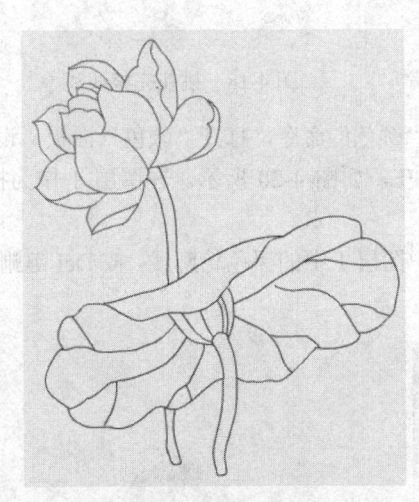

图4-24　荷花花瓣线稿　　　　图4-25　荷花整体线稿　　　　图4-26　花朵莲蓬线稿

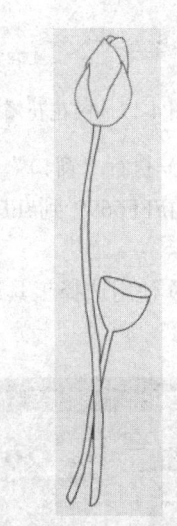

（5）设置填充颜色为#357A03，填充图层1中荷叶的部分；设置填充颜色为#648005，填充图层1及图层2中荷花的茎部；设置填充颜色为#59CB02，填充图层1中荷叶的高光部分，完成后效果如图4-27所示。

（6）执行"窗口"→"颜色"命令，打开"颜色"面板，设置填充样式为"线性渐变"，填充颜色为由#FF488A 到#FFFFFF，如图4-28所示。为图层1中的荷花花瓣部分和图层2中的花朵部分填充颜色，效果如图4-29所示。

图4-27　荷叶和茎部填充效果　　　　图4-28　花瓣填充颜色设置

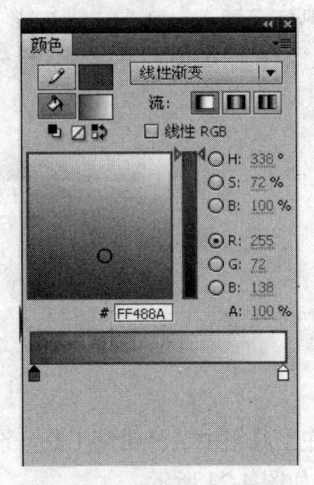

（7）在"颜色"面板中设置填充样式为"线性渐变"，填充颜色为由#357A03到#4CAE02，为莲蓬部分填充颜色；莲蓬中心莲子的部分，使用画笔工具，选择合适的画笔大小，设置填充颜色为#006600，在莲蓬上画出莲子的效果，完成后的莲蓬效果如图4-30所示。

图4-29 花瓣填充效果　　　　　　　　图4-30 荷花整体填充效果

3. 绘制蝴蝶

（1）执行"插入"→"新建元件"命令，弹出"创建新元件"对话框，在"名称"文本框中输入"翅膀1"，在"类型"下拉列表框中选择"图形"，如图4-31所示，单击"确定"按钮进入元件编辑区。

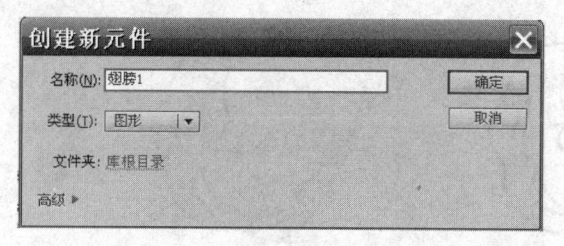

图4-31 新建翅膀1图形元件

（2）在工具箱中选择铅笔工具，设置笔触颜色为#666666，笔触宽度为1.0，在工作区中绘制蝴蝶翅膀上半部分形状，效果如图4-32所示。

（3）设置填充颜色为#FFB680、#FFCAE9和#FFFFFF，对翅膀1进行填充，完成后效果如图4-33所示。

（4）执行"窗口"→"颜色"命令，打开"颜色"面板，设置填充样式为"线性渐变"，填充颜色为由#FE9CC3到#FFFFFF，对翅膀1进行填充；使用选择工具将翅膀1的轮廓线全部选中，然后按Del键删除，效果如图4-34所示。

（5）执行"插入"→"新建元件"命令，弹出"创建新元件"对话框，在"名称"文本框中输入"翅膀2"，在"类型"下拉列表框中选择"图形"，如图4-35所示，单击"确定"按钮进入元件编辑区。

105

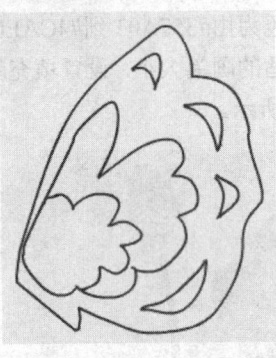

图 4-32 翅膀 1 形状　　　图 4-33 填充翅膀 1　　　图 4-34 翅膀 1 最终效果

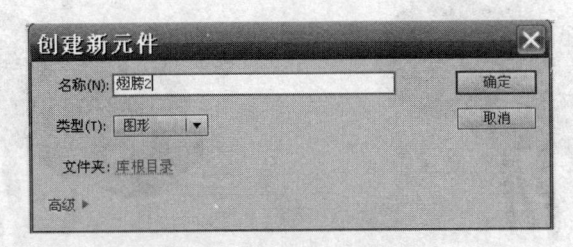

图 4-35 新建翅膀 2 图形元件

（6）翅膀 2 的做法和翅膀 1 的做法基本相同，也是按照先画出翅膀的轮廓线，然后设置线性渐变颜色进行填充，翅膀外部渐变颜色为#F79EFF 到#FEE429，翅膀内部渐变颜色为#FED0E7 到#F3FD19，剩余部分填充为纯白色#FFFFFF，最后按 Del 键删除轮廓线，效果如图 4-36 至图 4-38 所示。

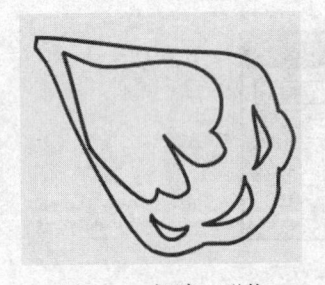

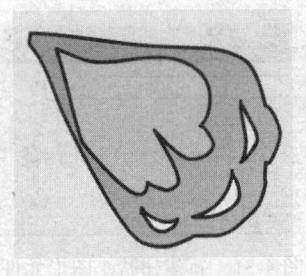

图 4-36 翅膀 2 形状　　　图 4-37 填充翅膀 2　　　图 4-38 翅膀 2 最终效果

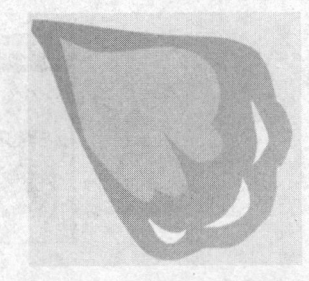

（7）执行"插入"→"新建元件"命令，弹出"创建新元件"对话框，在"名称"文本框中输入"蝴蝶"，在"类型"下拉列表框中选择"图形"，如图 4-39 所示，单击"确定"按钮进入元件编辑区。

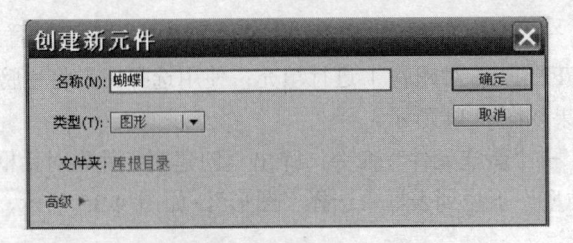

图 4-39 新建蝴蝶图形元件

106

（8）在蝴蝶元件中，将之前完成的翅膀1元件和翅膀2元件分别拖入到工作区，组合成半个翅膀的效果，如图4-40所示。

（9）将之前完成的翅膀1元件和翅膀2元件再次拖入到工作区，然后选择"修改"→"变形"→"水平翻转"命令，使用任意变形工具 对翅膀1和翅膀2的实例进行变形，最终组合成完整的翅膀效果，如图4-41所示。

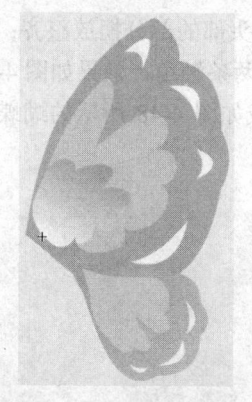

图4-40　半边翅膀效果　　　　　图4-41　完整翅膀效果

（10）绘制蝴蝶身体部分。使用画笔工具，设置填充颜色为#FFE0AE，在工作区上绘制出身体的部分，如图4-42所示。

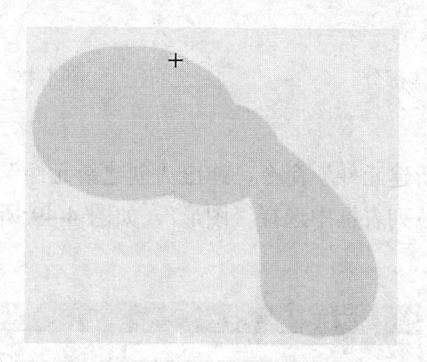

图4-42　蝴蝶身体

（11）选择椭圆工具，设置笔触颜色为无色，填充颜色为径向渐变，渐变颜色为#FFFFFF到#DCD7FF，在蝴蝶头部的位置绘制一个椭圆；使用油漆桶工具调整白色所在的位置，使其呈现眼球的立体效果，如图4-43所示。

（12）选择椭圆工具，设置笔触颜色为无色，填充颜色为径向渐变，渐变颜色为#B09090到#6C4242，按下Shift键的同时在蝴蝶头部的位置绘制一个正圆；使用油漆桶工具调整白色所在的位置，使其呈现眼球的立体效果，如图4-44所示。

（13）选择刚刚画好的正圆眼球，按Alt键并拖动鼠标，将其复制一份；选择任意变形工具 ，按下Shift键对复制出来的眼球部分等比例调小，并修改渐变颜色为#C2A5A5到#E6D5D5，效果如图4-45所示。

（14）设置填充颜色为白色，使用画笔工具在眼球边缘的部分添加一高光，最终完成效果如图4-46所示。

107

图 4-43 眼球 1 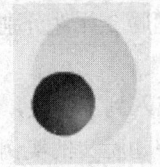　　　图 4-44 眼球 2 　　　图 4-45 眼球 3 　　　图 4-46 眼球 4

（15）将画好的眼球对象复制一份，并将两个眼球在身体头部的部分摆放整齐；在头顶的地方使用铅笔工具，设置笔触颜色为白色，笔触宽度为 0.5，绘制两条触角，效果如图 4-47 所示。

（16）把蝴蝶身体的部分和翅膀的部分整合在一起，形成如图 4-48 所示的蝴蝶效果。至此，蝴蝶元件部分就完成了。

图 4-47 蝴蝶身体部分 　　　　　　　　图 4-48 蝴蝶元件整体效果

4. 绘制菊花

（1）执行"插入"→"新建元件"命令，弹出"创建新元件"对话框，在"名称"文本框中输入"菊花"，在"类型"下拉列表框中选择"图形"，如图 4-49 所示，单击"确定"按钮进入元件编辑区。

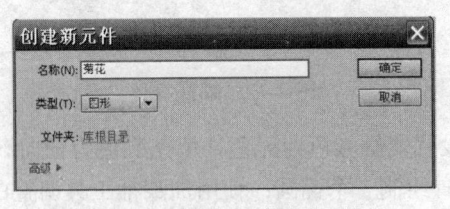

图 4-49 新建菊花图形元件

（2）在工具箱中选择铅笔工具，设置笔触颜色为#CC6600，笔触宽度为 1.0，在工作区中绘制菊花形状，效果如图 4-50 所示。

（3）在工具箱中选择笔刷工具，在工具箱最下方 部分设置笔刷大小，设置填充颜色为#003300 和#006600，在工作区中绘制菊花的枝干和叶子，效果如图 4-51 所示。

（4）在工具箱中选择画笔工具，设置笔触颜色为#009900，笔触宽度为 0.5，在工作区中菊花叶子的部分添加叶子的脉络，效果如图 4-52 所示。

（5）设置填充颜色为#FFCC33 和#FF9900，分别填充菊花花瓣部分和花瓣阴暗部分，完成后效果如图 4-53 所示。

图 4-50 菊花轮廓效果　　　图 4-51 菊花整体效果　　　图 4-52 添加脉络效果

（6）使用选择工具选中菊花花瓣轮廓部分，修改笔触颜色为#FFFFCC，效果如图 4-54 所示。

图 4-53 菊花填充效果　　　　　　图 4-54 更改菊花花瓣轮廓颜色

5. 绘制枫叶

（1）执行"插入"→"新建元件"命令，弹出"创建新元件"对话框，在"名称"文本框中输入"枫叶"，在"类型"下拉列表框中选择"图形"，如图 4-55 所示，单击"确定"按钮进入元件编辑区。

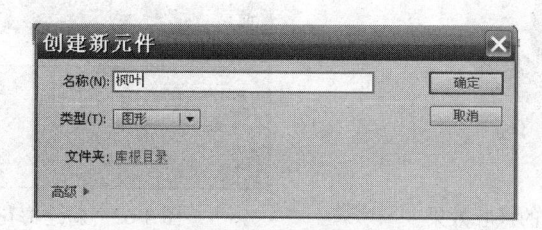

图 4-55 新建枫叶图形元件

（2）选择多角星形工具，设置笔触颜色为无色，填充颜色为径向渐变，渐变颜色为#FFFFCC到#CC3300；在"属性"面板中单击"工具设置"中的"选项"按钮，如图4-56所示，从弹出的"工具设置"对话框中设置"样式"为"星形"，其他设置保持不变，如图4-57所示，在工作区中绘制一个五角星形状，如图4-58所示。

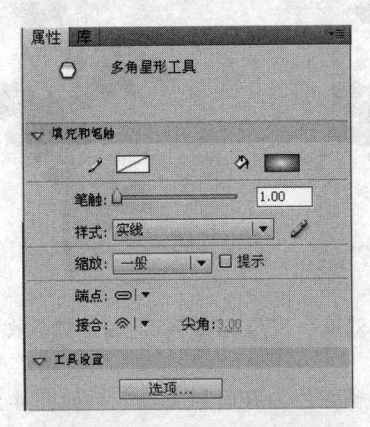

图4-56　多角星形工具属性面板　　　　图4-57　"工具设置"对话框

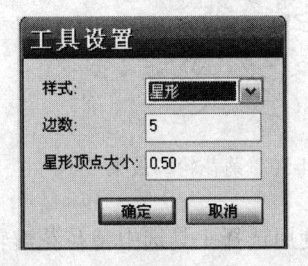

（3）使用选择工具对五角星形的形状进行调整，得到如图4-59所示的枫叶效果。

（4）使用画笔工具，设置填充颜色为#CC3300，在枫叶下方绘制叶柄部分，如图4-60所示。

（5）使用铅笔工具，设置笔触颜色为#CC3300，笔触宽度为0.5，在枫叶上绘制叶子脉络的部分，效果如图4-61所示。

图4-58　绘制的五角星形　　　图4-59　调整后的枫叶效果　　　图4-60　绘制叶柄

6．绘制梅花

（1）执行"插入"→"新建元件"命令，弹出"创建新元件"对话框，在"名称"文本框中输入"梅花1"，在"类型"下拉列表框中选择"图形"，如图4-62所示，单击"确定"按钮进入元件编辑区。

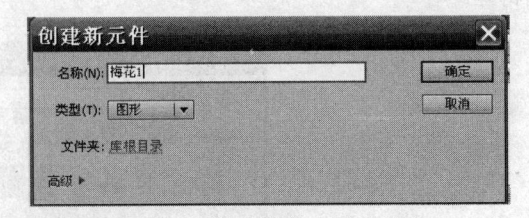

图4-61　完整的枫叶效果　　　　图4-62　新建梅花1图形元件

（2）选择椭圆工具，设置笔触颜色为无色，填充颜色为线性渐变，渐变颜色为#FF628A

到#FFFFFF，在工作区中绘制一个椭圆，并使用选择工具对椭圆形状进行调整，得到如图 4-63 所示的梅花花瓣；选择花瓣，按 F8 键将该对象转换为图形元件，命名为梅花花瓣，如图 4-64 所示。

图 4-63　绘制梅花花瓣　　　　　　　　图 4-64　将对象转换为元件

（3）使用选择工具选中梅花花瓣实例，再使用任意变形工具，显示出该对象的控制柄，将其控制中心（即控制柄中的小圆圈）移至花瓣边缘，如图 4-65 所示。

注意：此处必须要对控制中心进行调整，否则花瓣在旋转的时候会以默认的中点为中心，不能直接得到所需的效果，还需要另外单独调整。

（4）通过"窗口"→"变形"命令打开"变形"面板，设置旋转角度为 60 度，如图 4-66 所示，再单击该面板上的重制选区及"变形"按钮 5 次，将该花瓣对象复制 5 份并旋转一周，得到如图 4-67 所示的梅花效果。

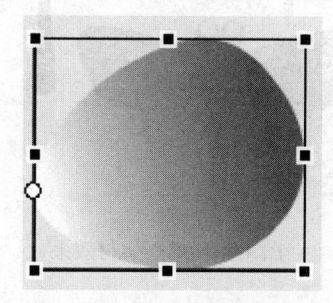

图 4-65　调整花瓣控制中心　　　　　　图 4-66　设置"变形"面板

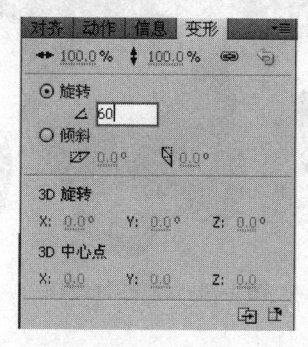

（5）在时间轴面板中单击 按钮新建图层 2，在图层 2 上使用铅笔工具，设置笔触颜色为#FFFFCC，在工作区中绘制桃花的花蕊部分；选择画笔工具，设置填充颜色为#FFCCCC，绘制花蕊的顶部，效果如图 4-68 所示。

图 4-67　重制得到梅花效果　　　　　　图 4-68　绘制花蕊

由于此处的梅花效果涉及后续的梅花开放效果，故在此做了 4 个不同时期的梅花效果，分别为

111

图形元件梅花1、图形元件梅花2、图形元件梅花3和图形元件梅花4。其中梅花2、梅花3、梅花4的制作方法与之前的桃花元件比较类似，都是先将花的线稿画出来，然后填充颜色，具体步骤不再赘述，大家可参考如图4-69所示的3个元件效果图。

图4-69 梅花2、梅花3、梅花4效果图

本任务的相关素材效果如图4-70至图4-73所示，这些元素均可以表现四季，大家可以根据自己的需求选用，详见素材源文件。除此之外，大家还可以自行选取一些喜欢的素材作为贺卡元素展示。

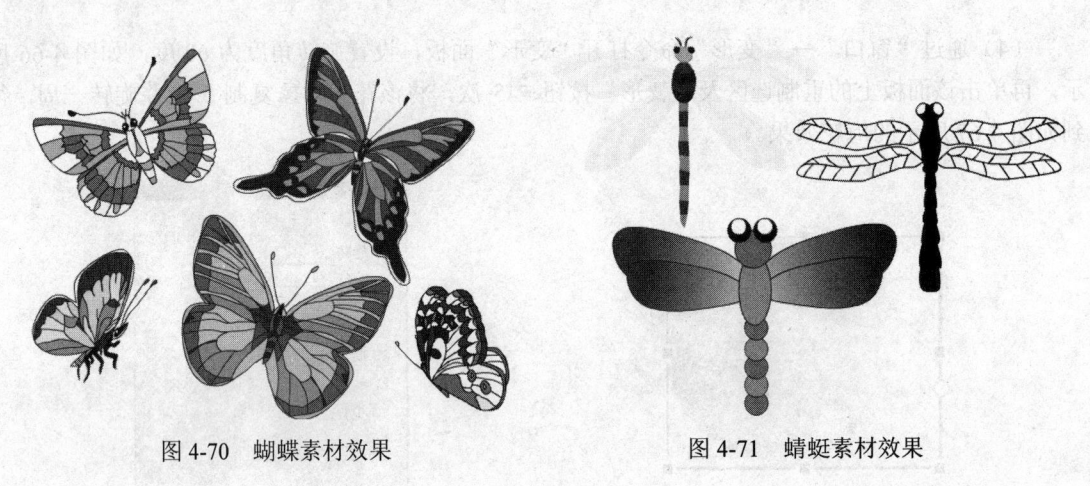

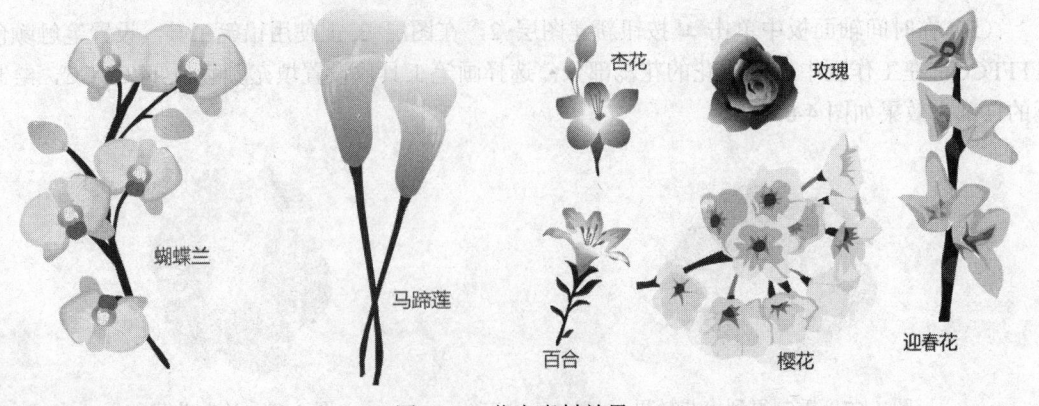

图4-70 蝴蝶素材效果

图4-71 蜻蜓素材效果

图4-72 花卉素材效果

图 4-73　青蛙和鱼素材效果

任务 4.2　项目分解——贺卡场景绘制

4.2.1　效果展示

本案例中总共涉及 4 个不同的场景，分别是春天场景、夏天场景、秋天场景、冬天场景和祝福语场景，场景效果图如图 4-74 至图 4-78 所示。

图 4-74　春天场景　　　　图 4-75　夏天场景　　　　图 4-76　秋天场景

图 4-77　冬天场景　　　　图 4-78　祝福语场景

113

4.2.2 知识讲解

1. 什么是场景

（1）Flash 场景概述。

Flash 动画中各个对象的位置关系是按照一定的层状结构来呈现的，它的根就是场景。很多动画都有多个场景的情况，实际上每个场景是独立的动画，Flash 通过设置各个场景的播放顺序来把各个场景的动画逐个连接起来，因而我们看到的动画播放是连续的。

在编辑时，每个场景的元件可以在其他场景使用，但是元件的实例是不可以在其他场景使用的。关于场景的播放顺序，可以通过"窗口"→"面板"→"其他场景"命令来设定，"场景"面板如图 4-79 所示。对于具体的某一个场景来说，和其他场景的结构是一样的，每个场景都包含一个或多个图层。

（2）"场景"面板的使用。

新建场景：单击"场景"面板左下方的"新建场景"按钮，即可添加新场景；选择"插入"→"场景"命令也可以添加新场景。

重制场景：选中需要复制的场景，再单击"场景"面板左下方的"重制场景"按钮，即可将选中的场景重制一份。

删除场景：选中需要删除的场景，再单击"场景"面板左下方的"删除"按钮，即可删除场景。

调整场景播放顺序：在"场景"面板中，可以通过在面板中调整各个场景的位置来决定动画场景的播放顺序，即使用鼠标来拖动场景名称，比如要首先播放场景 5，就把场景 5 拖动到场景 1 之前，如图 4-80 所示。

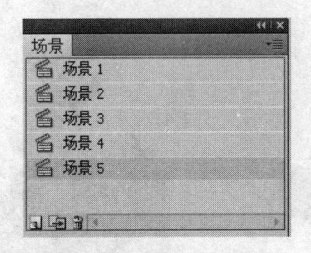

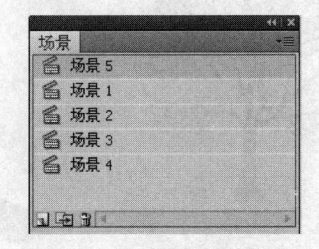

图 4-79　"场景"面板　　　　　　　　图 4-80　调整动画播放顺序

切换场景：在"场景"面板中选择需要编辑的场景，即可切换工作区中的当前场景；或者在工作区右上方单击"编辑场景"按钮，从弹出的下拉菜单中选择需要编辑的场景名称。

更改场景名称：默认情况下，新建一个文件后会自动产生一个场景，名称为场景 1，此后新建的场景会自动按照场景 2、场景 3……的顺序自动命名。如果需要对场景的名称进行修改，可在场景名称上双击进入场景名称的编辑状态，然后根据自己的需要更改场景名字。

2. 场景设计流程

（1）准备阶段。在这一阶段首先要理清楚整个动画的架构，确定动画有哪些重要的场景，列出场景的设计清单草稿，形成基本的设计构思。本案例中有 5 个重要场景，即春、夏、秋、冬和祝福语场景。

（2）搜集素材。根据动画设计需求收集所需的各种素材，可以通过网上搜索下载得到，也可以通过自己设计得到。

（3）构思阶段。将需要设计的场景进行细分，决定需要放入该场景的素材；确定形式上的风格特征，确保场景及动画设计风格的一致性。

（4）定稿阶段。这一环节对构思阶段的方案进行评价、选择、综合后，依据场景设计清单进行设计。

（5）制作阶段。依据不同的场景类型和工艺要求将前期设计的场景通过相关手段表现出来，本案例中所使用的场景是直接在 Flash 中绘制完成的。对于一些场景效果要求较高的动画，可以借助其他绘图软件来绘制，如 Photoshop、Painter 等软件。

4.2.3 步骤详解

1. 春天场景绘制

（1）打开"库"面板，单击左下方的"新建文件夹"按钮　新建一个文件夹，将其命名为"春"　春，然后将之前做好的春天场景元件（桃花元件）拖动到该文件夹中，效果如图 4-81 所示。

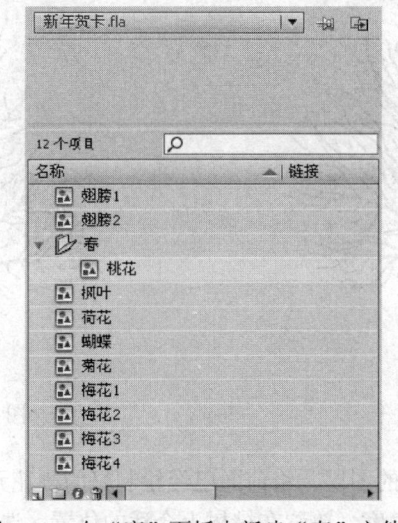

图 4-81　在"库"面板中新建"春"文件夹

> **注意**　由于本案例中元件较多，为了便于元件的管理，故将每个场景的元件放置在一个文件夹中，在后续的操作过程中会方便很多。

（2）执行"插入"→"新建元件"命令，弹出"创建新元件"对话框，在"名称"文本框中输入"春天场景"，在"类型"下拉列表框中选择"图形"，将该元件所属的文件夹改为"春"，如图 4-82 所示，单击"确定"按钮进入元件编辑区。

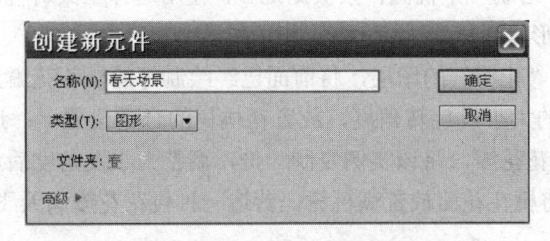

图 4-82　新建春天场景图形元件

115

注意 由于此时新建的元件是属于春天场景的，在这个场景中所新建的元件就不再放置在"库根目录"中，而是将其放置在刚刚新建的文件夹"春"里面。

（3）在时间轴上更改图层1的名字为"树干" 树干；按快捷键B，选择画笔工具，设置填充颜色为#003300，选择合适的画笔大小，在工作区中绘制桃树的树干部分，效果如图4-83所示，再单击"图层"面板上方的"锁定"按钮 锁定该图层。

注意 锁定图层可以保护当前图层，后续对工作区所做的操作都不会影响到已锁定的图层。在图层较多的情况下，可以有效控制当前可编辑的图层。

（4）在时间轴左下角单击"新建"按钮 新建一个图层，命名为"树叶" 树叶；选择合适的画笔，设置填充颜色为#A5CF7C，在树干上绘制树叶效果，如图4-84所示，然后锁定该图层。

图4-83　绘制树干　　　　　　　　　图4-84　绘制树叶

（5）新建一个名为"花"的图层，将前面已经绘制好的桃花元件拖入工作区中，使用任意变形工具调整桃花的大小及旋转角度，放置在桃树上合适的位置；选择桃花实例，按住Alt键不放，然后拖动桃花，将该实例复制一份，调整大小及角度后放置在树的合适位置上；重复复制的步骤，直至将桃花放置满桃树，效果如图4-85所示，然后锁定该图层。

（6）执行"插入"→"新建元件"命令，弹出"创建新元件"对话框，在"名称"文本框中输入"桃花花瓣"，在"类型"下拉列表框中选择"图形"，将该元件所属的文件夹改为"春"，单击"确定"按钮进入元件编辑区。

（7）按快捷键O，选择椭圆工具，设置笔触为无色，填充为线性渐变，渐变颜色为#FFFFFF到#FE4D95，在工作区中绘制一个椭圆；按快捷键V，使用选择工具对椭圆形状进行调整，直至得到如图4-86所示的花瓣形状。

（8）新建一个名为"花瓣"的图层，将前面已经绘制好的桃花花瓣元件拖入工作区中，使用任意变形工具调整桃花的大小及旋转角度，放置在桃树的合适位置上；选择桃花花瓣实例，按住Alt键不放，然后拖动桃花花瓣，将该实例复制一份，调整大小及角度后放置在树的合适位置上；重复复制的步骤，直至将桃花花瓣放置满桃树，营造一种桃花花瓣满天飞舞的效果，如图4-87所示，然后锁定该图层。

图 4-85　添加桃花效果　　　　　　　　　图 4-86　桃花花瓣效果

（9）新建一个名为"花瓣底"的图层，选中"花瓣"图层的关键帧并右击，从弹出的快捷菜单中选择"复制帧"；返回"花瓣底"图层，选择该层中默认的空白关键帧并右击，从弹出的快捷菜单中选择"粘贴帧"；保持所有花瓣的选中状态，将花瓣挪动到树干底部，使用任意变形工具调整花瓣的位置和大小，再将该图层移动到"树干"图层之下，最后锁定该图层，效果如图 4-88 所示。

图 4-87　添加桃花花瓣效果　　　　　　　　图 4-88　添加桃花花瓣底效果

（10）新建一个名为"树叶底"的图层，选中"花瓣底"图层的关键帧并右击，从弹出的快捷菜单中选择"复制帧"；返回"树叶底"图层，选择该层中默认的空白关键帧并右击，从弹出的快捷菜单中选择"粘贴帧"；保持所有花瓣的选中状态，在工作区中单击花瓣部分，进入图形元件属性面板，设置其色彩效果样式为色调，更改花瓣的颜色为如图 4-89 所示的绿色；使用任意变形工具调整树叶的位置和大小，再将该图层移动到"花瓣底"图层之下，最后锁定该图层，效果如图 4-90 所示。

2．夏天场景绘制

（1）执行"插入"→"场景"命令，产生一个名为场景 2 的新场景，后续的夏天场景就在场景 2 中完成。

117

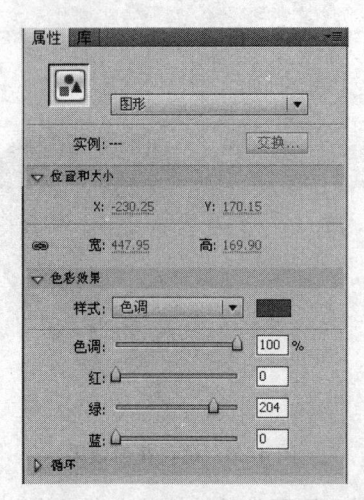

图4-89　更改桃花花瓣颜色　　　　　　　　图4-90　添加桃花树叶底效果

（2）打开"库"面板，单击左下方的"新建文件夹"按钮　　新建一个文件夹，将其命名为"夏"　　　夏，然后将之前做好的夏天场景元件（蝴蝶元件、荷花元件、翅膀1元件、翅膀2元件）拖动到该文件夹中，效果如图4-91所示。

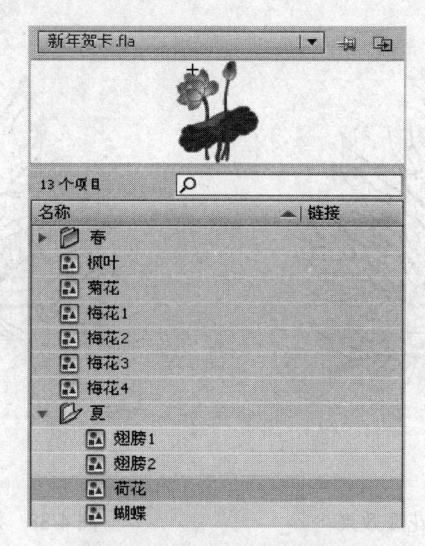

图4-91　新建"夏"文件夹

（3）执行"插入"→"新建元件"命令，弹出"创建新元件"对话框，在"名称"文本框中输入"夏天场景"，在"类型"下拉列表框中选择"图形"，将该元件所属的文件夹改为"夏"，单击"确定"按钮进入元件编辑区，如图4-92所示。

（4）在时间轴上更改图层1的名字为"背景"，按快捷键R，选择矩形工具，设置填充颜色为#E4FFD9，笔触颜色为无色，在工作区中绘制一个矩形背景，属性设置如图4-93所示，然后单击"图层"面板上方的"锁定"按钮　　锁定该图层。

（5）新建一个名为"水背景"的图层，按快捷键B，选择画笔工具，设置填充颜色为#CDEAB9、#B6E09E、#9AD480、#59CB02，选择合适的画笔大小，在工作区中绘制水背景，效果如图4-94

所示，然后单击"图层"面板上方的"锁定"按钮 🔒 锁定该图层。

图 4-92 新建夏天场景元件

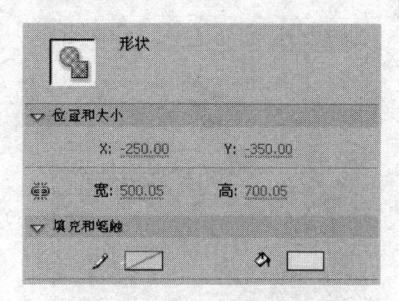

图 4-93 矩形工具属性设置

（6）新建一个名为"荷花"的图层，将前面已经绘制好的荷花元件拖入工作区中，使用任意变形工具调整桃花的大小及旋转角度，放置在背景的合适位置上；选择荷花实例，按住 Alt 键不放，然后拖动荷花，将该实例复制一份，调整大小及角度后放置在背景的合适位置上；重复复制的步骤，调整荷花的叠放顺序，效果如图 4-95 所示，然后单击"图层"面板上方的"锁定"按钮 🔒 锁定该图层。

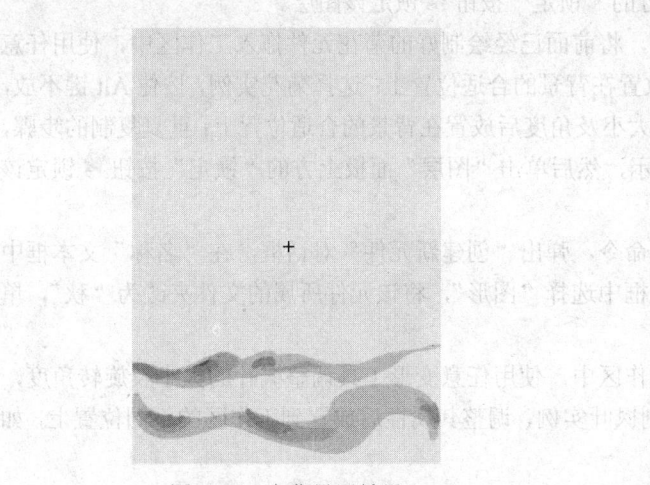

图 4-94 水背景层效果

图 4-95 荷花层效果

注意：若需要调整对象的叠放次序，则可以右击该对象，从弹出的快捷菜单中选择"排列"→"移至顶层/上移一层/下移一层/移至底层"实现，达到自己想要的效果。

3. 秋天场景绘制

（1）执行"插入"→"场景"命令，产生一个名为场景 3 的新场景，后续的秋天场景就在场景 3 中完成。

（2）打开"库"面板，单击左下方的"新建文件夹"按钮 📁 新建一个文件夹，将其命名为"秋" ▶ 📁 秋，然后将之前做好的秋天场景元件（菊花元件、枫叶元件）拖动到该文件夹中，效果如图 4-96 所示。

（3）执行"插入"→"新建元件"命令，弹出"创建新元件"对话框，在"名称"文本框中输入"秋天场景"，在"类型"下拉列表框中选择"图形"，将该元件所属的文件夹改为"夏"，单

119

击"确定"按钮进入元件编辑区，如图 4-97 所示。

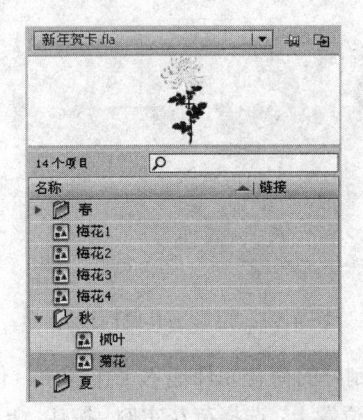

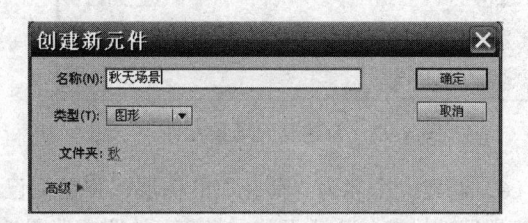

图 4-96 新建"秋"文件夹　　　　　　图 4-97 新建秋天场景元件

（4）在时间轴上更改图层 1 的名字为"背景"；按快捷键 R，选择矩形工具，设置填充颜色为 #FFFFE1，笔触颜色为无色，在工作区中绘制一个矩形背景，属性设置与场景 2 中夏天场景的背景一样，绘制完成后单击"图层"面板上方的"锁定"按钮 锁定该图层。

（5）新建一个名为"菊花"的图层，将前面已经绘制好的菊花元件拖入工作区中，使用任意变形工具调整菊花的大小及旋转角度，放置在背景的合适位置上；选择菊花实例，按住 Alt 键不放，然后拖动菊花，将该实例复制一份，调整大小及角度后放置在背景的合适位置上；重复复制的步骤，调整菊花的叠放顺序，效果如图 4-98 所示，然后单击"图层"面板上方的"锁定"按钮 锁定该图层。

（6）执行"插入"→"新建元件"命令，弹出"创建新元件"对话框，在"名称"文本框中输入"枫叶背景"，在"类型"下拉列表框中选择"图形"，将该元件所属的文件夹改为"秋"，单击"确定"按钮进入元件编辑区。

（7）将绘制好的枫叶元件拖动到工作区中，使用任意变形工具调整枫叶的大小及旋转角度，放置在工作区中的合适位置上；不断复制枫叶实例，调整其属性后放置到工作区的不同位置上，如图 4-99 所示。

图 4-98 添加菊花效果　　　　　　图 4-99 枫叶背景效果

（8）在"库"面板中的冬天场景元件上双击，进入秋天场景元件编辑区；新建一个名为"枫叶背景"的图层，将其移动到"菊花"图层和"背景"图层之间，把做好的枫叶背景元件拖入工作区中，效果如图 4-100 所示，然后单击"图层"面板上方的"锁定"按钮 🔒 锁定该图层。

图 4-100　秋天场景效果图

4. 冬天场景绘制

（1）执行"插入"→"场景"命令，产生一个名为场景 4 的新场景，后续的冬天场景就在场景 4 中完成。

（2）打开"库"面板，单击左下方的"新建文件夹"按钮 📁 新建一个文件夹，将其命名为"冬"▶ 📁 冬，然后将之前做好的冬天场景元件（梅花花瓣元件、梅花 1 元件、梅花 2 元件、梅花 3 元件、梅花 4 元件）拖动到该文件夹中，效果如图 4-101 所示。

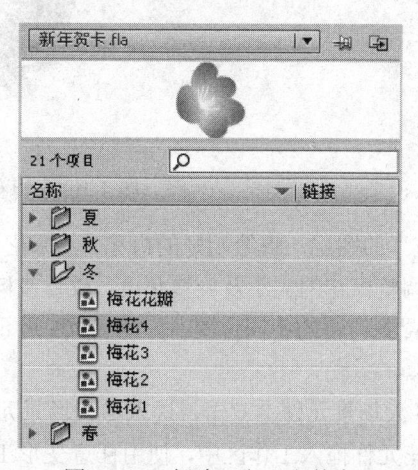

图 4-101　新建"冬"文件夹

（3）执行"插入"→"新建元件"命令，弹出"创建新元件"对话框，在"名称"文本框中输入"冬天场景"，在"类型"下拉列表框中选择"图形"，将该元件所属的文件夹改为"冬"，单击"确定"按钮进入元件编辑区，如图 4-102 所示。

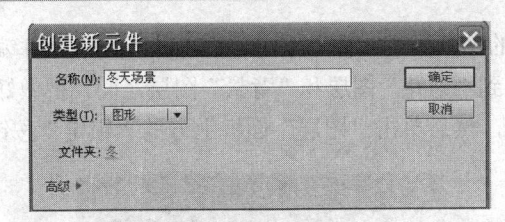

图 4-102　新建冬天场景元件

（4）在时间轴上更改图层 1 的名字为"背景"；将前面已经绘制好的梅花 1、梅花 2、梅花 3、梅花 4 元件拖入工作区中，使用任意变形工具调整实例的大小及旋转角度，将其放置在背景的合适位置上；不断重复复制这些元件实例，调整各种梅花的效果和叠放顺序，效果如图 4-103 所示，然后单击"图层"面板上方的"锁定"按钮锁定该图层。

（5）执行"插入"→"新建元件"命令，弹出"创建新元件"对话框，在"名称"文本框中输入"梅花"，在"类型"下拉列表框中选择"图形"，将该元件所属的文件夹改为"冬"，单击"确定"按钮进入元件编辑区。

（6）在时间轴上更改图层 1 的名字为"树干"；按快捷键 B，设置填充颜色为#624729，选择合适的画笔大小，在工作区中绘制树干的形状，如图 4-104 所示。

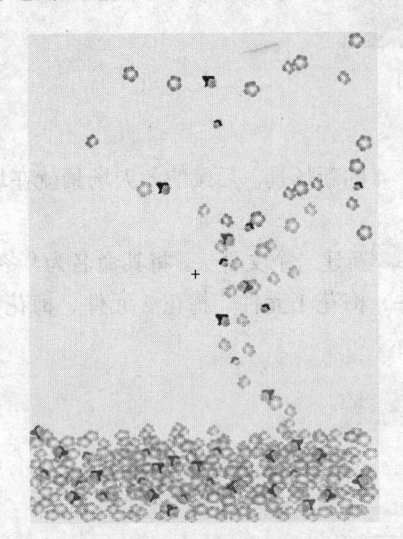

图 4-103　背景效果　　　　　　　　图 4-104　梅花树干效果

（7）新建一个名为"梅花"的图层，将绘制好的梅花 1、梅花 2、梅花 3、梅花 4 元件拖动到工作区中，使用任意变形工具调整梅花的大小及旋转角度，放置在树干的合适位置上；不断复制梅花花朵元件，调整其属性后放置到树干的不同位置，如图 4-105 所示，然后单击"图层"面板上方的"锁定"按钮锁定该图层。

（8）在"库"面板中的冬天场景元件上双击，进入冬天场景元件编辑区；新建一个名为"梅花花树"的图层，将做好的梅花元件拖入工作区中，使用任意变形工具调整元件的大小和位置，得到冬天场景效果如图 4-106 所示。

5．祝福语场景设置

（1）执行"插入"→"场景"命令，产生一个名为场景 5 的新场景，后续的祝福语场景就在场景 5 中完成。

图 4-105 梅花元件效果　　　　　　　　图 4-106 冬天背景效果

（2）在时间轴上将图层名改为"春"，新建 3 个图层，分别命名为"夏"、"秋"、"冬"，再把元件库中的春天场景元件、荷花元件、菊花元件、梅花元件一一对应地放在这 4 个图层中，效果如图 4-107 所示。

图 4-107 祝福语场景效果

本任务的相关素材效果如图 4-108 至图 4-111 所示，这些元素均可以表现四季，大家可以根据自己的需求选用，详见素材源文件。除此之外，大家还可以自行选取一些喜欢的素材作为场景展示。

图 4-108　春天场景 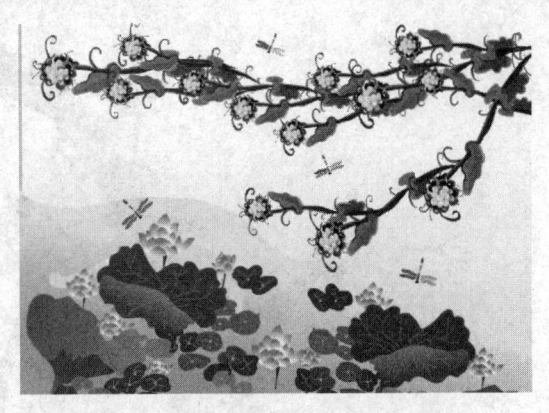　　　　　　　　　　　图 4-109　夏天场景

图 4-110　秋天场景 　　　　　　　　　　　图 4-111　冬天场景

任务 4.3　项目分解——贺卡动画设计

4.3.1　案例效果展示

本案例中使用的动画效果比较简单，春、夏、秋、冬 4 个场景分别是两个动画，一个是文字的写字动画，另一个是与当前场景配套的动画效果；祝福语场景只有一个动画，即祝福语动画。在本案例中，写字效果动画是重点，其中"春"字的写字动画效果如图 4-112 至图 4-120 所示。

图 4-112　春效果 1 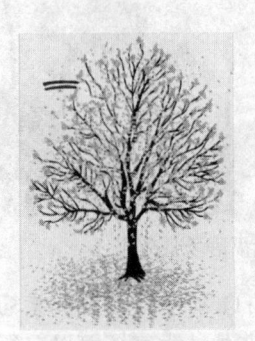 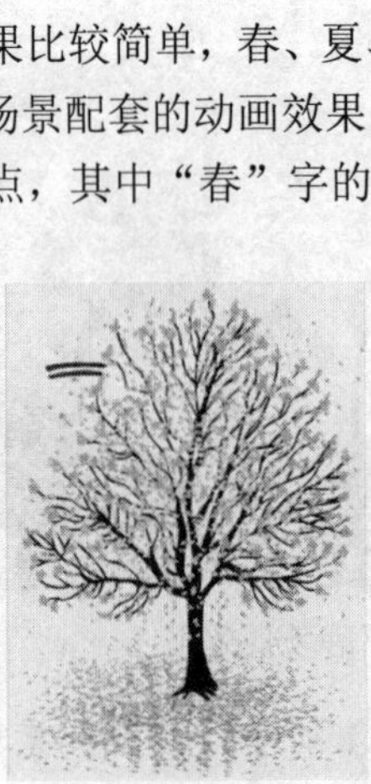　　图 4-113　春效果 2 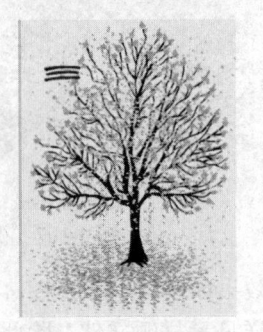 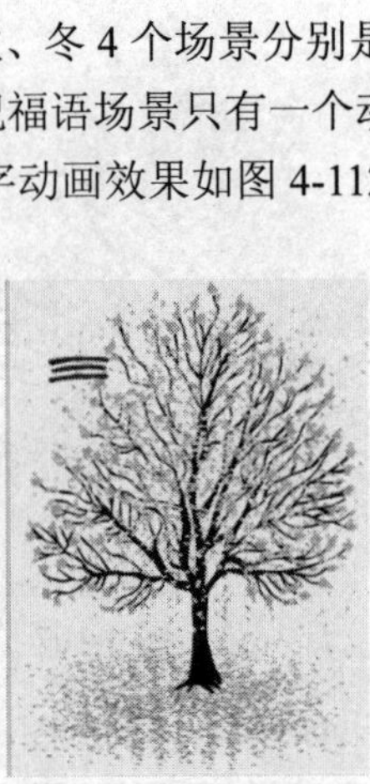　　图 4-114　春效果 3  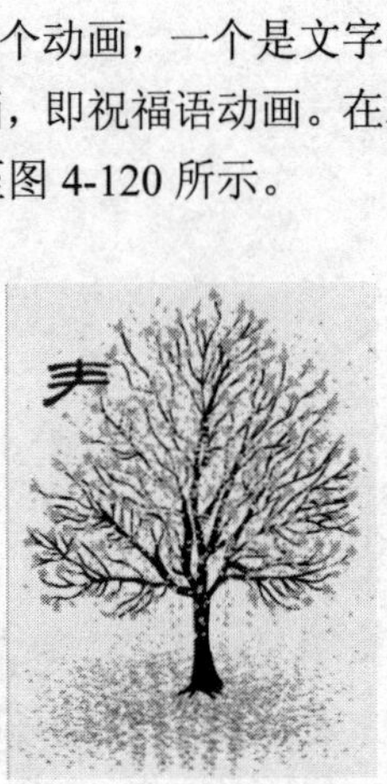　　图 4-115　春效果 4

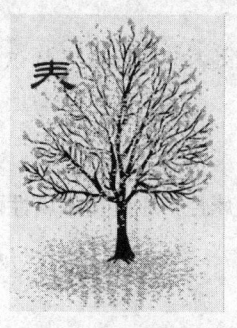

图 4-116　春效果 5　　　　　图 4-117　春效果 6　　　　　图 4-118　春效果 7

图 4-119　春效果 8　　　　　　　　　图 4-120　春效果 9

4.3.2　知识讲解

1. 文本工具的使用

（1）文本工具简介。

"文本"工具主要用于输入和修改文本。

选择工具箱中的文本工具 T，光标变成十字形，在工作区上单击产生一个文字输入框，使用键盘直接输入文字或者使用粘贴板将文字粘贴到输入框中。

Flash CS5 中有两种输入状态：默认输入和固定宽度。

默认输入：文字输入框的一角用圆形标识，如图 4-121 所示，输入框随文字的输入自动延长，需要换行时按 Enter 键。

图 4-121　默认输入

固定宽度：如图 4-122 所示，文字框的一角用方形标识。输入框的宽度不会随文字的输入改变，当输入文字达到输入框宽度时会自动换行。

图 4-122　固定宽度输入

> **注意**：静态文本的输入状态标识位于输入框的左上角，动态文本的输入状态标识位于输入框的左下角。

（2）文本属性设置。

选择工具箱中的"文本工具"，"属性"面板显示了文本工具的各项属性，通过文本属性面板可以设置文本格式，如图4-123所示。

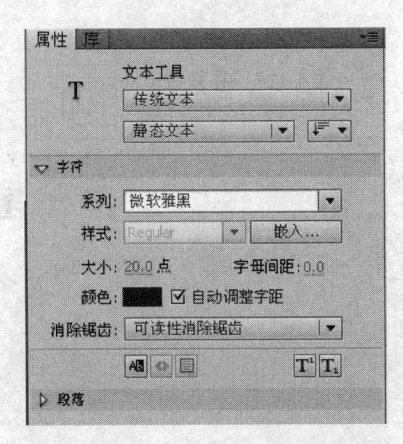

图4-123　文本工具属性面板

单击文本类型列表框下拉按钮，在弹出的列表框中选择文本类型，如图4-124所示。

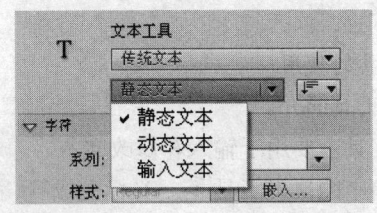

图4-124　文本类型

Flash中的文本分为TLF文本和传统文本，其中传统文本又分为静态文本、动态文本和输入文本。

TLF文本：用于增强文本布局，并实现一些之前很难实现的工作，比如对阿拉伯文的支持等。

静态文本：用来创建不需要改变内容的文本框。

动态文本：用来创建支持ActionScript编程技术的文本。

输入文本：用来创建可在其中输入文本的文本框。

（3）滤镜在文本中的应用。

滤镜是可以应用到对象的图形效果。选择要应用滤镜的对象，打开"滤镜"面板，如图4-125所示。

单击面板中的"新建滤镜"按钮 ，可弹出滤镜选项，选择需要的滤镜，如图4-126所示。选择滤镜后可根据需要设置相应的滤镜效果，如图4-127所示。

2．特效文字设计

在Flash中，能完成许多不同的特效文字效果，比如在本项目中所使用的就是写字的特效文字效果，下面以"春"字的写字效果为例来讲解写字效果的具体制作步骤。

图 4-125 "滤镜"面板 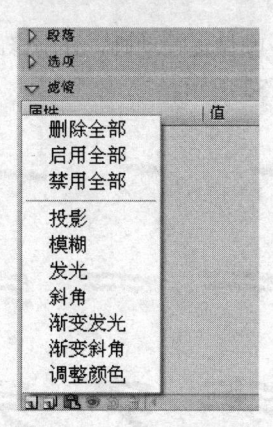　　图 4-126 滤镜选项面板 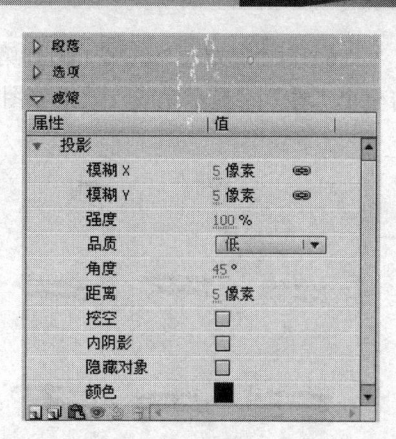　　图 4-127 修改滤镜效果面板

（1）进入场景 1，在时间轴上更改图层名为"春文本"，按快捷键 T 选择文本工具，设置为"传统文本"和"静态文本"，字体为"华文隶书"，大小为"120 点"，颜色为#006600，在工作区中输入文本"春"，效果如图 4-128 所示。

（2）在"春文本"上方新建一个图层，命名为"遮罩层"，在该图层上右击，从弹出的快捷菜单中选择"遮罩层"，"遮罩层"会变为遮罩层，"春文本"层会自动变为被遮罩层，效果如图 4-129 所示。

（3）将"春文本"层中的文字"春"复制到"遮罩层"，并使两个"春"字完全重叠。

> **注意**　要使两个对象完全重叠，可以将该对象复制之后，在工作区中右击，从弹出的快捷菜单中选择"粘贴到当前位置"。

（4）将"春文本"层锁定，单击时间轴上方的"显示或隐藏图层"按钮，将该层的文字效果隐藏；选择"遮罩层"中的"春"字，选择"修改"→"分离"命令将文字打散，效果如图 4-130 所示。

图 4-128 输入文字 　　图 4-129 图层面板效果 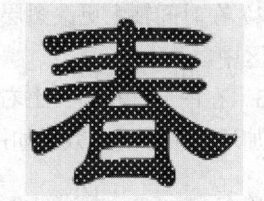　　图 4-130 分离文字

（5）在"遮罩层"的时间轴上按 F6 键插入关键帧，将第 2 帧到第 37 帧均插入关键帧；在"春文本"图层的第 37 帧插入帧，图层效果如图 4-131 所示。

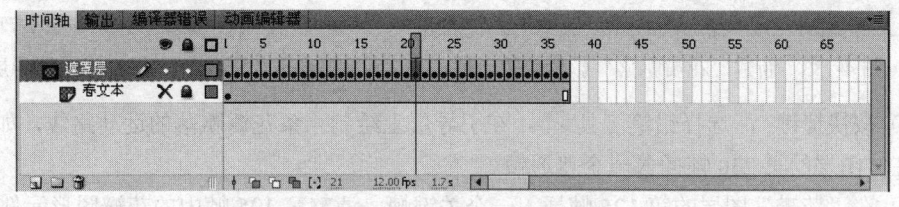

图 4-131 图层时间轴效果

127

（6）对"遮罩层"的第 1 帧到第 37 帧做逐帧动画，分别修改每帧文字显示的部分，一点一点将整个"春"字显示完成，效果如图 4-132 所示。

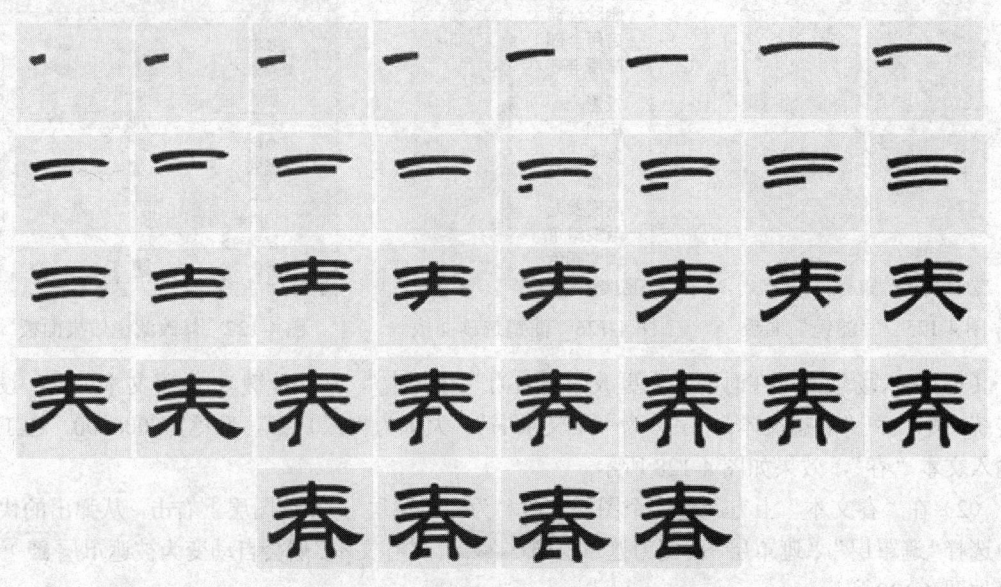

图 4-132 逐帧显示"春"效果

春夏秋冬 4 个场景中均有文字的写字动画，都可按之前所述操作方法制作，不再一一讲解了。

4.3.3 步骤详解

1. 制作春季花瓣飘落动画效果

（1）进入场景 1，执行"插入"→"新建元件"命令，弹出"创建新元件"对话框，在"名称"文本框中输入"花瓣飘落"，在"类型"下拉列表框中选择"影片剪辑"，将该元件所属的文件夹改为"春"，单击"确定"按钮进入元件编辑区，如图 4-133 所示。

（2）在时间轴上更改图层名为"花瓣"，将"库"面板中"春"文件夹里面的花瓣图形元件拖入工作区中。

（3）在图层"花瓣"上右击，从弹出的快捷菜单中选择"添加传统运动引导层"，为"花瓣"图层添加运动引导层，效果如图 4-134 所示。

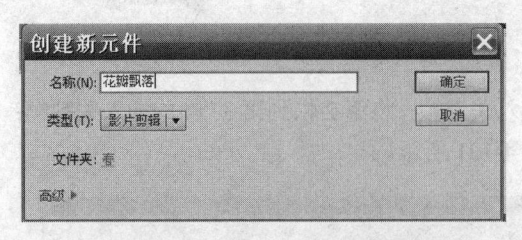

图 4-133 新建"花瓣飘落"影片剪辑元件   图 4-134 添加运动引导层

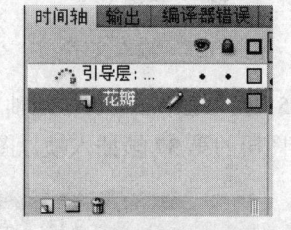

（4）按快捷键 Y 选择铅笔工具，在引导层上绘制一条花瓣飘落的运动路线，如图 4-135 所示，在该图层的第 230 帧插入一个普通帧。

（5）在"花瓣"图层的第 125 帧插入一个关键帧，调整第 125 帧中的花瓣图形元件属性，设置其色彩效果样式为 Alpha、24%；在第 1 帧和第 125 帧之间右击，从弹出的快捷菜单中选择"创建传统补间"，在两个关键帧之间创建补间动画。

（6）将"花瓣"图层第 1 帧的花瓣对象拖到路径顶端，第 125 帧移动到路径底部，注意花瓣中心点要与路径对齐，如图 4-136 所示；再在"花瓣"的第 230 帧插入一个普通帧完成影片剪辑元件的制作。

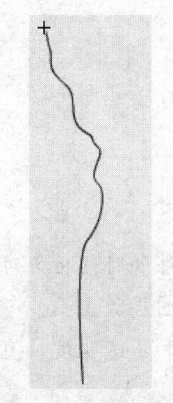

图 4-135　花瓣飘落路径 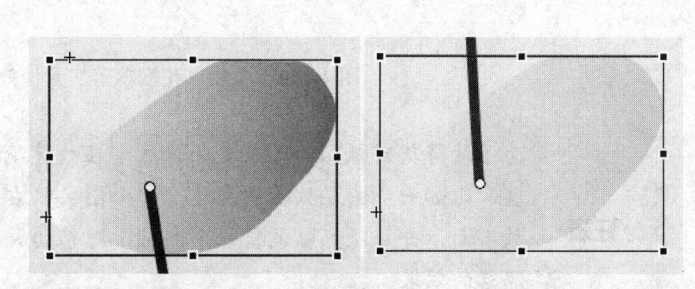　　　　　图 4-136　花瓣中心与路径重合

（7）单击工作区左上方的"场景 1"按钮返回场景 1，在"遮罩层"上方新建一个图层，命名为"花瓣 1"。

（8）在图层"花瓣 1"中，将完成的"花瓣飘落"影片剪辑元件拖入工作区中，放置在桃树上，位置可根据实际情况设置，效果如图 4-137 所示。

（9）在"花瓣 1"图层上方新建图层"花瓣 2"，选择图层"花瓣 2"的第 5 帧，插入空白关键帧，在该帧再次将"花瓣飘落"影片剪辑元件放入桃树中，使用任意变形工具调整对象的角度及大小，位置如图 4-138 所示。

图 4-137　将"花瓣飘落"元件放到桃树中 　　　　　图 4-138　"花瓣 2"层中的花瓣飘落元件

（10）重复第 9 步操作，不断新建图层，依次命名为"花瓣 3"、"花瓣 4"、……、"花瓣 16"，每层依次延后 5 帧将"花瓣飘落"元件放入桃树上不同的位置，效果如图 4-139 所示（此效果隐藏了桃树和文字部分）。

129

图 4-139 添加"花瓣飘落"元件效果

> **注意**：为了使得花瓣飘落的效果更加自然，在放置花瓣飘落元件的时候位置可以随意些，比如一个图层放桃树左边，一个图层放右边，一个图层放上面，一个图层放下面，并且还可以调整每个图层上对象的大小、角度和不透明度，直到达到满意的效果。

（11）在所有图层的第 105 帧添加一个普通帧。为了方便图层管理，在图层上新建一个文件夹并命名为"花瓣飘落"，将"花瓣 1"到"花瓣 16"这 16 个图层放入该文件夹中，"图层"面板及时间轴效果如图 4-140 所示。

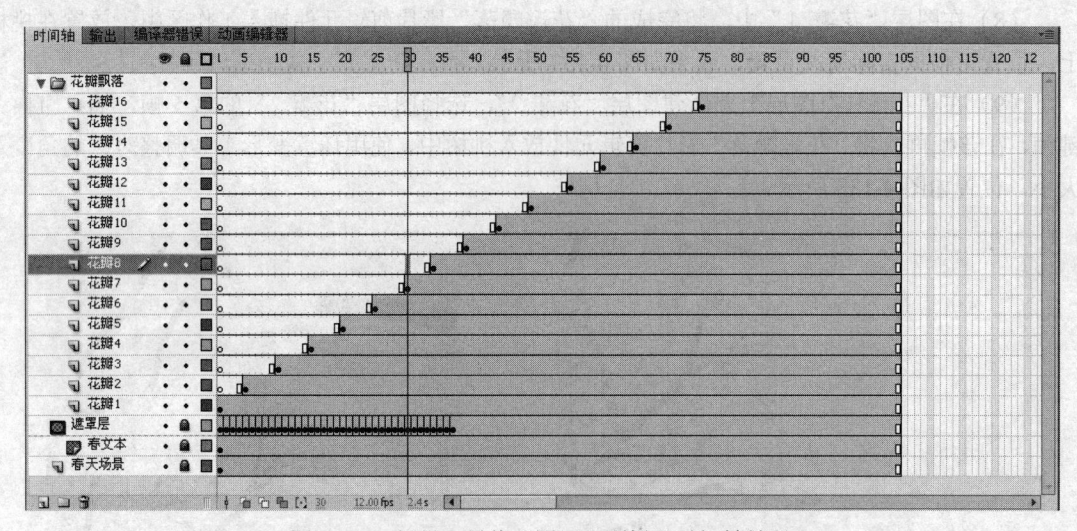

图 4-140 场景 1 最终"图层"面板及时间轴效果

2. 制作夏天蝴蝶飞舞动画效果

（1）进入场景 2，将图层名更改为"夏天场景"，把"库"面板中"夏"文件夹里面的"夏天场景"图形元件拖入工作区中，放置到合适的位置，正好把浅粉色背景的部分覆盖掉。

（2）根据前面所讲的制作写字文字效果的步骤，参考特效文字设计部分将场景 2 中的"夏"写字效果完成，如图 4-141 所示。

（3）执行"插入"→"新建元件"命令，弹出"创建新元件"对话框，在"名称"文本框中输入"蝴蝶飞",在"类型"下拉列表框中选择"影片剪辑",将该元件所属的文件夹改为"夏",单击"确定"按钮进入元件编辑区,如图4-142所示。

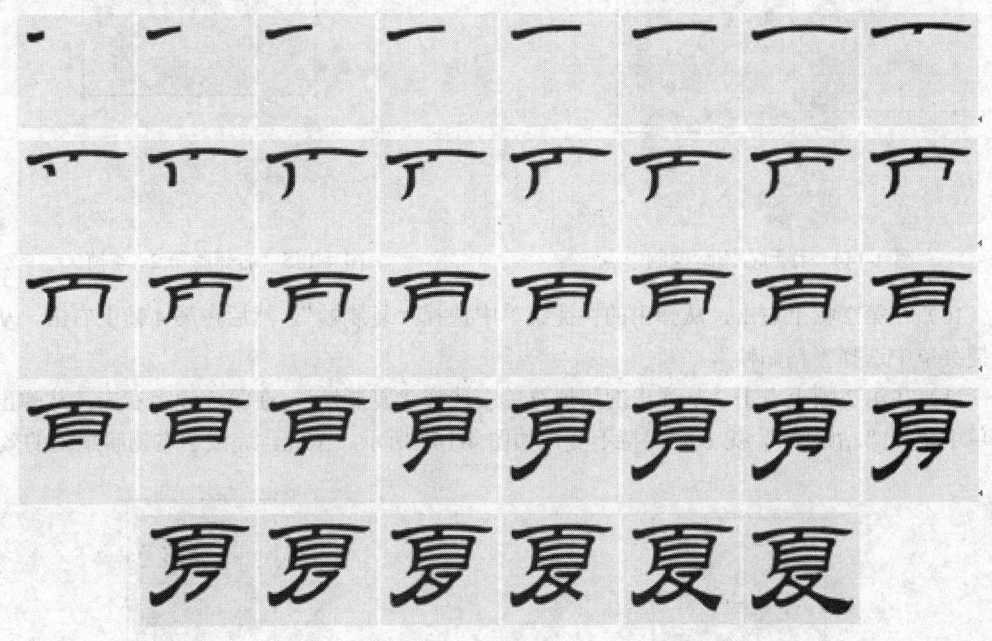

图4-141 "夏"字写字效果

(4)在"库"面板中打开"蝴蝶"图形元件,将该元件中的对象复制到"蝴蝶飞"元件中,将"蝴蝶飞"元件的图层命名为"头部" 头部 。

(5)将"蝴蝶飞"元件中的蝴蝶对象左上部分的翅膀剪切,然后新建图层,命名为"左翅膀" 左翅膀 ,在工作区中右击,从弹出的快捷菜单中选择"粘贴到当前位置",并将"左翅膀"图层移动到"头部"图层之下。

(6)重复上一步操作,将右上部的翅膀剪切到"右翅膀"图层,完成之后的图层面板效果如图4-143所示。

图4-142 新建"蝴蝶飞"影片剪辑元件

图4-143 图层面板效果

(7)使用任意变形工具选中右翅膀,将其控制中心移到翅膀根部,效果如图4-144所示,在"头部"图层的第6帧插入普通帧。

(8)在"右翅膀"图层的时间轴上从第2帧到第6帧按F6键添加关键帧,使用任意变形工具调整第2帧翅膀的大小和位置,如图4-145所示。

(9)在第3帧使用任意变形工具更改翅膀的大小和位置,如图4-146所示。

131

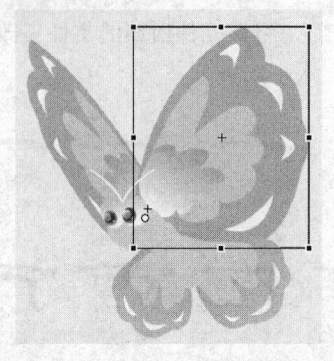

图 4-144　移到右翅膀控制中点　　　　　图 4-145　右翅膀第 2、4 帧

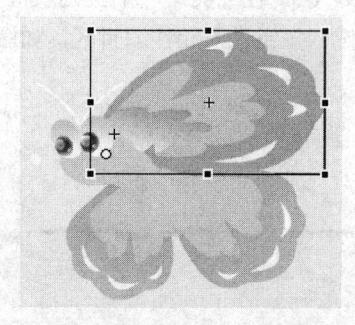

（10）在第 2 帧上右击，从弹出的快捷菜单中选择"复制帧"，然后在第 4 帧上右击，从弹出的快捷菜单中选择"粘贴帧"。

（11）在第 3 帧上右击，从弹出的快捷菜单中选择"复制帧"，在第 5 帧上右击，从弹出的快捷菜单中选择"粘贴帧"，第 6 帧保持不变，如图 4-147 所示。至此，完成了右翅膀扇动的效果。

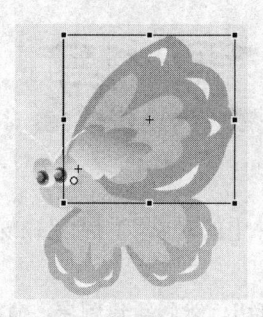

图 4-146　右翅膀第 3、5 帧　　　　　图 4-147　右翅膀第 1、6 帧

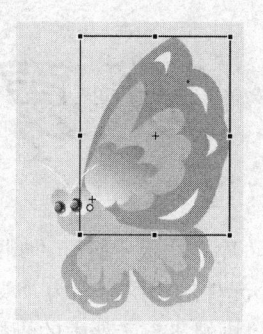

（12）左翅膀扇动效果的制作方法与右翅膀相同，第 2 帧和第 4 帧为同一个变化效果，如图 4-148 所示；第 3 帧和第 5 帧为同一个变化效果，如图 4-149 所示；第 6 帧与第 1 帧相同，如图 4-150 所示。

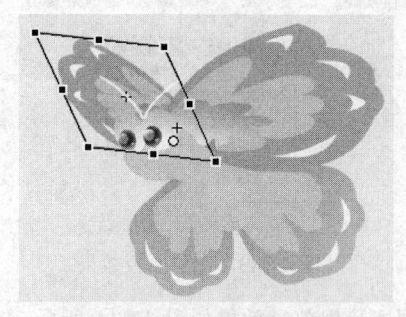

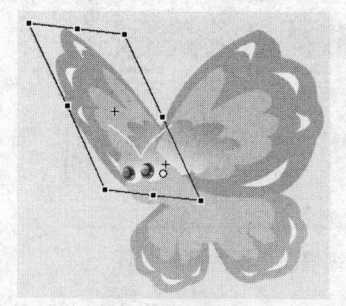

图 4-148　左翅膀第 2、4 帧　　　图 4-149　左翅膀第 3、5 帧　　　图 4-150　左翅膀第 1、6 帧

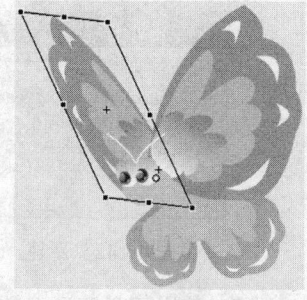

（13）返回场景 2，在图层面板上的 3 个图层的第 190 帧插入普通帧；然后在遮罩上新建一个图层，命名为"蝴蝶"；将做好的"蝴蝶飞"元件放入工作区边缘，调整其大小和位置如图 4-151 所示；再在第 20 帧插入关键帧，将刚刚放入的"蝴蝶飞"对象拖入工作区，并放到如图 4-152 所示的位置，在第 1 帧和第 20 帧之间创建传统补间。

图 4-151　蝴蝶飞元件位置 1 　　　　　　　　图 4-152　蝴蝶飞元件位置 2

（14）在"蝴蝶"图层的第 30 帧、第 50 帧、第 60 帧、第 80 帧、第 90 帧、第 110 帧、第 120 帧和第 150 帧插入关键帧。

（15）第 30 帧蝴蝶飞对象的位置保持与第 20 帧相同，即位置 2；第 50 帧和第 60 帧的位置均为位置 3，如图 4-153 所示；第 80 帧和第 90 帧的位置均为位置 4，如图 4-154 所示；第 110 帧和第 120 帧的位置均为位置 5，如图 4-155 所示；第 150 帧的位置为位置 6，如图 4-156 所示。

图 4-153　蝴蝶飞元件位置 3 　　　　　　　　图 4-154　蝴蝶飞元件位置 4

图 4-155　蝴蝶飞元件位置 5 　　　　　　　　图 4-156　蝴蝶飞元件位置 6

（16）在第 30 帧到第 50 帧之间、第 60 帧到第 80 帧之间、第 90 帧到第 110 帧之间、第 120 帧到第 150 帧之间分别创建传统补间动画。

（17）为了使蝴蝶飞舞的效果更加漂亮，可以再新建一个图层，根据前一图层的操作再做一只蝴蝶飞舞的效果，蝴蝶的位置如图 4-157 至图 4-163 所示。

图 4-157　蝴蝶飞元件位置 7

图 4-158　蝴蝶飞元件位置 8

图 4-159　蝴蝶飞元件位置 9

图 4-160　蝴蝶飞元件位置 10

图 4-161　蝴蝶飞元件位置 11

图 4-162　蝴蝶飞元件位置 12

场景 2 图层及时间轴效果如图 4-164 所示。

3．制作秋天树叶下落动画效果

秋天场景的动画在场景 3 中完成，主要由两个动画构成，一个是"秋"字的写字动画效果，一个是秋天树叶下落的动画效果。

图 4-163　蝴蝶飞元件位置 13

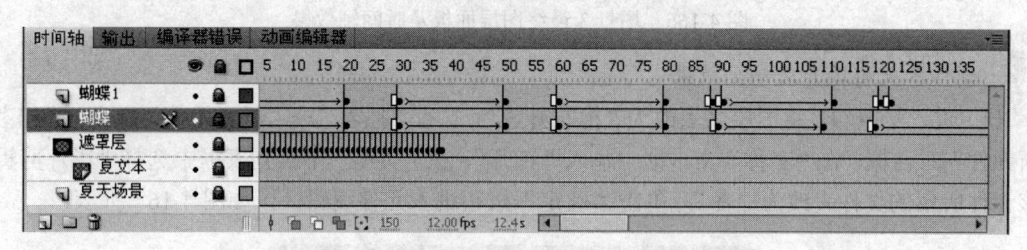

图 4-164　场景 2 最终图层面板及时间轴效果

"秋"字写字动画效果与"春"字写字动画效果的制作方法相同，可以参考特效文字设计部分将"秋"字的写字效果完成，如图 4-165 所示。

图 4-165　"秋"字写字效果

秋天落叶效果的制作方法与春季花瓣飘落效果的基本类似，可以参考花瓣飘落的制作方法，将其中的花瓣部分换为枫叶部分即可，这里不再赘述。

场景 3 图层及时间轴效果如图 4-166 所示。

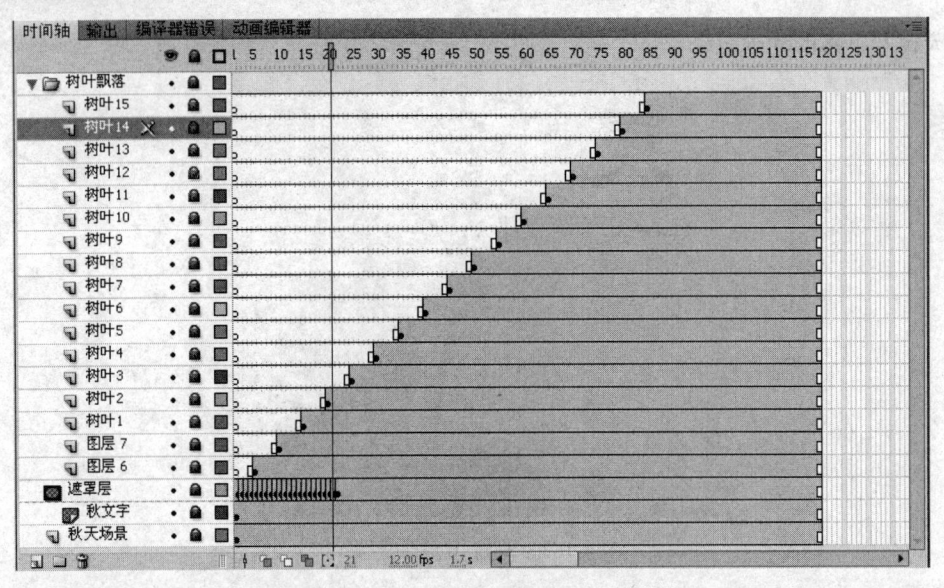

图 4-166　场景 3 最终图层面板及时间轴效果

4. 制作冬天梅花开放动画效果

（1）进入场景 4，将图层名更改为"梅花开放"，执行"插入"→"新建元件"命令，弹出"创建新元件"对话框，在"名称"文本框中输入"花开"，在"类型"下拉列表框中选择"影片剪辑"，将该元件所属的文件夹改为"冬"，单击"确定"按钮进入元件编辑区，如图 4-167 所示。

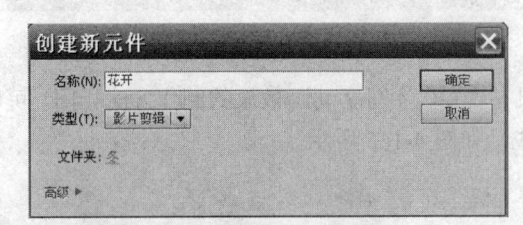

图 4-167　插入"花开"影片剪辑元件

（2）在该元件图层 1 的第 1 帧到第 5 帧均插入关键帧；选择第 1 帧，把"库"面板"冬"文件夹中的"梅花 3"图形元件拖入工作区；第 2 帧将"梅花 3"元件拖入工作区，调整该对象的大小，使其比第 1 帧对象略大；第 3 帧将"梅花 2"元件拖入工作区；第 4 帧将"梅花 4"元件拖入工作区；第 5 帧将"梅花 1"元件拖入工作区；注意这几个关键帧对象的摆放位置不能离得太远，基本在同一位置最佳，效果如图 4-168 所示。

图 4-168　梅花开花的 5 个关键帧

（3）在该图层的第 190 帧插入一个普通帧，至此"花开"影片剪辑元件制作完成。

（4）执行"插入"→"新建元件"命令，弹出"创建新元件"对话框，在"名称"文本框中输入"梅花开放"，在"类型"下拉列表框中选择"影片剪辑"，将该元件所属的文件夹改为"冬"，单击"确定"按钮进入元件编辑区，如图4-169所示。

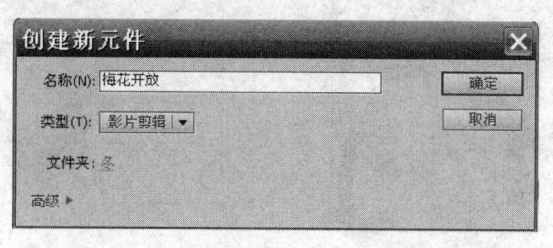

图4-169 插入"梅花开放"影片剪辑元件

（5）将"梅花开放"影片剪辑元件中图层1的名字更改为"冬天场景"，把"库"面板中"冬"文件夹里面的"冬天场景"图形元件拖入工作区，锁定该图层。

（6）在"冬天场景"图层上新建一个名为"开花1"的图层，在其第5帧添加一个关键帧；把完成的"开花"元件拖入工作区中，放置到梅花树干合适的位置；选择开花实例，按住Alt键不放，然后拖动对象，将该实例复制一份，调整大小及角度后放置在树的合适位置上；重复复制的步骤，放置7份开花对象在树干上，位置效果如图4-170所示。

图4-170 图层"开花1"效果

（7）再新建一个图层，命名为"开花2"，在图层的第10帧插入关键帧，重复第6步的放置花开对象步骤，位置效果如图4-171所示。

（8）再新建一个图层，命名为"开花3"，在图层的第15帧插入关键帧，重复第6步的放置花开对象步骤，位置效果如图4-172所示。如果想要开花效果更丰富更漂亮，可以继续按照第6步的操作，添加新图层之后再添加开花元件。

（9）返回场景4，在"梅花开放"图层上将"库"面板中"冬"文件夹里的"梅花开放"影片剪辑元件拖入工作区中，调整对象到工作区中的合适位置。

（10）根据前面所讲的制作写字文字效果的步骤，可以参考特效文字设计部分将场景4中"冬"字的写字效果完成，如图4-173所示。

（11）将场景4中所有图层的第40帧均加入一个普通帧，图层及时间轴效果如图4-174所示。

图 4-171　图层"开花 2"效果　　　　　图 4-172　图层"开花 3"效果

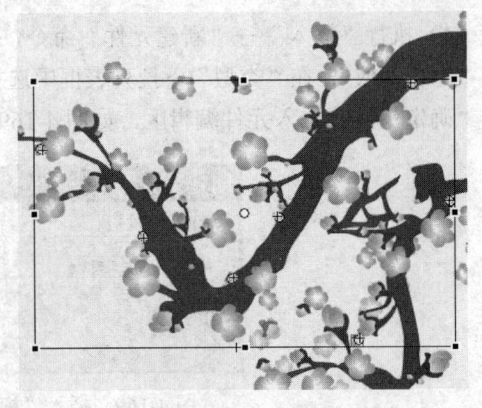

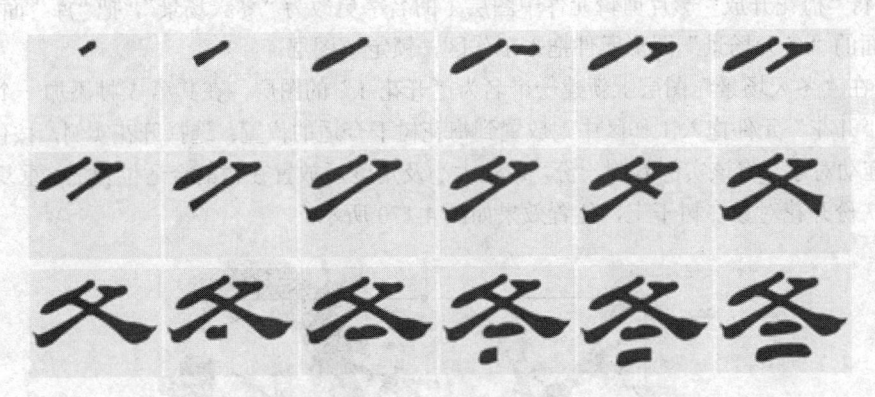

图 4-173　"冬"字写字效果

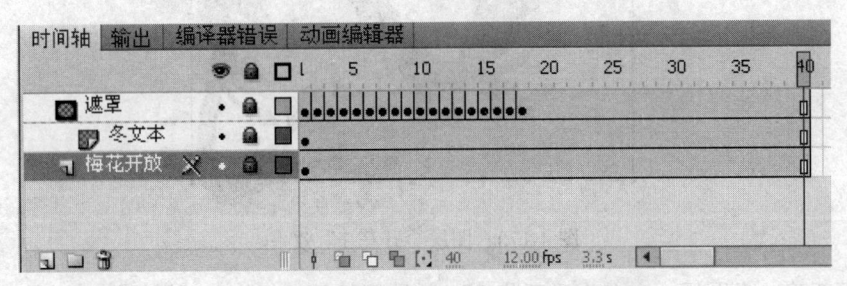

图 4-174　场景 4 最终图层面板及时间轴效果

5. 制作祝福语场景动画效果

（1）进入场景 5，在"冬"图层上新建一个图层，命名为"祝福文本"，选择文本工具，设置为"传统文本"和"静态为本"，字体为"微软雅黑"，字号为 20，颜色为黑色#000000；在图层上输入祝福语文本"春看桃，夏见荷，秋观菊，冬赏梅。年复一年，日复一日，心情好便是你的财富。又要过年了，祝你开心快乐！愿快乐幸福陪伴你！"，效果如图 4-175 所示。

（2）选择输入的文本，添加滤镜效果"发光"，使用系统默认设置为文本添加发光效果，如图 4-176 所示。

（3）在"祝福文本"图层上新建一个图层，命名为"遮罩层"，在"遮罩层"上右击，从弹出的快捷菜单中选择"遮罩层"。

138

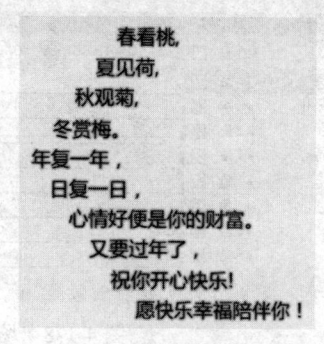

图 4-175　添加文本效果　　　　　　　图 4-176　文本添加发光效果

（4）使用矩形工具在遮罩层中绘制一个能把文本部分完全覆盖的矩形，颜色可随意选择，并将该矩形转换为元件，命名为"遮罩方块"。

（5）在该图层的第 200 帧插入关键帧，将第 1 个关键帧的遮罩方块元件向上移动到文本上方，再在第 1 帧到第 200 帧之间创建传统补间动画。

（6）新建图层，命名为"重播按钮"，执行"插入"→"新建元件"命令，弹出"创建新元件"对话框，在"名称"文本框中输入"重播按钮"，在"类型"下拉列表框中选择"按钮"，将该元件所属的文件夹改为"库文件夹"，单击"确定"按钮进入元件编辑区，如图 4-177 所示。

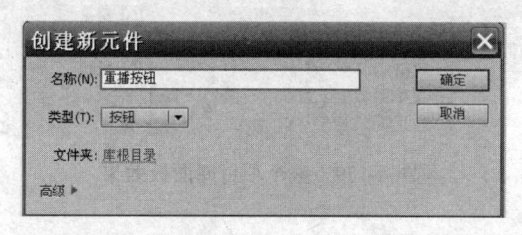

图 4-177　新建"重播按钮"按钮元件

（7）选择文本工具，设置为"传统文本"和"静态文本"，字体为"华文隶书"，字号为 30，颜色为#624729，在按钮元件的第 1 帧（弹起）输入文本"重播"；在"指针经过"和"按下"帧均插入关键帧，更改"指针经过"帧的文本颜色为#009900，并将文本略微调大。

（8）返回场景 5，将"重播按钮"元件拖入工作区，放置在整个画面底部。选择重播按钮，按 F9 键打开"动作"面板，添加如下控制代码：

```
on(release) {
    gotoAndPlay("场景 1",1);
}
```

（9）新建一个图层，命名为"控制代码"，在该层的第 200 帧添加一个关键帧，按 F9 键打开"动作"面板，添加如下控制代码：

```
stop();
```

（10）在所有图层的第 200 帧添加普通帧，整个场景 5 图层及时间轴面板效果如图 4-178 所示。

整个项目完成后的库面板效果如图 4-179 所示。

通过本项目，读者可以掌握 Flash CS5 的基本操作和简单动画制作的方法。着重介绍了工具箱的工具及其使用方法，元件库的基本使用，基本动画的制作方法，包括逐帧动画和补间动画，补间动画又分为运动补间动画和形状补间动画。在掌握这些基本知识的基础上，最后完成新年电子贺卡的制作。

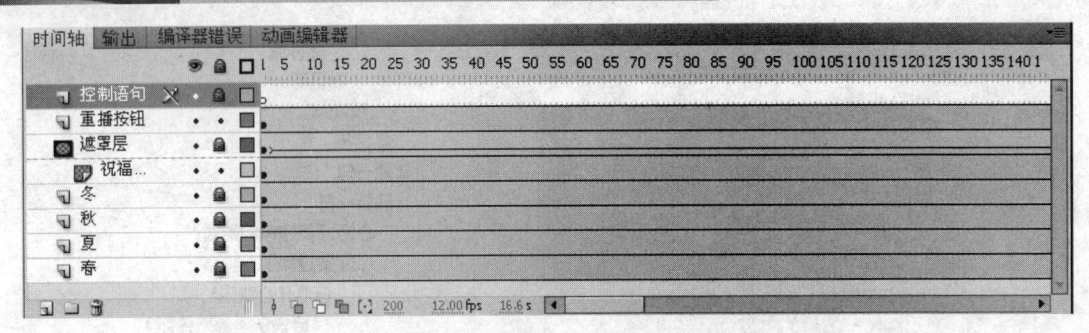

图 4-178　场景 5 最终图层面板及时间轴效果

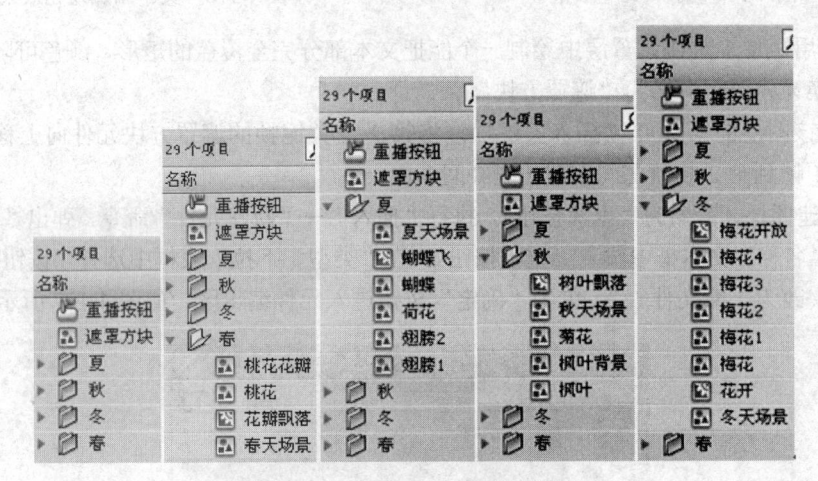

图 4-179　整个项目库面板效果

拓展训练——生日贺卡

为了让读者巩固在本项目中学到的知识，下面将进行技能拓展练习，本次拓展练习为制作一个如图 4-180 至图 4-183 所示的生日贺卡，详见生日贺卡.fla。

图 4-180　生日贺卡画面之一 　　　　　　图 4-181　生日贺卡画面之二

图 4-182　生日贺卡画面之三　　　　　　　　图 4-183　生日贺卡画面之四

（1）开场，在开场画面中，有背景、彩带、植物、一个小女孩、一张桌子、一个插着蜡烛的蛋糕。小女孩睁着眼，手分开，笑咪咪地看着蛋糕上燃着的蜡烛。

（2）进行许愿。用逐帧动画制作小女孩双手并拢，闭上眼睛进行许愿。

（3）许完愿，小女孩睁开眼睛，吹灭蜡烛，小女孩的这个动作和蜡烛的熄灭都由逐帧动画完成。

（4）小女孩的父母相继出场，祝福小女孩，跟着唱起生日歌。

（5）彩条飘落下来，大家拍掌开心地笑着。

（6）合成音乐，包括背景音乐、吹蜡烛的声音、生日歌、拍掌声。

项目五
Flash MV 设计与制作——《我是一只小小鸟》

为了克服视频 MTV 在观看时因为网速过慢而时断时续的缺点,现在许多用于网络传播的 MTV 都采用 Flash 来制作。使用 Flash 动画制作的音乐 MV,故事简单明了、画面流畅、音质优美且色彩明快。

本项目选择赵传演唱的《我是一只小小鸟》,确立 MV 的风格为卡通小动物系列,确定 MV 要表现的情节内容:一只小鸟想要飞翔,总是感觉自己是只孤单的小小鸟,想要飞却怎么也飞不高,但它并没有放弃,而是相信风雨过后会有彩虹。

本项目中,总共通过 5 个主要的场景来体现:雪景、夜景、飞翔、铁轨、水景。同时,在音乐开始之前设置了片头部分,音乐结束后设置了片尾。具体项目案例效果如图 5-1 至图 5-7 所示。

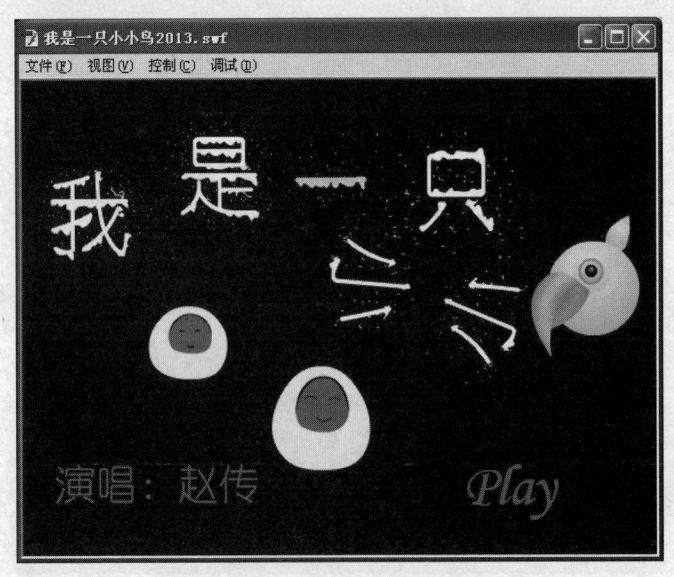

图 5-1 MV 片头

图 5-2 雪景

图 5-3 天空飞翔

图 5-4 黑夜无眠

图 5-5 铁轨行走

图 5-6 船上寻觅

图 5-7 片尾

任务 5.1 项目分解——制作动画元件

5.1.1 效果展示

由于 Flash MV 中涉及的帧数比较多，播放时间比较长，因此场景中涉及的各种元件较多，主要包括卡通鸟、各种姿势的小鸟角色、各种主要场景元件。

1. 片头部分元件

片头里面主要有开场卡通鸟、笑脸等元件，效果如图 5-8 和图 5-9 所示。

图 5-8　卡通鸟 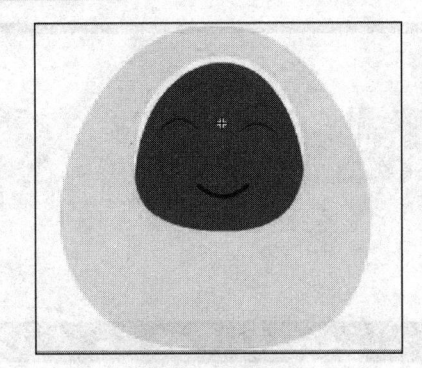　　　　　　　　　　图 5-9　笑脸

2. 动画角色元件

本项目中主要围绕小鸟的故事展开，因此设计了各种场景需要的小鸟造型，包括站立的小鸟、侧立的小鸟、挥动翅膀欲飞的小鸟、枝上的小鸟、行走的小鸟、飞翔的小鸟等，元件效果如图 5-10 所示。

（a）欲飞的小鸟 　　　（b）枝上的小鸟 　　　（c）行走的小鸟

（d）飞翔的小鸟 　　　　　　　（e）站立的小鸟

图 5-10　动画角色

3. 雪景的元件

MV 中的第一个主要场景表达的是雪景中小鸟的无奈，设计了雪地、山峰等元件，效果如图 5-11 和图 5-12 所示。

4. 夜景中的元件

MV 中的一个场景是小鸟在黑色中思索，设计了房子、梦境等元件，效果如图 5-13 和图 5-14 所示。

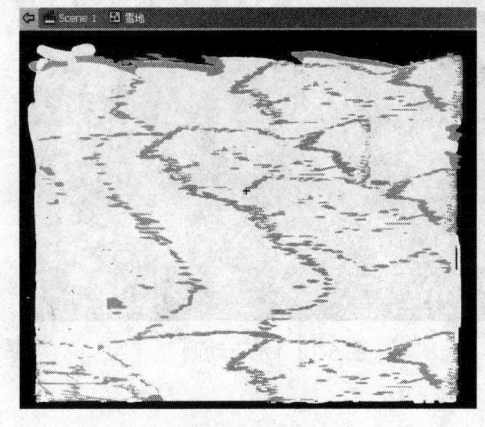

图 5-11 雪地

图 5-12 山峰

图 5-13 梦中的房子

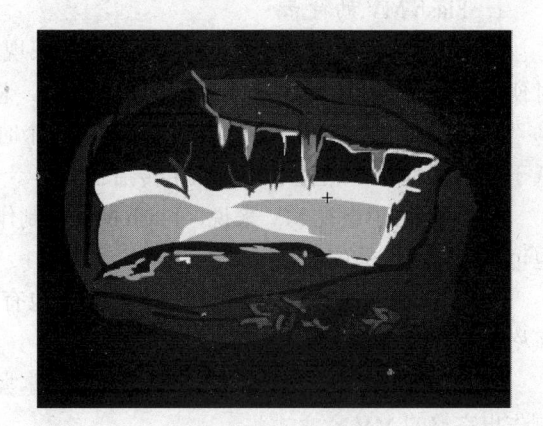

图 5-14 梦境

5. 其他场景元件

MV 中还涉及到小鸟在铁轨上行走、乘小船的场景等，各主要元件如图 5-15 至图 5-18 所示。

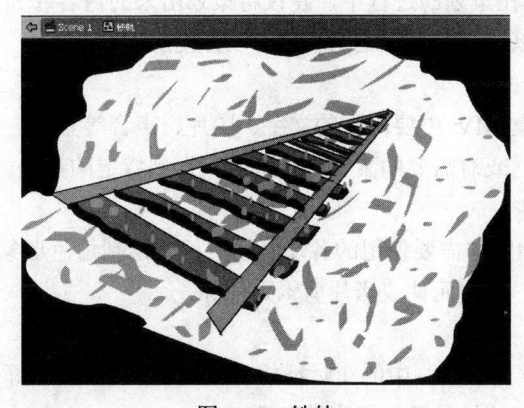

图 5-15 铁轨

图 5-16 峡谷

图 5-17　小船　　　　　　　　　　　　图 5-18　水下动画

5.1.2　知识讲解

1. Flash MV 的特点

Flash 动画 MV 是 Flash 动画的一种重要表现形式，它与视频拥有不同的风格与内容，在制作时使用的人力物力也更少，非常适合个人创作。总结起来，Flash MV 有以下特点：

（1）动画文件小是 Flash 的基本特点，一个时长为一分钟的普通动画 MV，其文件大小一般都低于 1MB，因此非常便于在网络上传播。

（2）相对于电视 MV 来说，Flash MV 的制作费用要低很多。因此，不需要大量的工作人员，也可以制作出优秀的 MV。

（3）表现形式多样化，有 Q 版风格的，也有完全用手绘制作的。不同的表现形式有着不同的风格，让观众有着不同的感受。

（4）Flash 非常适合个人进行创作，只要掌握基本的动画知识，会熟练使用 Flash 软件，就能制作出完整的 MV。

2. Flash MV 的制作流程

制作 Flash MV 通常需要经过以下 5 个流程来完成：

（1）前期策划。

这是制作 Flash MV 的首要过程，在该过程中应确定用于制作 MV 的歌曲和 MV 要采用的风格，并为 MV 设置要表现的情节和角色形象等内容。在策划的过程中，建议将策划出来的内容（如主要场景、角色布置、场景之间的过渡方式等）都以草图的形式记录下来，以方便后期的制作。

（2）收集素材。

该过程中需要根据策划的内容有针对性地搜集 MV 中要用到的文字、图片、声音等素材，也可以通过专门的软件对其他素材进行编辑和修改，或对需要的素材进行提取来得到特定的素材。

（3）制作动画元素。

该过程根据前期策划的内容在 Flash 中制作 MV 中需要使用的各动画元素，如绘制角色形象、绘制动画背景、制作动画中需要用到的图形元件、按钮元件或影片剪辑元件等。

（4）制作声音和动画。

该过程需要将歌曲导入到动画中，然后结合歌曲在动画中的实际播放情况，利用前面制作好的动画要素进行动画场景的编辑和调整，并为编辑好的场景添加相应的字幕。

（5）测试并发布。

完成动画的初步编辑后，可通过预览动画的方式检查 MV 的播放效果，然后根据测试结果对

MV 的细节部分进行调整，调整完毕后设置 MV 的发布格式、图像和声音的压缩品质并发布 MV。

5.1.3 步骤详解

1. 制作片头元件

（1）启动 Flash CS5，新建一个 ActionScript 2.0 的空白文档，在"属性"面板中，修改舞台背景颜色为黑色，帧频为 12fps，其他参数默认不变，单击"确定"按钮。

（2）在"库"面板中右击，在弹出的快捷菜单中选择"新建文件夹"，命名为"片头"，用于分类管理片头部分的元件对象。

（3）执行"插入"→"新建元件"命令，弹出"创建新元件"对话框，在"名称"文本框中输入"开场鸟"，在"类型"下拉列表框中选择"图形"，在"文件夹"选项中选择"片头"，如图 5-19 所示，单击"确定"按钮进入元件编辑区。

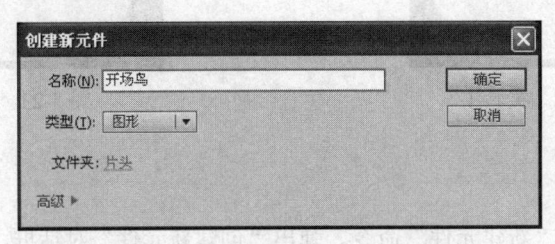

图 5-19 "创建新元件"对话框

（4）在默认图层中绘制大圆，在"颜色"面板中，将填充类型修改为"径向渐变"，设置填充颜色为灰绿色，选择"渐变变形工具"修改颜色的中心点和位置。

（5）在时间轴面板中右击，选择"插入图层"命令，在图层 2 中绘制小圆，依次操作完成眼睛部分，效果如图 5-20 所示。

（6）继续新建图层，使用"线条工具"绘制线条，用"选择工具"调整线条的曲度，继续使用"径向渐变"填充其颜色，使用"渐变变形工具"调整颜色的中心点；在新建的图层中，使用"钢笔工具"绘制耳朵线条造型，填充"径向渐变"的灰绿色，并将该图层拖到最底层，效果如图 5-21 所示。

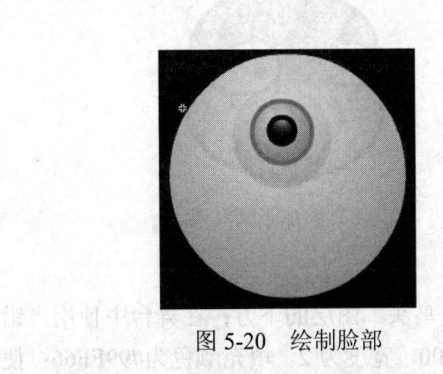

图 5-20 绘制脸部　　　　　　　　图 5-21 绘制嘴巴和耳朵

（7）执行"插入"→"新建元件"命令，弹出"创建新元件"对话框，在"名称"文本框中输入"笑脸 1"，在"类型"下拉列表框中选择"图形"，在"文件夹"选项中选择"片头"，单击"确定"按钮进入元件编辑区。

147

(8) 使用"椭圆工具"绘制椭圆，利用"选择工具"调整形状，填充颜色，完成效果如图 5-22 所示。

(9) 在"库"面板中右击，选择"直接复制"，在弹出的对话框中将"名称"修改为"笑脸 2"，其他不变，单击"确定"按钮进入元件编辑区。

(10) 修改图形中脸部的表情，效果如图 5-23 所示。

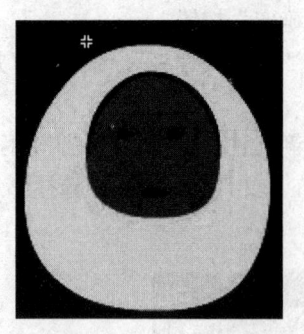

图 5-22　笑脸 1 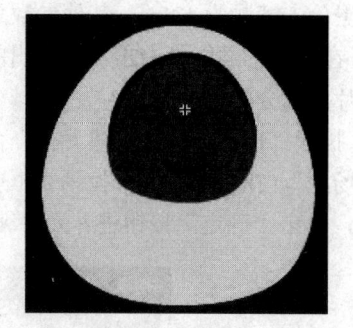　　　　　　　　　　　图 5-23　笑脸 2

2. 制作角色元件

（1）欲飞的小鸟。

1）执行"插入"→"新建元件"命令，弹出"创建新元件"对话框，在"名称"文本框中输入"鸟飞"，在"类型"下拉列表框中选择"影片剪辑"，单击"确定"按钮进入元件编辑区。

2）将图层 1 的名称修改为"鸟头"，使用"钢笔工具"绘制小鸟的头部形状，在"颜色"面板中，设置笔触颜色为黑色#000000，宽度为 2，设置填充颜色为纯色#99FF66；在右下方使用"钢笔工具"勾勒曲线，形成阴影区域，填充颜色为稍深的绿色#99CC00，效果如图 5-24（a）所示。

3）使用"椭圆工具"绘制椭圆，设置其笔触颜色为#000000，宽度为 2，填充颜色为#FFFFFF，使用"选择工具"变形其笔触，并勾勒出阴影区域，填充颜色为#CCCCCC，形成阴影效果，完成眼睛部分；在舞台中绘制小鸟的嘴的形状，填充颜色为#FFCC00；在小鸟的眼睛部位绘制黑色的圆形，完成眼珠；再添加其他点缀效果，如图 5-24（b）所示。

（a）脸部轮廓 　　　　　　　　　　（b）添加眼睛和嘴

图 5-24　小鸟头部

4）新建图层 2，重命名为"鸟身体"，并将其拖动到"鸟头"图层的下方；在舞台中使用"铅笔工具"绘制小鸟的身体轮廓，设置笔触颜色为黑色#000000，宽度为 2，填充颜色为#99FF66；使用"铅笔工具"和"线条工具"勾勒出小鸟的双脚形状，保持前面的笔触颜色不变，修改填充颜色为#FFCC00，效果如图 5-25 所示。

5）由于要表现出小鸟站立时有一种欲展翅挥动的效果，选择"鸟身体"图层，在时间轴的第

Flash MV 设计与制作——《我是一只小小鸟》　　项目五

6 帧插入关键帧，稍微修改一下小鸟翅膀的弧度，使其垂下一点，效果如图 5-26 所示。为了使其效果更连贯，在所有图层的第 11 帧插入帧。

图 5-25　小鸟身体　　　　　　图 5-26　翅膀垂下

6）新建图层，重命名为"羽毛"，并将其拖动到"鸟身体"图层的下方；选中时间轴上的第 1 帧，在舞台中鸟身体附近合适的位置绘制羽毛形状，设置笔触为无，填充颜色为#99FF66，并将羽毛形状转换为图形元件"羽毛"；在第 11 帧插入关键帧，将"羽毛"实例往小鸟身体的下方移动，同时设置"属性"面板上"色彩效果"选项中的"样式"为 Alpha，设置值为 0。在第 1 帧创建传统补间动画，使其实现羽毛落下并逐渐透明的动画效果，如图 5-27 所示，完成后的时间轴如图 5-28 所示。

图 5-27　羽毛动画的起止状态

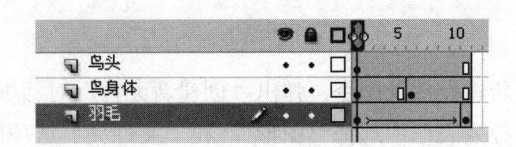

图 5-28　"鸟飞"元件的时间轴

（2）飞翔的小鸟。

1）创建影片剪辑元件"飞翔的小鸟"，在舞台中绘制小鸟的头部，如图 5-29 所示，具体绘制方法可以参照前面绘制的小鸟元件，将图层 1 重命名为"鸟头"。

2）新建图层 2，重命名为"鸟身子"，将其拖动到"鸟头"图层的下方，在舞台中绘制小鸟的翅膀及身体部分，初始状态如图 5-30 所示。

3）新建图层 3，重命名为"鸟脚"，将其拖动到"鸟身子"图层的下方，在舞台中绘制小鸟飞翔状态下的脚。

图 5-29　飞翔小鸟的头部　　　　　　　　图 5-30　飞翔小鸟的身体

接下来主要采用逐帧动画的形式实现小鸟展翅飞翔的动画，具体过程状态如图 5-31 所示。

（a）第 1～5 帧状态

（b）第 6～10 帧状态

图 5-31　"小鸟飞翔"元件

3. 制作场景元件

由于整个 MV 设计完成后会有非常多的元件，为了便于管理，本项目中将主体动画根据故事情节分成 7 个场景，因此在创建主要场景元件之前在"库"面板中新建 7 个文件夹：第一场景、第二场景、第三场景、第四场景、第五场景、第六场景、第七场景。将前面创建的"鸟飞"元件移动到"第一场景"文件夹中，将"飞翔的小鸟"元件移动到"第二场景"文件夹中。由于篇幅和时间有限，其他场景中需要的角色对象将在相关素材中提供。下面就来介绍各主要场景元件的创建方法。

（1）第一场景元件。

1）执行"插入"→"新建元件"命令，弹出"创建新元件"对话框，在"名称"文本框中输入"雪地"，在"类型"下拉列表框中选择"图形"，在"文件夹"选项中选择"第一场景"，单击"确定"按钮进入元件编辑区。

2）在舞台中，使用"铅笔工具"绘制一大块方形区域，填充颜色为白色#FFFFFF。

3）新建图层 2，使用"刷子工具"，调整合适的刷子形状和大小，设置填充颜色为#CCCCCC，不规则地在白色方形区域绘制形状，形成行走痕迹，如图 5-32 所示。

4）在"库"面板的"第一场景"文件夹中继续创建图形元件"雪景"，在当前图层中将"库"面板中的"雪地"元件拖放到舞台中。

5）此处为了衬托景，将项目四中的元件"梅花"复制到该文件夹中，在"梅花"元件中使用"喷涂刷工具"喷涂白色，形成梅花树枝上的积雪。新建图层 2，将"梅花"元件拖放到舞台中，

150

调整角度和大小，使其和雪地协调，效果如图 5-33 所示。

图 5-32 雪地

图 5-33 雪景

6）在"第一场景"文件夹中创建图形元件"山峰"，在舞台上用"线条工具"勾勒出山峰的大体轮廓线，完善细节，注意线条的变化，如图 5-34 所示。

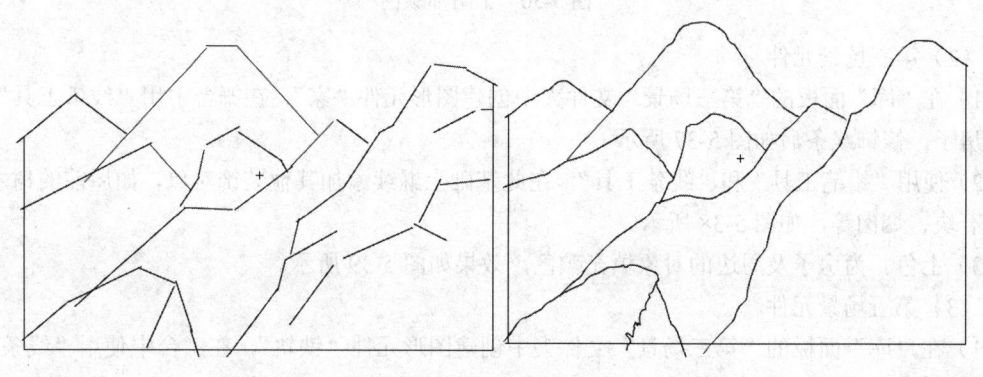

图 5-34 山峰轮廓

> 提示　远山要画得概括、简练，中、近处的山要依据山的起伏、形态等特点来画。

7）上基本色。为山峰上基本颜色，如图 5-35（a）所示。

> 注意　根据近实远虚的透视规律，虽然都是山峰，但绿色的深浅不一样，远处的山颜色浅饱和度低，近处的山颜色深饱和度高，这样才能表达出空间感。

8）用"铅笔工具"画出山的亮面，填充稍亮的颜色，如图 5-35（b）所示，删除辅助线条，山的立体感得到了体现。

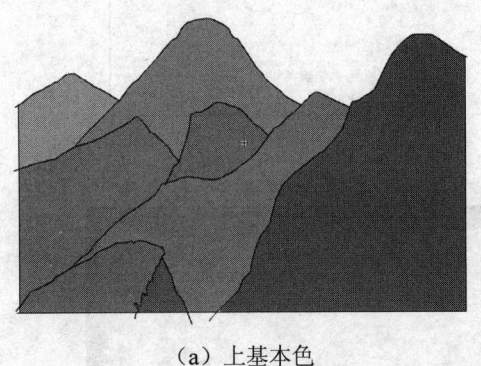

（a）上基本色　　　　　　　　　　（b）上亮部颜色

图 5-35　上色

9）在山峰上画出明暗交接线并填充暗部颜色，删除线条后最终效果如图 5-36 所示。

图 5-36　上暗部颜色

（2）第三场景元件。

1）在"库"面板的"第三场景"文件夹中创建图形元件"家"，在舞台中用"线条工具"绘制卡通房子，修饰线条后如图 5-37 所示。

2）使用"铅笔工具"和"线条工具"，在此基础上继续添加其他装饰对象，如屋前的树木、栅栏、石块、烟囱等，如图 5-38 所示。

3）上色。为房子及周边的对象填充颜色，效果如图 5-39 所示。

（3）第五场景元件。

1）在"库"面板的"第三场景"文件夹中创建图形元件"铁轨"，在舞台中使用"线条工具"绘制铁轨轮廓，使用"铅笔工具"勾勒出周边场地轮廓，如图 5-40 所示。

图 5-37 房子轮廓线

图 5-38 房子整体轮廓

图 5-39 夜景中的房子

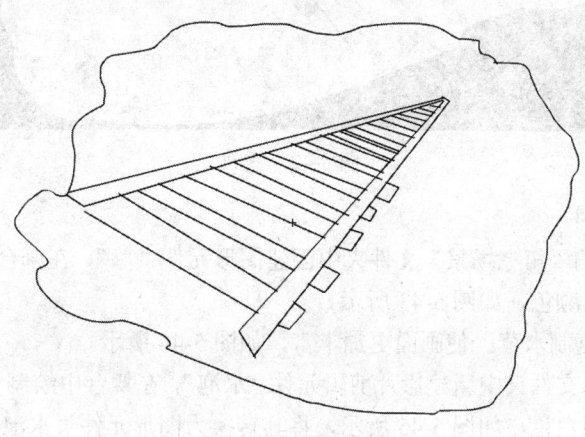

图 5-40 铁轨线框

2）填充颜色。边缘区域填充白色，表达出雪地效果，如图5-41所示。

图 5-41　上基本色

3）修饰图形。为铁轨上暗色修饰，在周边场地和铁轨上使用"刷子工具"点缀灰色#CCCCCC，效果如图5-42所示，完成铁轨的绘制。

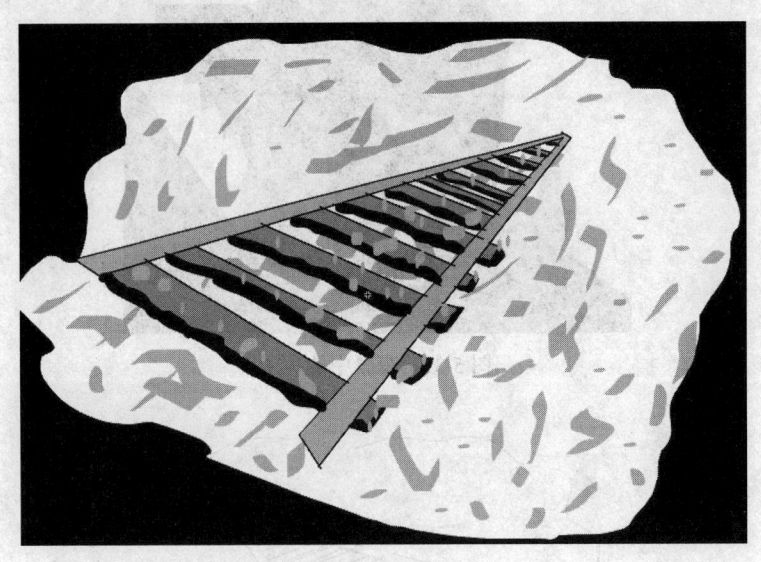

图 5-42　铁轨

（4）第七场景元件。

1）在"库"面板的"第七场景"文件夹中创建图形元件"草"，在舞台中使用"铅笔工具"绘制水草线稿，然后填充颜色，如图5-43所示。

2）新建图层2，复制水草，使画面更加丰富，如图5-44所示。

3）在"第七场景"文件夹中新建影片剪辑元件"水泡"，在舞台中绘制小圆，设置笔触为蓝色，"径向渐变"填充透明白色，如图5-45所示，将其转换为图形元件"水泡"。

图 5-43 水草

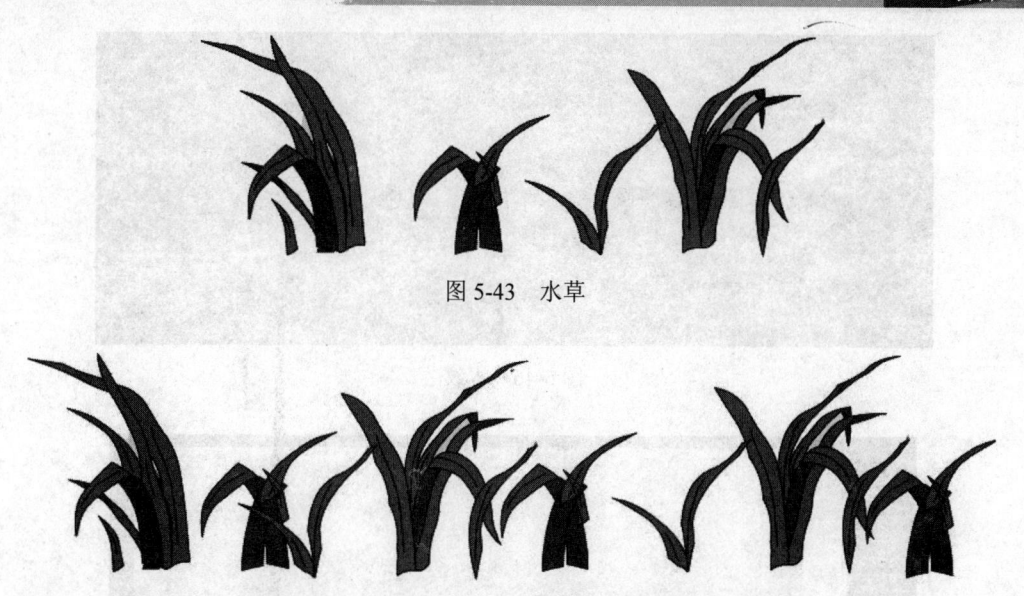

图 5-44 水草最终效果

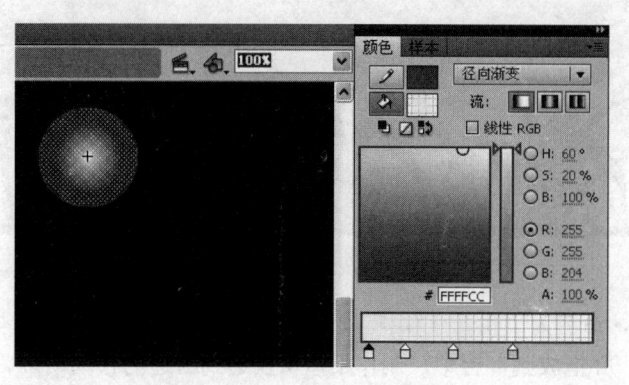

图 5-45 填充水泡

4）在时间轴的第 25 帧插入关键帧，将"水泡"元件拖到舞台上，移动到当前水泡上方合适的位置；在第 50 帧插入关键帧，继续拖放"水泡"元件到舞台中，移动到上方，形成 3 个水泡效果；在第 100 帧插入帧，完成水中冒泡动画。

5）在"第七场景"文件夹中新建影片剪辑元件"水下动画"，将当前图层命名为"水"，在舞台中绘制适当大小的矩形，设置其笔触颜色为#0099CC，填充颜色为纯色#CCEEFF。

6）新建图层 2，命名为"水纹 1"，在舞台中使用"铅笔工具"，设置颜色为#66CCFF，宽度为 8，绘制横线，形成水流痕迹；将该对象转换为元件"水纹"；在时间轴的第 225 帧插入关键帧，在第 1 帧上右击，从弹出的快捷菜单中选择"创建传统补间"，让"水纹"对象从左往右移动。

7）新建图层 3，命名为"水纹 2"，同前面的方法制作水纹从右向左的移动动画；将"水纹 1"和"水纹 2"图层拖动到图层"水"的下面，如图 5-46 所示。

8）新建图层 4，命名为"草"，将前面绘制的"草"元件拖到舞台中，调整大小和位置。

9）新建图层 5，命名为"水泡"，将前面完成的"水泡"元件拖放到舞台中，重复几次，让水面的多处有水泡冒泡的动画效果；将该图层拖动到"水"图层的下面，如图 5-47 所示。

图 5-46 水纹

图 5-47 水中的水泡

10)新建图层 6,命名为 "鱼儿 1",将项目四的素材 "小鱼.fla" 中的 "小鱼" 元件和 "小鱼 2" 元件复制到库中,并拖放到舞台中,制作小鱼从左边到右边的移动动画。

11)新建图层 7,命名为 "鱼儿 2",将元件 "小鱼 2" 拖到舞台中,制作小鱼从右上方往左下方的移动动画效果,如图 5-48 所示,完成水下动画制作。

图 5-48 水中鱼游

由于本项目中涉及的元件素材非常多，在前面的步骤详解中无法一一介绍，因此在此列出各个场景中还会用到的素材，如图 5-49 至图 5-53 所示。

图 5-49　其他小鸟角色元件

图 5-50　梦境

图 5-51　峡谷

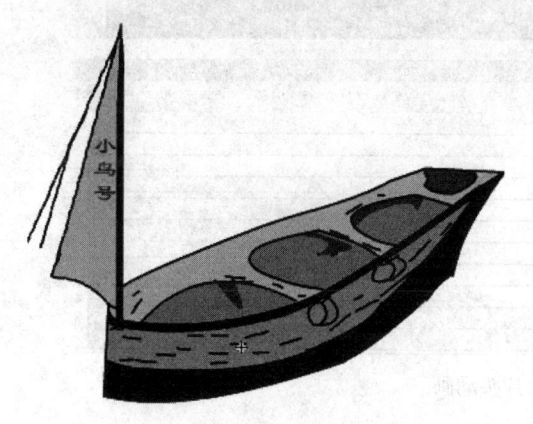

图 5-52　小船

图 5-53　下雨场景

任务 5.2　项目分解——制作 MV 片头

5.2.1　效果展示

动画的前期工作包括设置文档属性、制作动画元件、导入音乐文件等，主要是为了后期制作的方便。前面已经完成一些操作，本节主要完成导入声音文件、制作片头动画、设计 MV 字幕效果等，效果如图 5-54 和图 5-55 所示。

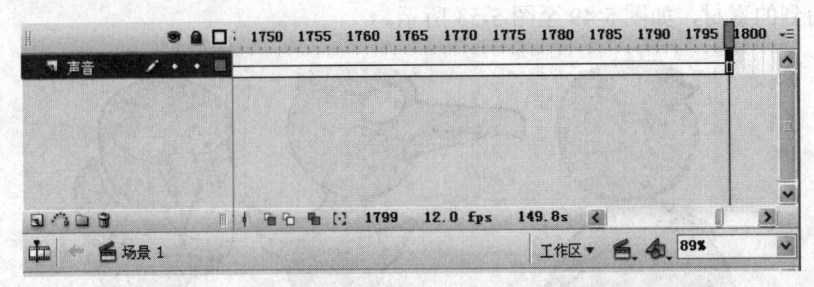

图 5-54　导入声音的图层

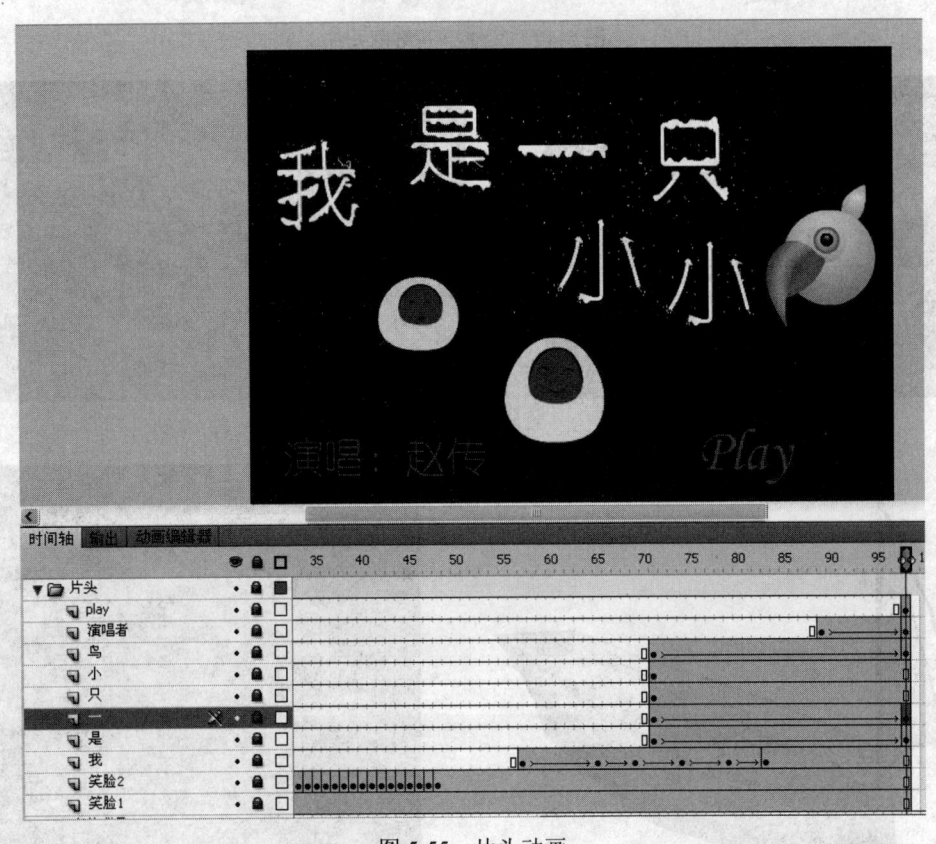

图 5-55　片头动画

5.2.2　知识讲解

　　声音是电影的灵魂，如果没有声音，再好的动画也会逊色许多。可见声音对于 Flash 影片的重要性。在 Flash MV 中，基本是围绕着声音文件的内容设计的动画，因此，声音文件才是主角。

　　Flash 提供了多种使用声音的方式，可以使声音独立于时间轴连续播放，或使声音和动画同步播放。向按钮添加声音可以使按钮具有更强的互动性，可以制作声音的淡入淡出效果，还可以利用 ActionScript 来控制声音的播放，使音轨更加优美。

　　在 Flash 中有两种类型的声音：事件声音和流式声音。

（1）事件声音。

事件声音就是指将声音与一个事件相关联，只有当事件被触发时，才会播放声音。设置按钮激发声音就是使用事件声音最典型的例子。事件声音必须完全下载后才能开始播放，除非明确停止，它将一直连续播放。这种播放类型对于体积大的声音文件来说非常不利，适用于体积小的声音文件。

（2）流式声音。

所谓流式声音，就是一边下载一边播放的声音。利用这种驱动方式，可以在整个电影范围内同步播放和控制声音。如果电影播放停止，声音也会停止。这种播放类型一般用于体积大，需要同步播放的声音文件，如 MV 电影中的 MP3 声音文件。

5.2.3 步骤详解

1. 导入声音文件

由于本项目中使用的声音文件是根据策划重新编辑过的音频文件，其中综合有片头音乐、主体歌曲音乐、几个场景中需要的音乐等，因此需要事先在音频编辑软件里将三段音乐综合在一个声音文件里。

在 ActionScript 1.0 和 ActionScript 2.0 中，可以将代码输入到时间轴、按钮实例或影片剪辑实例上。但在 ActionScript 3.0 中不能这样做了，在 ActionScript 3.0 中，只支持在时间轴上输入代码，或将代码输入到外部类文件中。由于本项目中均采用按钮来控制播放，为了控制起来较为简单，因此本项目创建的是 ActionScript 2.0 文档。

（1）创建动画文档。新建一个 ActionScript 2.0 文档，设置场景背景颜色为黑色#000000。

（2）选择"文件"→"导入"→"导入到库"命令，将音乐文件导入到库中（素材库里的 sound1.mp3）。

（3）将图层 1 更名为"声音"，选择该层，单击第 1 帧，在"属性"面板的"声音"下拉列表框中选择 sound1.mp3，在"同步"下拉列表框中选择"数据流"选项。

（4）要想知道声音文件一共需要多少帧才能播放完，可以单击"属性"面板上的"编辑声音封套"按钮 ，在弹出的"编辑封套"对话框中单击右下角的 ，显示帧，再拖动下面的滚动条，发现音乐的波浪逐渐结束，如图 5-56 所示。

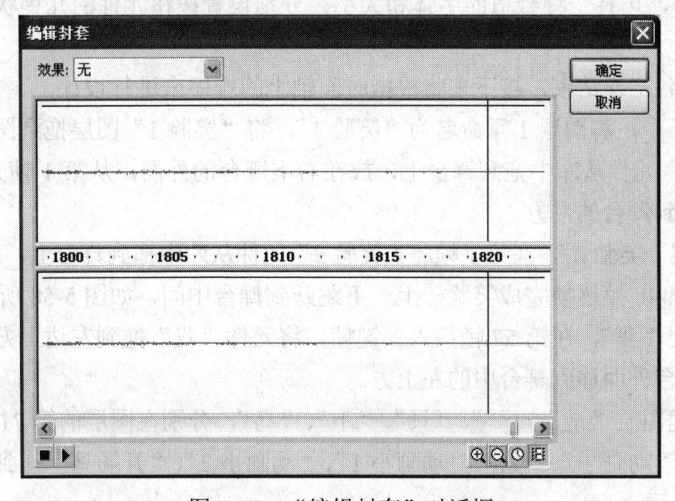

图 5-56 "编辑封套"对话框

（5）回到场景中的声音图层，在第 1820 帧插入普通帧。在制作动画时还可以根据需要适当地调整帧数。

（6）声音部分暂时处理完了，在场景中直接按 Enter 键即可播放音乐。接下来就可以根据时间轴上面音乐的播放来设计相应部分的动画。

2．设计片头动画

观察了播放时间轴上面的音乐，发现第二段音乐（主体歌曲）从 100 帧开始，所以将片头动画设置总时长为 98 帧。根据前期的策划，片头部分主要是要引出歌曲名称、演唱者，以及控制主体动画开始播放的按钮。

一个完整的 Flash MV 将需要很多图层，为了方便管理，这里将使用图层文件夹进行归类管理。新建图层文件夹"片头"，用于管理这部分动画的图层。

（1）设计歌名的文字元件。在"库"面板的"片头"文件夹下创建几个文字图形元件，用文字工具选择一种合适的字体，输入文字，然后分离文字，进行一些修饰，结果如图 5-57 所示。创建影片剪辑元件"动画一"，实现文字"一"元件对象的大小变化动画效果；创建影片剪辑元件"动画小 1"，实现"小"元件对象的旋转动画效果；创建影片剪辑元件"动画小 2"，实现"小"元件对象的逆时针旋转动画效果。

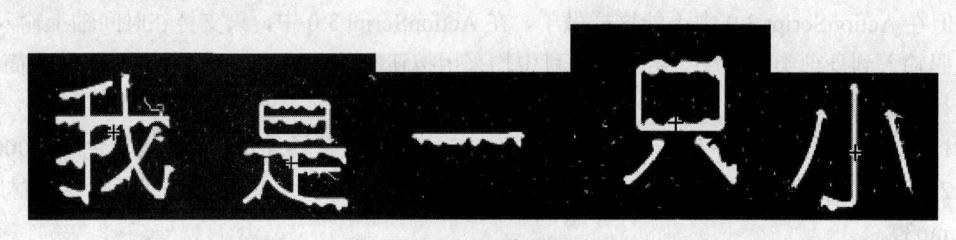

图 5-57　文字效果

提示　电脑上最好多安装一些字体，这样才能达到更好的视觉效果。

（2）制作播放控制按钮。在文件夹"片头"中新建按钮元件 Play，简单制作一个纯文字的按钮。输入文字 Play，选择一种合适的字体和大小，分别设置按钮元件的几种状态，主要是颜色的变化。

片头部分的准备工作结束，接下来将根据时间轴上的顺序来进行设计。

（3）在场景 1 中，将图层 1 重命名为"笑脸 1"，将"笑脸 1"图层拖到图层文件夹"片头"里面。将"笑脸 1"元件从库中拖到舞台上，放在右下舞台的外面，从第 1 帧开始采用 25 帧逐帧实现一上一下跳跃到舞台的左方。

（4）新建图层"笑脸 2"，在第 1 帧将"笑脸 2"元件从库中拖到舞台上，放在右下舞台之外，从第 25 帧开始到第 48 帧逐帧完成笑脸一上一下跳跃到舞台中间，如图 5-58 所示。

（5）新建图层"我"，在第 57 帧插入关键帧，将元件"我"拖到左边上方舞台之外，制作文字"我"从上方舞台外面移到舞台中的左上方。

（6）分别新建图层"是"、"一"、"只"、"小"、"鸟"，分别在图层的第 71 帧插入关键帧，并分别将元件"是"、"动画一"、"只"、"动画小 1"、"动画小 2"、"开场鸟"拖到舞台上，摆放出来的效果如图 5-59 所示。

160

图 5-58 笑脸出现

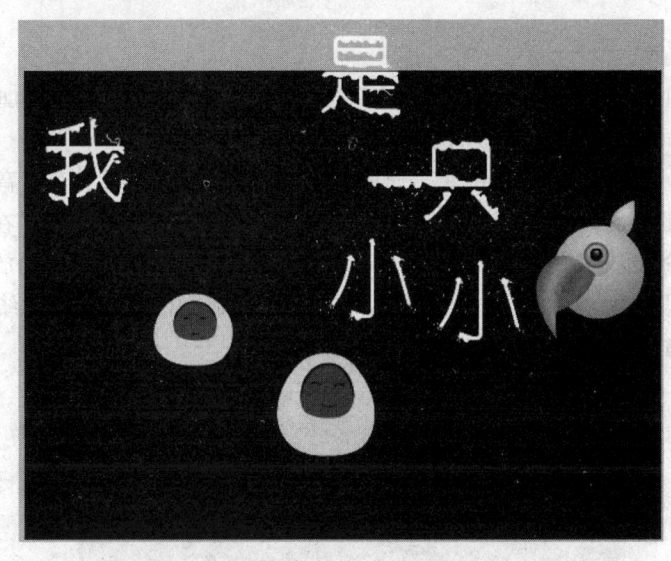

图 5-59 歌名出现

（7）制作文字动画效果。在图层"一"的第 98 帧插入关键帧，将"动画一"实例移动到左边合适的位置，右击第 71 帧并选择"创建传统补间"选项；同样的方法创建图层"我"上面的动画，使"我"实例从舞台外面移动到舞台内合适的位置。

（8）制作图形"开场鸟"原地旋转的动画。在图层"鸟"的第 98 帧插入关键帧，右击第 71 帧并选择"创建传统补间"选项，并在"属性"面板"补间"选项卡的"旋转"下拉列表框中选择"顺时针"，在后面的文本框中输入 2，表明循环两次，如图 5-60 所示。

（9）制作演唱者名字进入的动画。新建图层"演唱者"，在第 89 帧插入关键帧，在舞台下方的左边输入文字"演唱：赵传"，并将其转换为图形元件；制作文字从舞台外面进入舞台的移动动画效果，并设置文字的淡入动画，通过设置元件实例的 Alpha 来实现。

（10）新建图层 play，在第 98 帧插入关键帧，将按钮元件 play 拖到舞台右下方合适的位置。

至此，片头部分的动画已经制作完成，效果如图 5-55 所示。

161

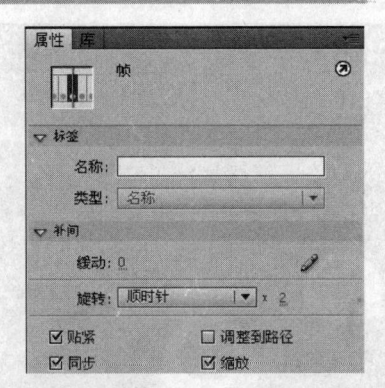

图 5-60 图层"鸟"的"属性"面板

> **提示** 一部分动画完成后,为了避免不小心误操作到已经完成的对象,可以将该图层文件夹里面的图层折叠起来,并锁定该图层文件夹,同时也锁定了该文件夹里面的所有图层。

3. 制作歌词动画

本部分将根据主体音乐加入相应的歌词文字信息,简单制作歌词文字的动画效果。由于时间关系,本项目中的歌词显示部分没有做动画效果,只简单地出现。

(1)添加图层"歌词",按 Enter 键,时间轴上方的播放线开始播放,当音乐的前奏部分播放完后,在相应出现歌词的帧位置再次按 Enter 键,在时间轴上单击鼠标左键,在该帧插入关键帧,使用"文本工具"输入该句歌词,在歌词唱完下句歌词出现之前暂停动画的播放,在时间轴上插入空白关键帧。根据设计规划,舞台的上面主要用来显示 MV 中的动画,因此统一将歌词显示在舞台的下方,如图 5-61 所示。

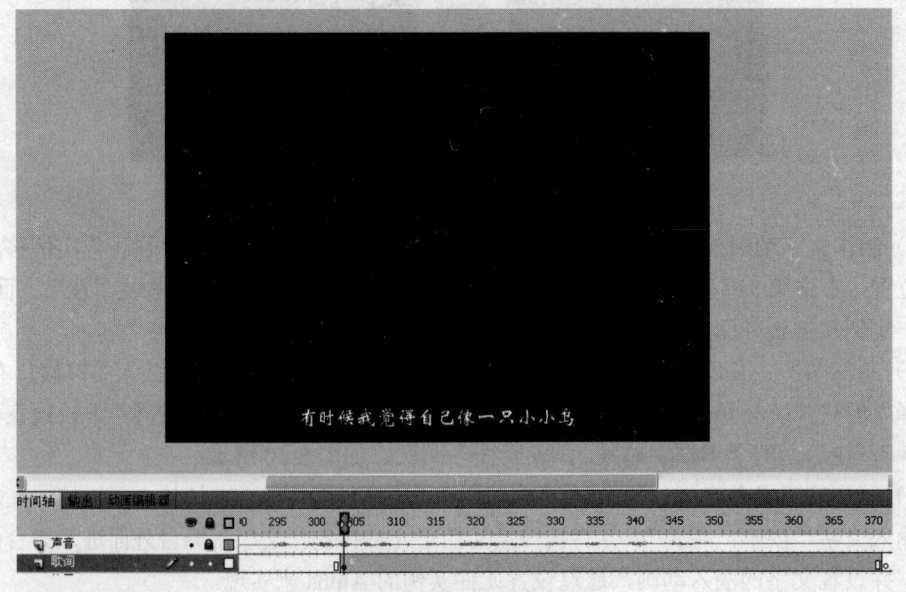

图 5-61 添加歌词

(2)依此方法,继续添加其他歌词,简单使用关键帧和空白关键帧来控制歌词的出现和消失。

Flash MV 设计与制作——《我是一只小小鸟》 项目五

> **提示** 有兴趣的读者,可以继续将舞台中的各句歌词文本转换为影片剪辑元件,然后在元件中设计各种适合文本的动画效果,即可满足歌词文字的更多展现形式。

任务 5.3 项目分解——制作整体动画

5.3.1 效果展示

由于主体动画较大,因此根据策划的内容将动画分为 7 个主场景来管理,而且每个主场景画面的过渡方式主要是淡入和淡出动画效果,如图 5-62 至图 5-68 所示。

图 5-62 第一场景画面

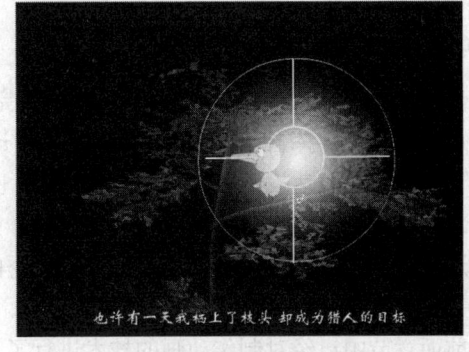

图 5-63 第二场景画面

图 5-64 第三场景画面

图 5-65 第四场景画面

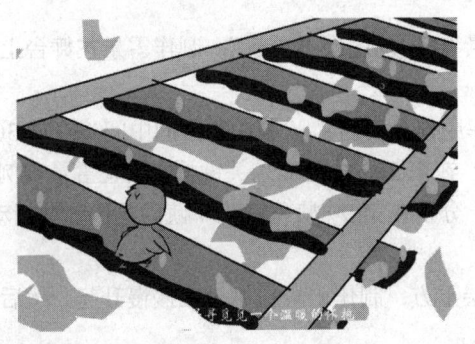

图 5-66 第五场景画面

图 5-67 第六场景画面

163

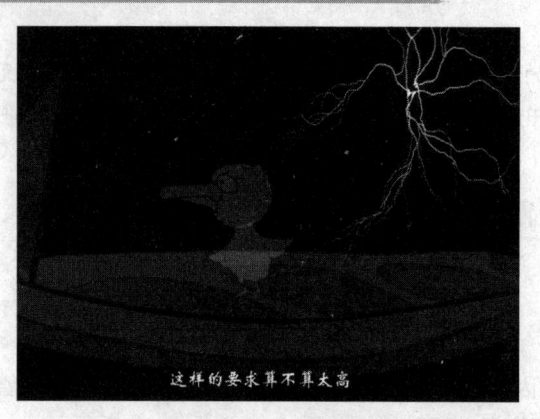

图 5-68　第七场景画面

5.3.2　知识讲解

音乐 MV 的最大特点是剧本和故事情节完全按照作者自己的思路来展开，没有任何限制，创作者可以无限地发挥自己的想象力。MV 的设计要求与其特点一样没有太大的限制，可以使用几张飞来飞去的图片表达设计者心中的喜怒哀乐，也可以花费大量的时间来绘制复杂的场景和角色，以达到理想的效果。因此作品的观众决定着设计师的设计要求和局部定位。

近些年，网络上已经出现了一批非常优秀的 MV 作品，在像闪客这样的网站上都可以看到优秀的 MV。使用 Flash 制作的 MV，画面优美、动画流畅，因此有很宽广的发展空间。

前面章节中已经对制作动画的技术进行了详细介绍，这里不再重复介绍传统补间动画、逐帧动画、形状补间动画、遮罩动画、引导层动画等内容了。在本项目的整体动画制作环境中，主要会涉及以下知识点：

- 图层面板的控制与使用。
- 传统补间动画的创建。
- 元件的使用。
- 时间轴面板的控制与使用。

5.3.3　步骤详解

1. 制作第一主场景动画——雪景动画

故事情节：一只小鸟在一座山峰上面，想要飞翔，却不能如愿。根据该句歌词的音乐长度，该段动画占用时间轴上的第 99 帧至第 455 帧。

（1）在场景 1 中，新建图层文件夹"第一场景"，添加图层"雪景"；制作雪景在舞台上逐渐放大并慢慢移出舞台下方，最后消失的动画。

在第 99 帧处插入关键帧，将元件"雪景"从库中拖到舞台上，放在舞台的中间；在第 304 帧插入关键帧，将雪景实例放大并移到舞台下方之外；在第 308 帧处插入关键帧，设置雪景实例"属性"面板的"颜色"下拉列表框的 Alpha 选项为 0；分别在第 99 帧和第 304 帧创建传统补间动画，如图 5-69 所示。

（2）添加图层"山峰"，并将其拖到"雪景"层下方；制作山峰在舞台上慢慢升起，然后逐渐放大，最后消失在舞台下方的动画。

图 5-69　雪地动画

在第 99 帧处插入关键帧，将元件"山峰"从库中拖到舞台的下方位置；在第 304 帧插入关键帧，将山峰实例往上移动到舞台的上方位置；在第 384 帧插入关键帧，将山峰实例放大并拖到舞台下方；在第 441 帧插入关键帧，在第 455 帧插入关键帧，并将山峰实例的 Alpha 设为 0；分别在第 99 帧、第 304 帧和第 441 帧创建传统补间动画，如图 5-70 所示。

图 5-70　山峰动画

（3）添加图层"小鸟"，制作小鸟在山峰上面想飞却不能如愿的动画。

在第 190 帧插入关键帧，将元件"鸟飞"拖到舞台上，放置在对应山峰的最高峰处，并设置小鸟实例的 Alpha 为 0；在第 304 帧插入关键帧，同样将小鸟的位置移动到山峰的最高峰处，因为山峰有移动的动画，所以小鸟也要跟随移动；在第 384 帧、第 397 帧、第 408 帧和第 420 帧分别插入关键帧，制作小鸟不断跳跃的动画效果，如图 5-71 所示；最后在第 441 帧至第 455 帧之间创建小鸟慢慢消失的补间动画。

至此，第一主场景的动画已基本完成，将图层文件夹折叠起来，并锁定该文件夹。

165

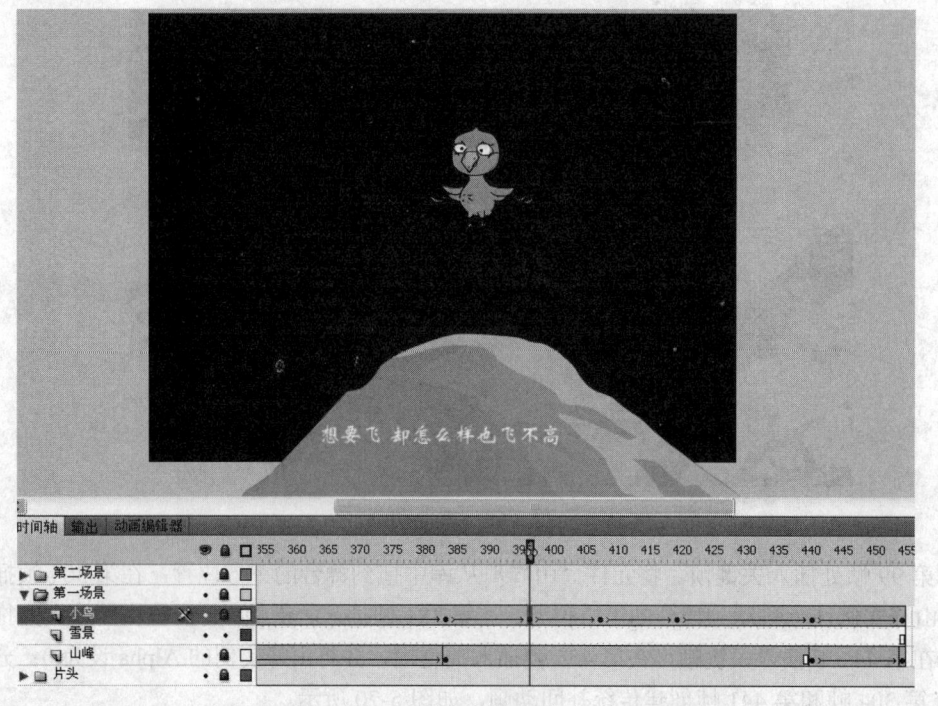

图 5-71　小鸟欲飞动画

2. 制作第二主场景动画——枝头小鸟

故事情节：小鸟飞上枝头休息，不想却成为猎人的目标，于是飞上了青天，却发现自己是只孤单的小鸟。该段动画占用时间轴上的第 456 帧至第 619 帧。

（1）制作打靶画面。在"库"面板的"第二场景"文件夹下新建图形元件"靶心"，绘制图形，填充放射状的中间白色、四周透明黑色的效果，如图 5-72（a）所示；新建图形元件"靶花"，绘制图形，颜色填充同靶心一样，如图 5-72（b）所示。

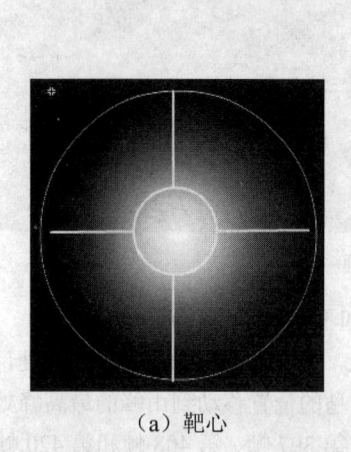

（a）靶心　　　　　　　　　　　　（b）靶花

图 5-72　打靶画面元件

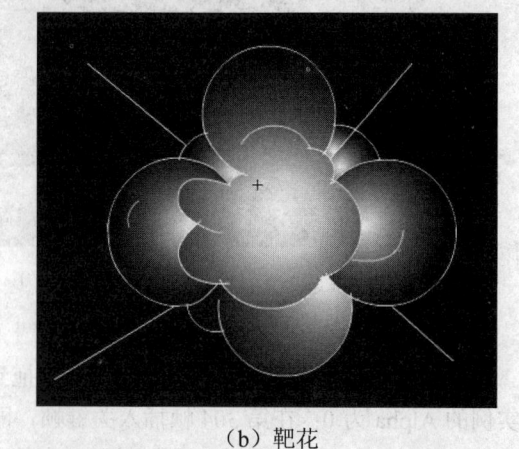

（2）在场景 1 中，新建图层文件夹"第二场景"，添加图层"树枝"，在第 456 帧插入关键帧，将元件"树枝"拖到舞台中央，设置 Alpha 为 0；在第 489 帧插入关键帧，将其 Alpha 设为 100；

在第 456 帧至第 489 帧之间创建传统补间动画。在第 521 帧至第 534 帧之间创建传统补间动画,使得实例树枝消失。

> **提示** 元件"树枝"在相关素材中提供。

(3) 添加图层"鸟飞枝头",在第 456 帧插入关键帧,将元件"飞翔的小鸟"拖到舞台上,放置在舞台右下角边,设置其 Alpha 为 0,并旋转方向,使得小鸟的头朝向舞台的中央,做出要飞到树枝上的姿势;在第 489 帧插入关键帧,将小鸟移动到树的枝丫上,设置其 Alpha 为 100,并在第第 456 帧至第 489 帧之间创建传统补间动画,如图 5-73 所示。

(4) 在第 491 帧插入空白关键帧,将元件"挥动翅膀的小鸟"拖到舞台并放置在树枝上,如图 5-74 所示;在第 521 帧至第 534 帧之间创建传统补间动画,使得实例小鸟往上移动并消失。

图 5-73　小鸟飞向枝头　　　　　　　图 5-74　小鸟停在枝头

(5) 添加图层"靶心",在第 495 帧插入关键帧,将元件"靶心"拖到舞台上,放置在树上小鸟的附近,然后分别在第 502、508、515、521 帧插入关键帧,并创建靶心围着小鸟四周移动的动画,如图 5-75 所示,最后在第 522 帧插入空白关键帧。

(6) 添加图层"靶花",在第 511 帧插入关键帧,将元件"靶花"拖到舞台上,放置在实例靶心中央,在第 515、519 帧分别插入关键帧,将实例靶花的位置跟随靶心移动,如图 5-76 所示,最后在第 522 帧插入空白关键帧。

图 5-75　小鸟被瞄准　　　　　　　图 5-76　中靶后

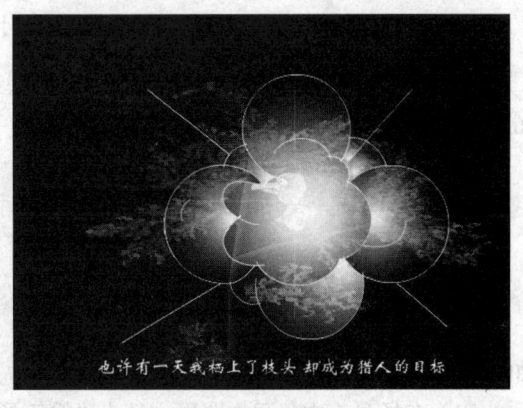

167

（7）制作小鸟飞向蓝天的动画。回到图层"鸟飞枝头"，在第 535 帧插入空白关键帧，再次将元件"飞翔的小鸟"拖到舞台上，放置在舞台右侧之外，设置 Alpha 为 0，在第 542 帧插入关键帧，移动小鸟到舞台右侧，设置 Alpha 为 100，在第 535 至第 542 帧之间创建传统补间动画；在第 612 帧插入关键帧，将小鸟移到舞台的左侧，在第 542 至第 612 帧之间创建传统补间动画；在第 619 帧插入关键帧，设置 Alpha 为 0，在第 612 至第 619 帧之间创建传统补间动画，让小鸟逐渐淡出视线。

（8）创建白云飘过动画。添加图层"白云 1"，将其拖到图层"鸟飞枝头"的下面，在第 535 至第 619 帧之间创建传统补间动画，实现元件"云层"的实例在舞台的左侧之外往右侧移动的动画；添加图层"白云 2"，将其拖到图层"白云 1"的下面，在第 561 至第 619 帧之间创建传统补间动画，实现白云从舞台左侧之外移动到舞台中的动画，完成后的画面如图 5-77 所示。

图 5-77　小鸟飞向蓝天

至此，完成第二主场景的动画制作。将图层文件夹折叠起来，并锁定该文件夹。保存文件，按 Enter 键预览动画。

> 提示　元件"云层"在本节相关素材中提供。

3. 制作第三主场景动画——夜晚小鸟

故事情节：小鸟在夜晚显得很茫然、很孤单，幻想自己也有个家。该段动画比较长，占用时间轴的第 620 帧至第 945 帧。

（1）在场景 1 中，添加图层文件夹"第三场景"，分别添加图层"月亮"、"夜晚树枝"、"夜晚的鸟",并分别在第 620 帧插入关键帧,将对应的元件拖到舞台上;在第 620 帧至第 668 帧之间创建传统补间动画,实现由透明到显示,由小到大的动画效果;在第 703 帧至第 722 帧之间创建传统补间动画,实现由显示到透明,慢慢淡出视线的效果,如图 5-78 所示。

> **提示** "月亮"元件在相关素材中提供。

图 5-78 夜晚小鸟

(2)制作梦境出现的动画。新建图层"梦境",在第 713 帧插入关键帧,将元件"梦境"拖到舞台上;在第 713 帧至第 725 帧之间创建传统补间动画,实现梦境的逐渐显示;在第 775 帧至第 783 帧之间创建传统补间动画,实现梦境的逐渐消失,方法同前面的操作。

(3)新建图层"梦中房子",在第 775 帧插入关键帧,将元件"家"拖到舞台上,在第 775 帧至第 783 帧之间创建传统补间动画,实现房子的逐渐显示;在第 855 帧至第 945 帧之间创建传统补间动画,实现房子的逐渐缩小并消失。

(4)制作小鸟走向房子的动画。新建图层"梦中鸟",在第 804 帧插入关键帧,将元件"小鸟背影"拖到舞台上,在第 804 帧至第 855 帧之间创建传统补间动画,实现小鸟慢慢走向房子的移动动画,如图 5-79 所示;在第 938 帧至第 945 帧之间创建传统补间动画,实现小鸟逐渐消失。

至此,第三主场景动画制作完成。将图层文件夹折叠起来,并锁定该文件夹。保存文件,按 Enter 键预览动画。

4. 制作第四主场景动画——高空翱翔

故事情节:小鸟埋怨自己只是一只想飞却怎么也飞不高的小小鸟。该段动画占用时间轴的第 946 帧至第 1106 帧。

图 5-79 小鸟站在房子前

（1）制作 MV 中场场景。在"库"面板下的"第四场景"文件夹中新建影片剪辑元件"中场景"，制作小鸟站立，旁白提示"我就是那只小小鸟，孤孤单单地飞翔"，小鸟使用元件"站立的小鸟"，如图 5-80 所示。

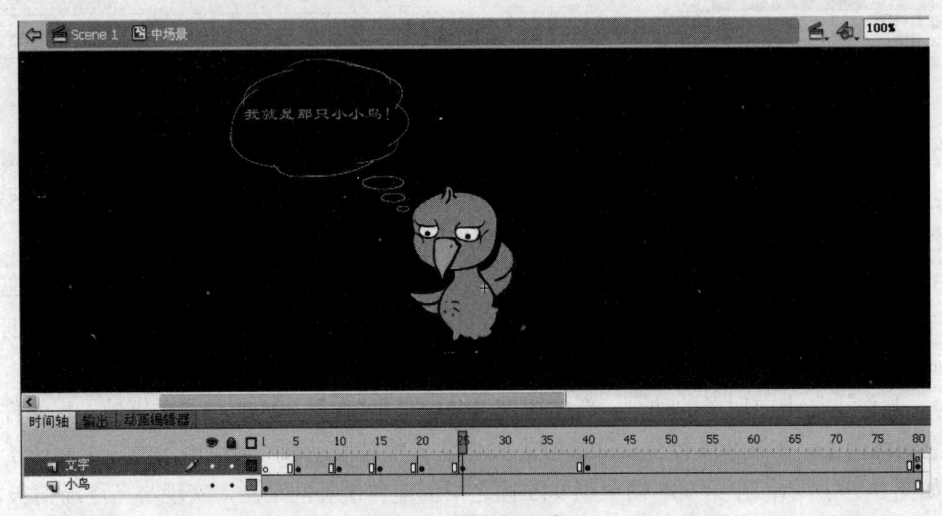

图 5-80 中场小鸟

（2）回到场景 1，添加图层文件夹"第四场景"，添加图层"中场背景"，在第 946 帧插入关键帧，将元件"中场景"拖到舞台上，在第 1025 帧插入空白关键帧。

（3）添加图层"云"，拖到图层"中场背景"的下面。将"第二场景"文件夹中的元件"云层"拖到舞台上，在第 951 帧至第 1106 帧之间创建白云从舞台右侧移动到左侧的传统补间动画。

（4）添加图层"空中飞鸟1"和"空中飞鸟2"，分别在第1025帧插入关键帧，将元件"飞翔的小鸟"拖到舞台上，在第1025帧至第1052帧之间创建传统补间动画，实现小鸟从舞台右下方飞向舞台的左上方，如图5-81所示；在第1053帧至第1106帧之间创建动画，实现小鸟从舞台上方垂直掉下来的动画效果，如图5-82所示。

图5-81 展翅飞翔

图5-82 飞翔失败

至此，第四主场景动画制作完成。将图层文件夹折叠起来，并锁定该文件夹。保存文件，按Enter键预览动画。

5. 制作第五主场景动画——铁轨寻觅

故事情节：小鸟在铁轨上面不断地寻寻觅觅。该段动画占用时间轴的第 1107 帧至第 1275 帧。

（1）在场景 1 中，添加图层文件夹"第五场景"，添加图层"铁轨"和"铁轨鸟"，分别在第 1107 帧插入关键帧，并将元件"铁轨"和"小鸟背景"拖到对应的图层。

（2）在第 1107 帧至第 1275 帧之间创建补间动画，实现铁轨慢慢放大，然后慢慢转动一点方向，在最后都慢慢消失，如图 5-83 所示。

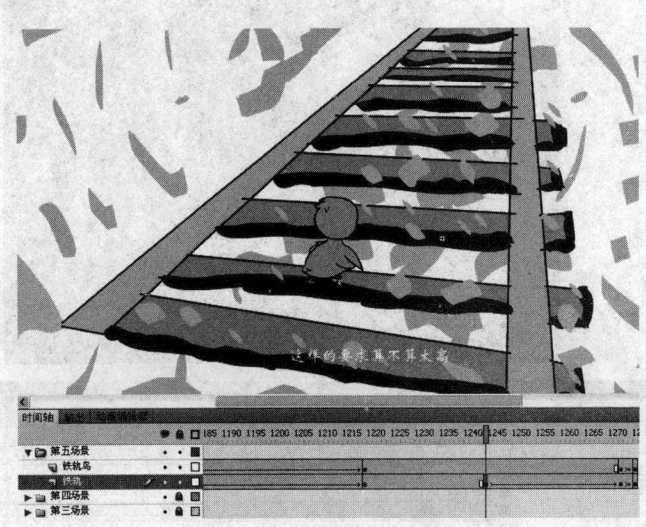

图 5-83　小鸟在铁轨上行走

至此，第五主场景动画制作完成。将图层文件夹折叠起来，并锁定该文件夹。保存文件，按 Enter 键预览动画。

6. 制作第六主场景动画——峡谷受阻

故事情节：小鸟飞到山谷，也受到阻碍，飞得困难。该段动画占用时间轴的第 1276 帧至第 1424 帧。

（1）在场景 1 中，添加图层文件夹"第六场景"，添加图层"山谷"和"山谷飞鸟"，分别在第 1276 帧插入关键帧，将元件"峡谷"和"飞翔的小鸟"拖到舞台中放在对应的层，峡谷放置在舞台的中间，小鸟放置在舞台的左下方外面；在第 1276 帧至第 1424 帧之间创建传统补间动画，实现动画：峡谷出现并逐渐放大，小鸟从左下方飞向峡谷后却飞不出去，最后整个画面都逐渐消失，如图 5-84 和图 5-85 所示。

图 5-84　小鸟飞向峡谷　　　　　　　　图 5-85　飞不出峡谷

（2）添加图层"山谷白云"，将其拖到图层"山谷"的下面，在第1309帧插入关键帧，将"第二场景"文件夹中的元件"云层"拖到舞台上方，在第1309帧至第1424帧之间创建补间动画，实现白云从左到右在舞台上移动并最后消失，如图5-86所示。

图5-86 峡谷白云

至此，第六主场景动画制作完成。将图层文件夹折叠起来，并锁定该文件夹。保存文件，按Enter键预览动画。

7. 制作第七主场景动画——水上航行

故事情节：小鸟坐着小船在水上遇到雷雨，很是可怜的样子。该段动画占用时间轴的第1424帧至第1688帧。

（1）在场景1中，添加图层文件夹"第七场景"，在该文件夹下插入图层"水面"，在第1424帧插入关键帧，将元件"水下动画"拖到舞台的下方位置，在第1487帧至第1515帧之间创建传统补间动画，水下画面慢慢放大并移到下方舞台之外。

（2）添加图层"船"和"船上鸟"，分别在第1424帧插入关键帧，将元件"船"和"挥动翅膀的小鸟"拖到舞台中，船放置在水面上，小鸟放置在船上，如图5-87所示；在第1424帧至第1485帧之间创建船和小鸟慢慢在舞台上移动的动画，在第1485帧至第1548帧之间创建传统补间动画，船和小鸟慢慢移到舞台下方的外面。

（3）添加图层"白云"，在第1424帧插入关键帧，将"第二场景"文件夹中的元件"云层"拖到舞台右边上方，在第1424帧至第1521帧之间创建传统补间动画，实现白云从右边往左边移动的动画。

（4）添加图层"雷雨"，在第1523帧插入关键帧，将"闪电光带"移动到舞台上方，使用逐帧实现闪电一闪一闪的效果，如图5-88所示。

（5）在第1753帧插入关键帧，将元件"下雨"拖到舞台上，多次拖动该元件摆满整个舞台，将元件"水花"多次拖到舞台上，随意摆放在舞台的下方，形成雨点打在水上形成的水花效果，如图5-89所示，在第1689帧插入空白关键帧。

173

图 5-87　小鸟坐船在水上航行

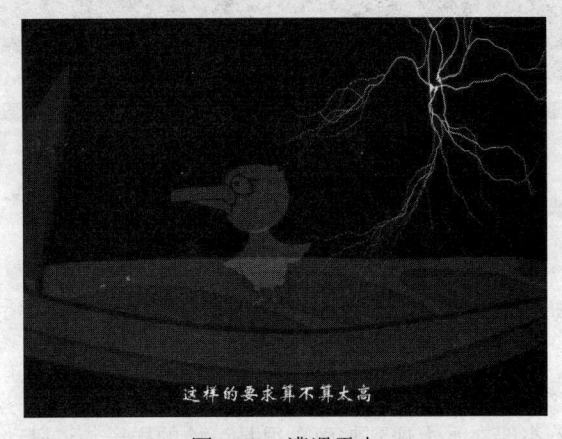

图 5-88　遭遇雷电

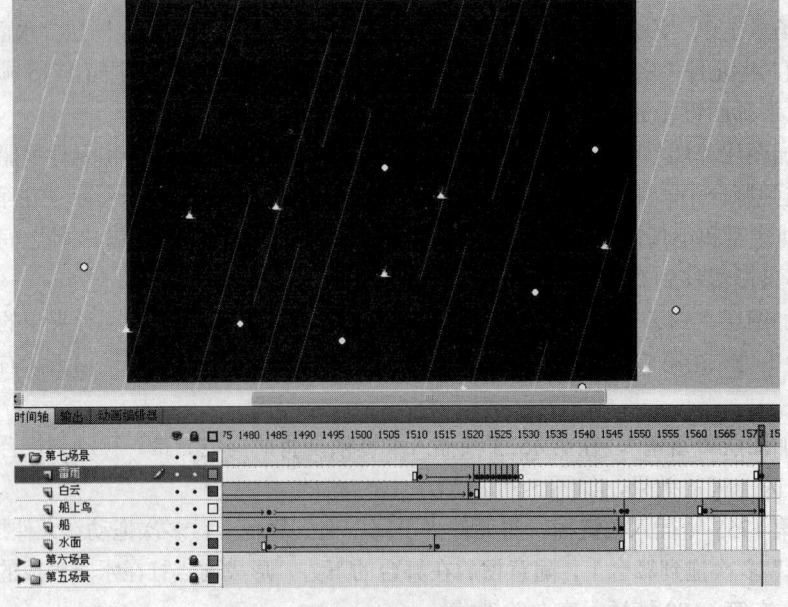

图 5-89　下雨场景

至此，第七主场景的动画制作完成。将图层文件夹折叠起来，并锁定该文件夹。主体动画也基本制作完成。保存文件，按 Enter 键预览动画。

在主体动画部分，涉及了一些小元素，在制作动画的过程中并没有介绍其制作方法，在此展示出来，以便同学们在设计时可以直接使用，具体如图 5-90 至图 5-93 所示。

图 5-90　树枝

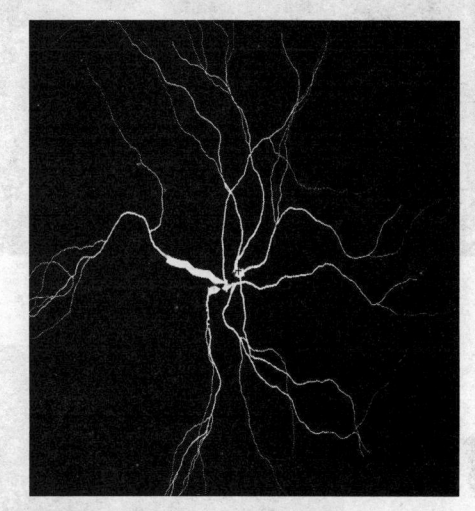

图 5-91　闪电光带

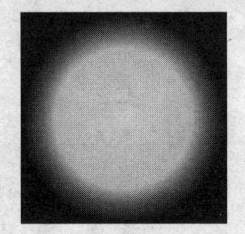

图 5-92　月亮

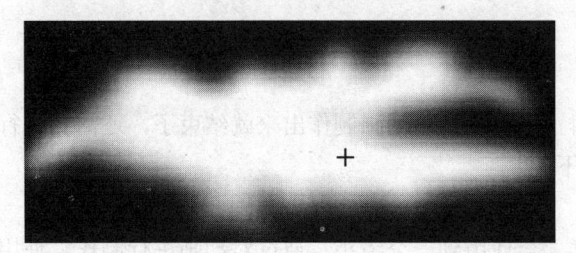

图 5-93　乌云

任务 5.4　项目分解——制作片尾动画

5.4.1　效果展示

前面章节中已完成 Flash MV 的主体设计，预览动画时发现还有些需要调整的地方，比如音乐与动画是否同步，动画显示窗口还需要调整，不同的场景还需要更换背景效果，MV 的片头和片尾之间还需要加一些控制按键及控制命令等。本节中将一一解决这些后期的问题，效果如图 5-94 至图 5-96 所示。

图 5-94　小鸟飞翔时的蓝天背景

图 5-95　遭遇雷雨时的天空背景

图 5-96　片尾场景

5.4.2　知识讲解

在制作 Flash MV 时，不仅仅是将动画制作出来就结束了，还需要进行一些优化处理和适当的管理措施，具体表现如下：

（1）镜头特效。

与拍 MV 电影一样，会使用到一个镜头，通过对动画进行制作，使用移、推、拉、摇、跟随和切换等表现形式表现出镜头拍摄的真实效果。

（2）动画风格。

在制作 Flash MV 时，需要根据音乐表现的主题选择合适的动画风格，以适当的表现形式来突出主题效果。

（3）文件平衡。

因为 Flash MV 多用于网络传播，而其中使用到的素材和元件等又非常多，因此很容易造成动画文件过大，这样将不利于网络传播，因此在制作时需要在 MV 的效果与文件大小之间取得一个平衡点。

5.4.3 步骤详解

1. 音乐动画同步

主体动画制作完成之后,通过预览动画,发现有些画面和音乐在播放时间上还有些出入,动画显示窗口还需要调整,不同的场景也需要更换一下场景的主题背景色调等。

（1）制作 MV 显示窗口。

在"库"面板根目录下新建图形元件"舞台遮罩矩形",绘制大小为 550×355 的矩形并组合起来。在"对齐"面板上选择"水平居中"和"垂直居中"选项,将矩形放置在舞台中央。选择矩形,在"变形"面板中选中"约束"复选框,在缩放比例框中输入 200%,将矩形放大一倍。同样选择水平和垂直居中在舞台中央。将小矩形放在大矩形的上面,取消组合,选中小矩形,将其删掉,露出其中的矩形框,作为舞台的显示窗口,如图 5-97 所示。

图 5-97　舞台遮罩框

回到场景 1,在"图层"面板的上方添加图层"遮罩框",由于片头画面设计时没有考虑留边缘空白,因此不需要遮罩。在第 99 帧插入关键帧,将元件"舞台遮罩矩形"拖到舞台上,调整好位置,如图 5-98 所示。

图 5-98　遮挡后的舞台效果

（2）修改舞台背景。

由于歌曲的意境不断变化，因此舞台的背景效果最好也能适时转换。添加图层"变化背景"，将其拖动到时间轴的最底层。按 Enter 键播放时间轴上的音乐，根据歌词意境，比如动画中画面显示蓝天白云时，可以将背景转换为蓝天的背景矩形，当歌词意境出现夜晚、下雨时，可以将背景转换为深蓝色的矩形，如图 5-99 所示。

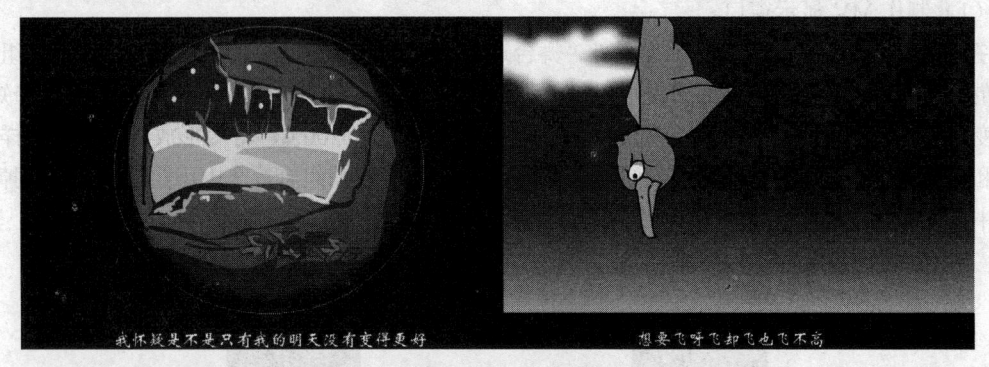

图 5-99 适当更换背景

（3）完善主体动画。

由于在各个主场景切换时有的画面是做了淡出动画效果的，前面的场景不再显示出来，但有些元素没有做淡出动画，因此需要在下一个场景出来之前在时间轴上面插入空白关键帧或者将多余的帧删除掉，让每个场景完美地切换，完善后的时间轴如图 5-100 所示。

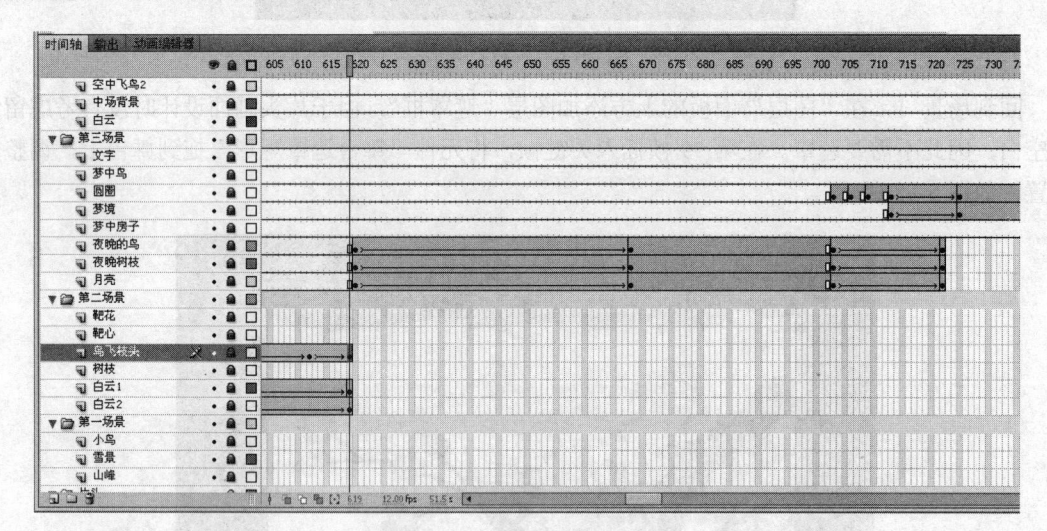

图 5-100 清理后的时间轴

2. 制作片尾动画

主体音乐动画已基本完成，最后在音乐即将结束时设计一些动画效果，并作为整个 MV 播放完时的停留画面。

（1）在"库"面板中创建文件夹"片尾"，在该文件夹下新建影片剪辑元件"片尾动画"，在"图层 1"输入文字"阳光总在风雨后，请相信有……"，添加"图层 2"，创建遮罩框，逐渐将文字一个个遮罩住，并将"图层 2"创建为遮罩层，实现文字慢慢逐个显示出来的动画效果。

（2）添加"图层3"，在文字全部显示出来的位置添加关键帧，绘制一道彩虹，并将其转换为影片剪辑元件，添加模糊滤镜，并创建一段彩虹淡出的动画效果，如图5-101所示。

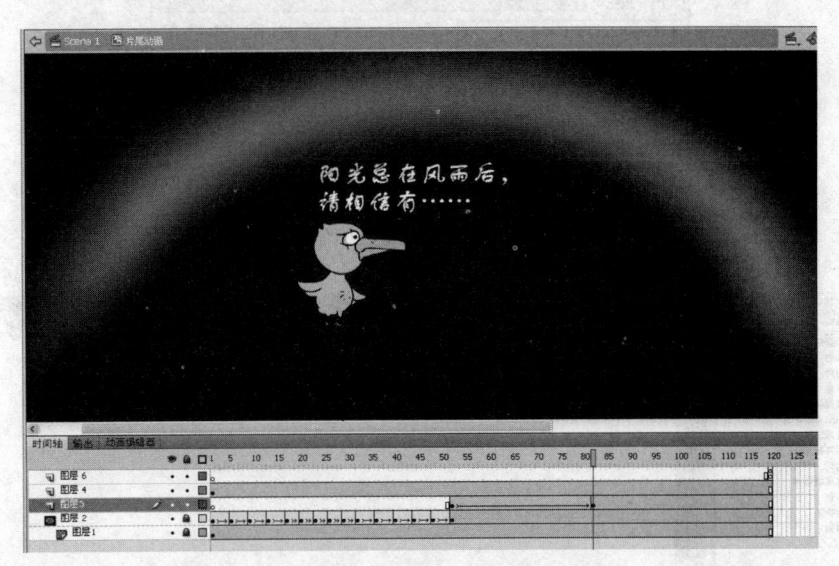

图 5-101 风雨后出现彩虹

（3）添加"图层4"，将元件"挥动翅膀的小鸟"拖到舞台中，放置在舞台的左边，如图5-96所示。

（4）回到场景1，添加图层"片尾"，在第1689帧插入关键帧，将元件"片尾动画"拖到舞台中央，调整好位置，在第1820帧插入帧，将整个MV动画控制在第1820帧处结束。

3. 控制动画

由于音乐MV设计得有片头和片尾，那么一般情况下，当片头播放完后，音乐MV停止播放，需要通过单击动画中的某个对象MV才又继续播放。当MV播放到片尾动画结束了，整个MV也就结束了，而画面就停留在最后一个场景。这时，如果需要继续欣赏，也需要单击动画中的某个对象MV才又继续从头播放。本项目是通过两个控制按钮来实现的。

（1）在"库"面板的文件夹"片尾"中新建按钮元件replay，输入文字Replay，在按钮元件的几个不同关键帧中变化一下颜色。

（2）片头播放完后，控制动画停止播放。

添加图层"动作"，在第98帧插入关键帧，按快捷键F9打开"动作-帧"面板，在脚本输入框中输入命令stop();。

（3）单击play按钮，开始播放动画。

选择"片头"场景中的play按钮，在"动作-按钮"面板的脚本输入框中输入命令on(release){gotoAndPlay(99);}，如图5-102所示。

（4）整个MV播放完后停止循环。

在图层"动作"的第1820帧插入关键帧，按快捷键F9打开"动作-帧"面板，在脚本输入框中输入命令stop();。

（5）片尾动画播放完后出现再次播放的按钮，单击后开始播放动画。

单击"动作"图层的第1820帧，将元件replay拖到舞台中，放置在舞台的右下位置，在"动作-按钮"面板的脚本输入框中输入命令 on(release) {gotoAndPlay(99);}，如图 5-103 所示。

图 5-102　按钮 play 上的脚本

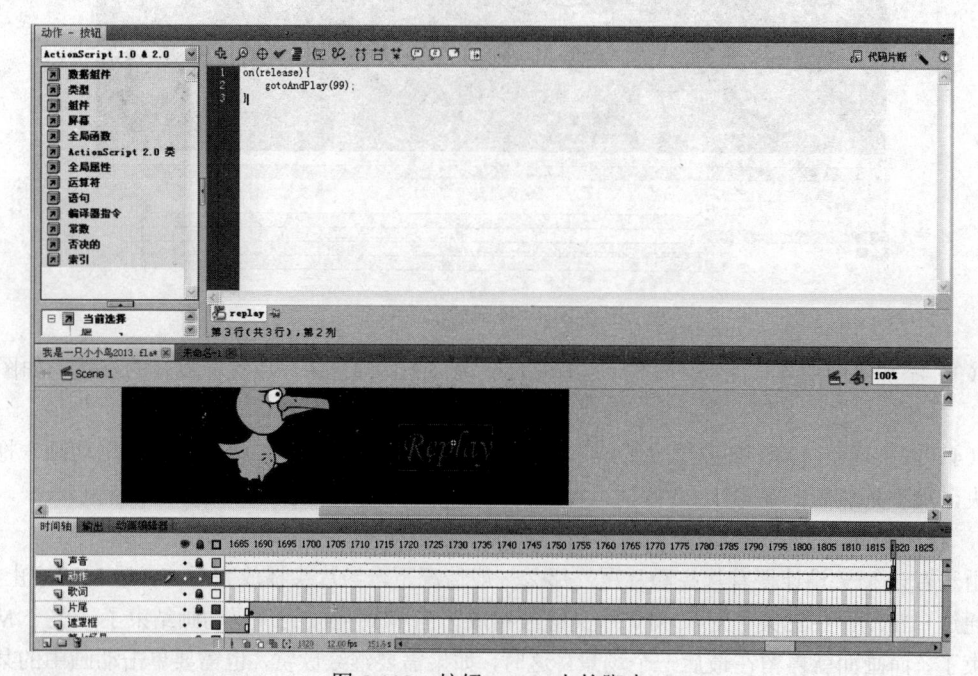

图 5-103　按钮 replay 上的脚本

（6）控制影片剪辑元件实例的重复播放。

由于 MV 中有一些动画是在影片剪辑元件中完成的。放置在场景中后，如果不希望该动画循环播放，而只希望播放一次的话，则需要在影片剪辑元件中动画的最后一帧也添加动作脚本 stop();。比如片尾动画，只希望播放一次就停止在最后一帧的画面，则需要在元件"片尾动画"中图层的最后一帧添加脚本 stop();。

4．发布动画

制作好的动画 MV 文件通常较大，针对需要在网络中传播的特点，可对动画进行测试，查看其下载速度等性能，以方便在发布设置时对生成的动画文件进行优化，测试完毕再发布动画。

（1）打开动画文档，按 Ctrl+Enter 组合键，在打开的测试窗口中选择"视图"→"下载设置"→DSL 命令修改下载设置，如图 5-104 所示；选择"视图"→"模拟下载"命令，模拟下载效果。

（2）关闭播放窗口，选择"文件"→"另存为"命令，将动画文档另存，选择"文件"→"发布设置"命令，在打开的"发布设置"对话框中选中"Windows 放映文件"复选框，如图 5-105 所示。

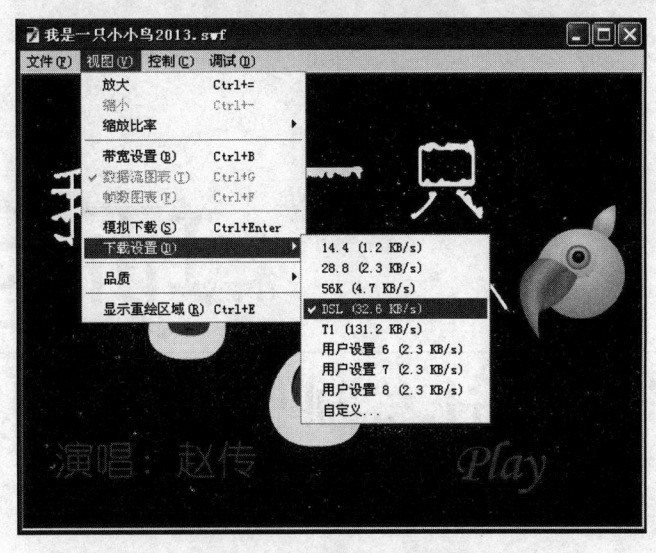

图 5-104　修改下载设置

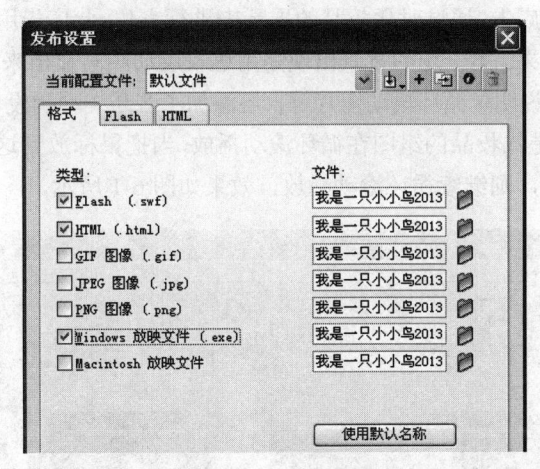

图 5-105　发布设置

（3）单击 Flash 选项卡，选中"防止导入"复选框，单击 HTML 选项卡，取消选中"显示菜单"复选框，完成发布的设置，单击"发布"按钮发布动画，发布完成后，单击"确定"按钮完成发布，选择"文件"→"保存"命令保存动画文档。

拓展训练

读者根据自己的喜好，任选一首音乐文件，为其设计一个 Flash MV 动画。要求如下：
（1）MV 中要有故事情节，并且整体风格要符合歌曲意境。
（2）要求设计片头与片尾。
（3）要显示歌词字幕。
（4）其中要有基本的控制按钮，如播放和重播等。
（5）MV 要体现积极健康的思想。

项目六

Flash 广告设计与制作——化妆品广告

本案例是一则化妆品广告,通过对化妆品的展示来进行宣传。此广告用三张背景图来构成三场,转场使用的是淡入淡出效果。第一场的背景出现是用遮罩层动画渐显出来的,产品的展示动画方式有闪白、由大到小、文字说明、循环滚动图片等,还添加了音乐。动画没有进行重复循环播放,而是播完后就停在最后,只是化妆品的组图在循环滚动播放,当把鼠标放到这个循环滚动的组图上时,其停止滚动,移开鼠标时,则继续循环滚动播放,效果如图 6-1 所示。

图 6-1 案例效果图

任务 6.1 项目分解——开场动画制作

6.1.1 效果展示

本任务是制作化妆品广告的开场动画,包括背景的出现动画、文字图像的闪白动画,以及化妆品产品的由大到小由透明到不透明显示并闪白动画,效果如图 6-2 所示。

图 6-2　开场动画效果图

6.1.2　知识讲解

1. Flash 广告的特点

Flash 是一款多媒体动画制作软件,是一种交互式动画设计工具,用它可以将音乐、声效、动画以及富有新意的界面融合在一起,以制作出高品质的 Flash 动画广告。Flash 之所以能风靡全球并成为网络广告的主要形式,是因为它具有许多优异的特点。下面对其中最重要的 5 个特点进行描述。

(1) 文件占用空间小,传输速度快。

Flash 动画的图形系统是基于矢量技术的,因此下载一个 Flash 动画文件速度很快。矢量技术只需存储少量数据就可以描述一个相对复杂的对象,与以往采用的位图相比数据量大大降低,只有原来的几千分之一。

(2) 矢量绘图、传播广泛。

Flash 最重要的特点之一就是能用矢量绘图,矢量图不仅占用空间小而且放大后不会失真,视觉冲击力比较强。此外,Flash 动画采用"流式"播放技术,在观看动画时可以不必等到动画文件全部下载到本地后才能观看,而是可以边观看边下载,从而减少了等待时间。

(3) 动画的输出格式。

Flash 是一个优秀的图形动画文件格式转换工具,它可以将动画以 GIF、QuickTime 和 AVI 的文件格式输出,也可以以帧的形式将动画插入到 Director 中去。Flash 还能够以 Swf、SPL、GIF、AI、BMP、JPG、PNG、AVI、MOV、EMF 等格式输出动画,因此 Flash 制作的广告跨媒体性强,而制作、改动成本低廉。

(4) 强大的交互功能。

在 Flash 中,高级交互事件的行为控制使 Flash 动画的播放更加精确并容易控制。设计者可以在动画中加入滚动条、复选框、下拉菜单和拖动物体等各种交互组件。Flash 动画甚至可以与 Java 或其他类型的程序融合在一起,在不同的操作平台和浏览器中播放。Flash 还支持表单交互,使得包含 Flash 动画表单的网页可以应用于流行的电子商务领域。

(5) 可扩展性。

通过第三方开发的 Flash 插件程序，可以方便地实现一些以往需要非常繁琐的操作才能实现的动态效果，大大提高了 Flash 动画制作的工作效率。

2. Flash 广告设计原则

把握主题是 Flash 广告设计的原则。无论什么样的商业广告都一定会有一个主题，也就是它宣传什么。希望从广告的宣传中得到什么效益。所以在制作广告时一定要把主题把握住，根据主题来制作 Flash 广告。

3. Flash 广告的分类

网络广告可以按照投放目的和投放形式两种方法来分类。

（1）投放目的。

按照投放目的划分方法，是以网络广告投放最终的需求来分类的。一般而言可以分为：

- 信息传播类。信息传播类的广告，其目的是将某个消息传播出去，主要是将新产品上市的信息让更多的人知道。
- 品牌广告类。品牌广告，是针对某一个品牌进行的宣传，其目的是为了提升品牌的知名度和美誉度。比如爱立信在通信世界网上投放的介绍自己业绩的广告就属于品牌广告。
- 销售/引导类广告。销售类广告，目的就是为了销售出去产品。比如大家经常看到的 SP 的图铃广告都可以归到这类里边去。销售类广告，如果销售的产品是网络产品，那么可以通过实际的销售结果进行衡量。这类广告是属于"抓到老鼠就是好猫"的一类广告，一般不管投放到什么地方去，只要能卖出去东西就可以。不过，这也带来挂羊头卖狗肉情况的发生。比如 SP 的包月服务，经常被挂着一些"色情"的图去欺骗用户。

（2）投放形式。

随着网络广告的不断发展，网络广告的投放形式也在不断翻新。现在的网络广告形式有以下几种：

- 片头动画。片头动画是指在网站或多媒体光盘前，运用 Flash 等软件制作的一段动画，它是诠释整个光盘内容，并浓缩了企业文化的一段简短多媒体动画，具有简练、精彩的特性。一段优秀的片头设计代表了一个可以移动的品牌形象，可以运用在企业对外宣传片、行业展会现场、产品发布会现场、项目洽谈演示文档，甚至企业内部酒会等多个领域。
- 横幅广告（Banner 广告）。横幅广告是最早采用，也是最常见的广告形式。它是通过网络媒体发布广告信息的一种新型广告形式，它通过在网上放置一定尺寸的广告条来告诉网友相关信息，进一步通过吸引网友单击广告进入商家指定的网页，从而达到全面介绍信息、展示产品和及时获得网友反馈等目的。它的特点是在某一个或者某一类页面的相对固定位置放置广告。横幅广告将广告、动画和网络结合在一起，是一种新兴的广告媒体。在网络高速发展的时代，商家也越来越重视这被称为"第四媒体"的沟通和营销的新载体。它的推出也反映出全球网络化营销的新趋势。这种广告，一般是定期更换，手工或者自动地通过统一的系统进行投放。广告由广告主与网站主协商确定，与内容无关。
- 上下文相关广告。上下文相关广告，是在 Banner 广告的基础上，增加广告与上下文的相关性，由广告投放平台通过分析投放广告的页面内容，然后从广告库中提取出相关的广告进行投放。上下文相关广告最早是 Google 开始推出的，后来百度、Sogou 等都相继推出。

- 图标广告。图标广告就是具有按钮效果的广告，与一般按钮不同的是它不仅可以实现按钮功能，即链接到另外一个网页，同时具有良好的广告效果，因此很多网站经常用它来宣传自己或通过它来建立与其他网站的友情链接。另外，在很多网页上看到的浮动广告也是其中的一种形式。
- 弹出式广告。弹出式广告的历史比固定式广告晚一些。弹出式广告早期是在页面打开的时候使用 JavaScript 代码打开新窗口的方式显示广告。后来，逐步有所变化：一种是 JavaScript 打开的窗口，不再是一个广告窗口，而直接是内容页面；第二种是部分弹窗广告采取后弹模式，也就是说，当页面载入完成后弹出在当前页面后；第三种是部分弹窗广告采取关闭触发的模式，也就是说，当用户关闭窗口或者离开当前页面的时候弹出。弹出式广告严重影响了用户的访问体验，但是因为其对 ALEXA 排名的提升、对宣传效果的突出，使很多广告主对此很是喜爱，价格也比较高，所以弹出式广告一直没有被杜绝。
- 内文提示广告。内文提示广告也叫"划词广告"，即在内文中划出一些关键字，然后当鼠标移动到上边的时候，使用提示窗口的方式显示相关的广告内容。这种广告形式比较新颖。这种广告比较有特色的是既与上下文相关，又不占用页面位置。
- 插件/工具条安装广告。随着网络的发展，很多插件、工具条为了获得大量的用户基础，开始有了推广的需求，软件/插件安装广告即应运而生。早期的插件/工具条的安装都会有明确的提示。因为部分用户对网络知识的了解匮乏，以及对网站的信任，安装率非常高。后来随着插件的泛滥，以及插件给电脑本身带来的危害，用户开始拒绝插件安装。后期的很多插件开始使用病毒手段，在不提示的情况下强制安装。随着舆论的声讨，以及插件服务商之间的争斗，垃圾插件被广泛质疑，插件/工具条安装广告也开始逐步走向没落。但是在一定范围内，特别是部分个人网站上仍然存在。

在这些广告形式中，目前比较常用的有片头动画、横幅广告、图标广告和弹出式广告。

6.1.3 步骤详解

1. 背景展示动画制作

（1）打开 Flash CS5，创建一个 Actionscript 2.0 文件，命名为"化妆品广告.fla"，打开属性面板，单击"大小"后面的"编辑"按钮，弹出"文档设置"对话框，设置文件大小为 650*400，背景为黑色，帧频改为 12，其他设置保持默认，如图 6-3 所示。

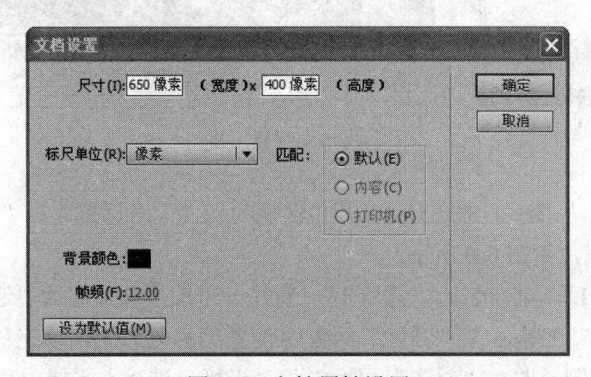

图 6-3 文档属性设置

（2）选择"文件"→"导入"→"导入到库"命令，打开"导入到库"对话框，选择所有图片，单击"打开"按钮导入到库中，如图6-4所示。

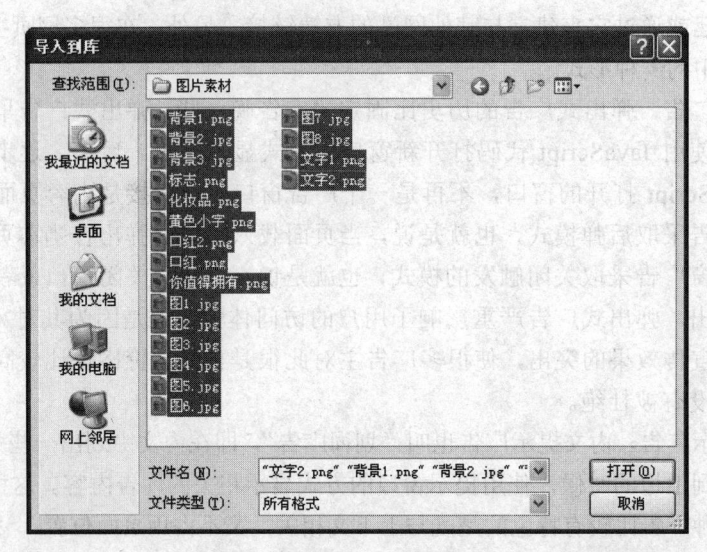

图6-4 导入到库

（3）打开库面板，新建一个"图片"文件夹，把所有的图片素材拖放到此文件夹中。
（4）把"背景1"图片拖到舞台上，执行"修改"→"变形"→"逆时针旋转90度"命令，把图片逆时针旋转90度。打开对齐面板，勾选"相对于舞台"复选框，单击"水平对齐"与"垂直对齐"，让图片位于舞台中央，如图6-5所示。

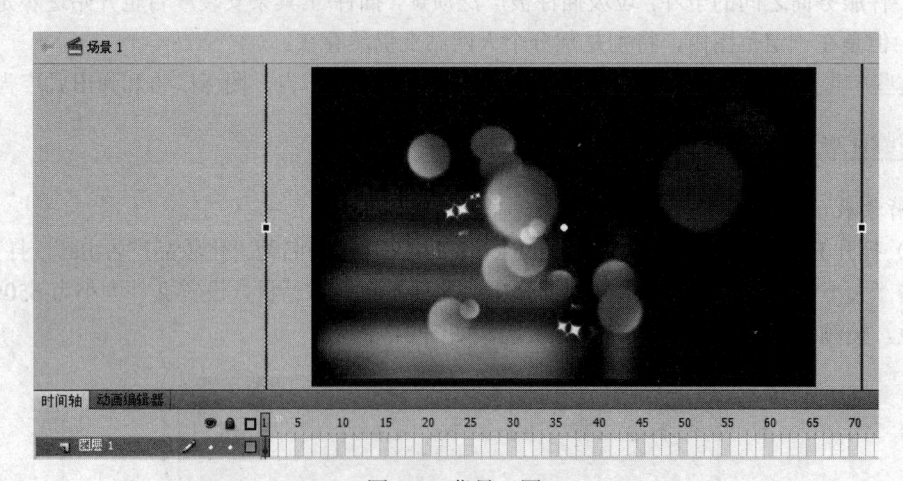

图6-5 背景1图

（5）选择"背景1"图片，按F8键打开"转换为元件"对话框，在"名称"栏中输入"背景1"，单击"确定"按钮，如图6-6所示。
（6）双击"图层1"，重命名为"背景1"，新建一个图层并命名为"遮罩圆"。
（7）选择"椭圆"工具，在"颜色"面板中设置笔触色为无，填充色任意，同时按住Shift和Alt键拖动鼠标画正圆，并在"对齐"面板中相对于舞台进行水平居中和垂直居中。

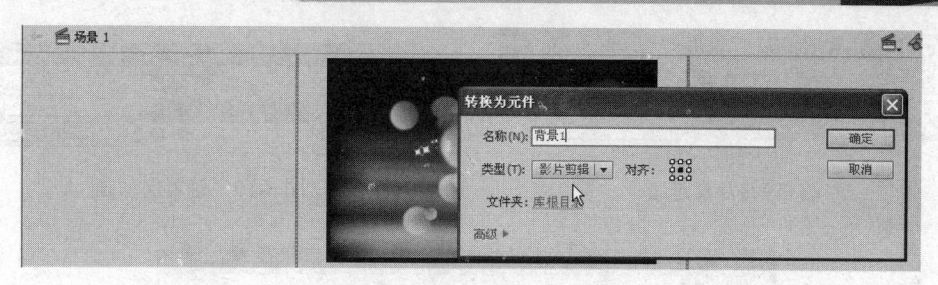

图 6-6 背景 1 转换为元件

（8）在第 15 帧处按 F6 键插入关键帧，选择"任意变形"工具，同时按住 Shift 和 Alt 键拖动鼠标放大遮罩圆，直到圆整个覆盖舞台为止，如图 6-7 所示。

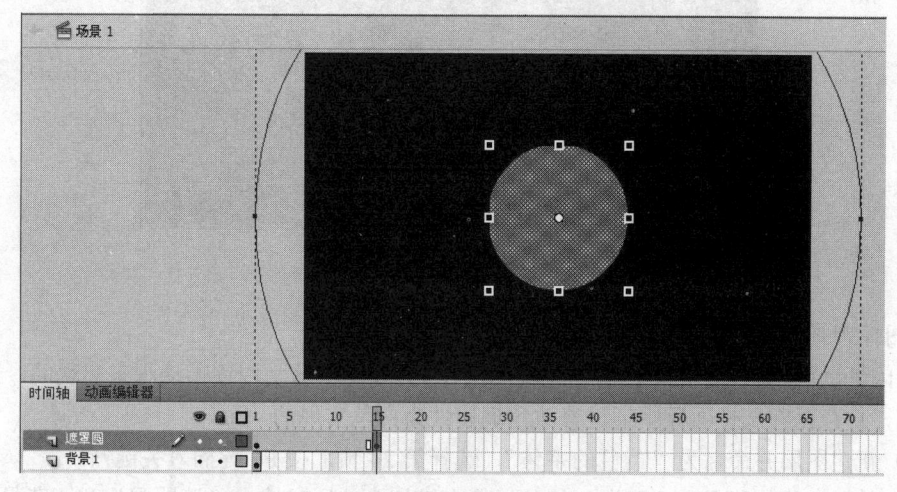

图 6-7 遮罩圆编辑

（9）选择第一帧的圆，打开属性面板，把圆的宽与高都设为 1 像素，如图 6-8 所示。

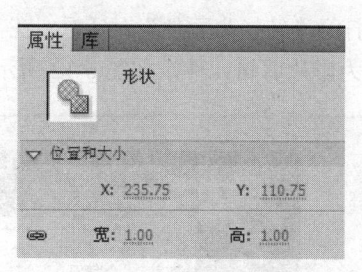

图 6-8 形状圆属性

（10）在两个关键帧之间的任意帧上右击，在弹出的快捷菜单中选择"创建补间形状"命令创建形状补间动画。

（11）选择"背景 1"图层的第 15 帧，按 F5 键插入静态帧，延续背景 1，如图 6-9 所示。

（12）右击"遮罩圆"图层，在弹出的快捷菜单中选择"遮罩层"，制作遮罩动画，如图 6-10 所示。

（13）背景展示动画完成，按 Ctrl+Enter 组合键测试，效果如图 6-11 所示。

187

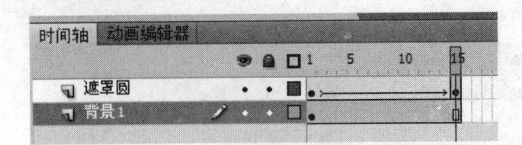

图 6-9　背景延续

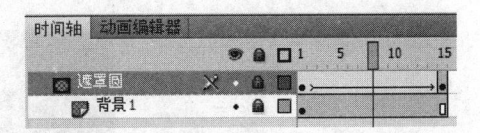

图 6-10　遮罩层动画

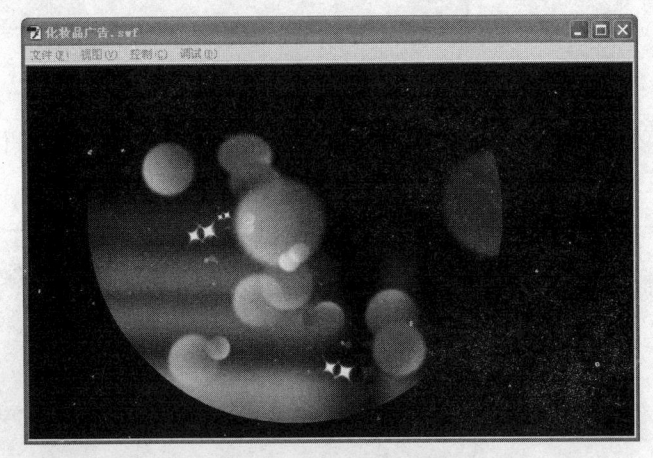

图 6-11　背景展示动画效果

2. 图像闪烁动画制作

图像闪烁动画，即图像在本色与白色之间进行交替闪现，这是用逐帧动画来实现的，一帧原色，一帧白色，白色是在属性面板中通过修改色调属性为白色实现的。

（1）新建图层并命名为"黄色的字体"，选择第 24 帧，按 F6 键插入关键帧。

（2）此时下层的背景看不到了，按住鼠标左键拖动的同时选中"遮罩圆"和"背景 1"图层的第 85 帧，按 F5 键插入帧以延续背景的显示。

（3）选择"黄色的字体"的第 24 帧，把库中的"黄色的小字"图片拖入舞台放置在左上角。

（4）选择该图片，按 F8 键打开"转换为元件"对话框，在"名称"栏中输入"黄色的小字"，单击"确定"按钮将该图片转换为影片剪辑元件，如图 6-12 所示。

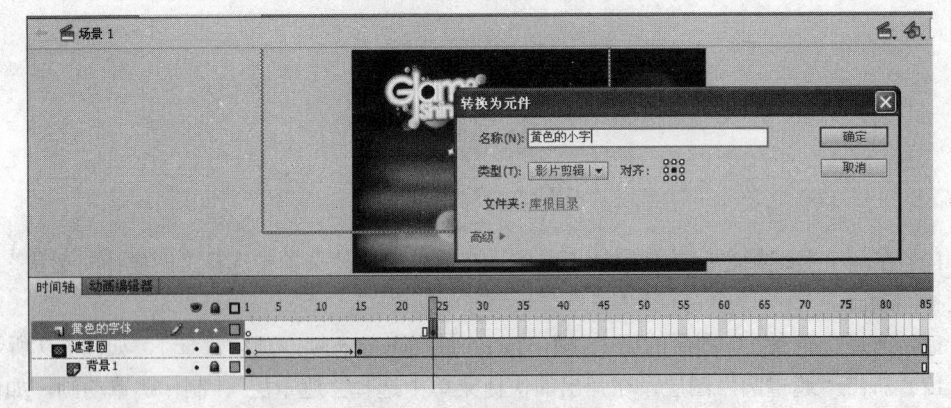

图 6-12　转换为元件

（5）按住鼠标左键拖动的同时选择第 25～30 帧，按 F6 键插入关键帧。

(6)选择第 25 帧,在舞台中单击"黄色的小字"元件,打开属性面板,在"色彩效果"的"样式"下拉列表框中选择"色调",修改色调为白色,如图 6-13 所示。

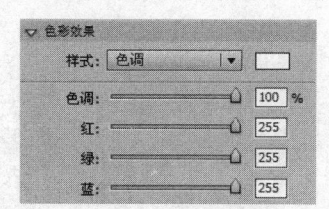

图 6-13 修改色调

(7)用同样的方法把第 27、29 帧的元件的色调修改成白色。

(8)"黄色的小字"图片元件闪烁后就一直显示在舞台上,因此选择第 85 帧,按 F5 键插入帧进行延续,如图 6-14 所示,动画制作完毕。

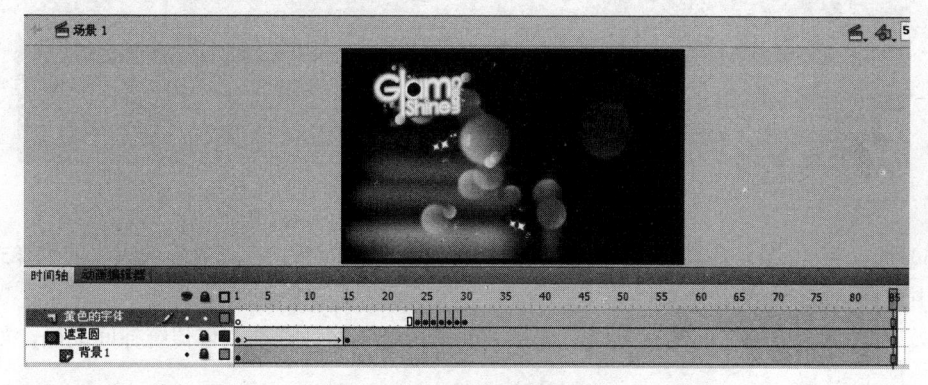

图 6-14 图像闪烁动画完成

3. 产品出现动画制作

此动画为一个口红产品的出现动画,是口红由大到小,由透明到不透明的出现过程,出现后闪烁了一次。

(1)新建图层并命名为"口红",选择第 40 帧,按 F6 键插入关键帧。

(2)从库中把"口红"图片拖放到舞台中,打开"对齐"面板进行水平中齐与垂直中齐。

(3)选择图片,按 F8 键,打开"转换为元件"对话框,在"名称"栏中输入"口红",单击"确定"按钮将其转换为影片剪辑元件,如图 6-15 所示。

图 6-15 口红图片转换为元件

（4）在第 55 帧处按 F6 键插入关键帧，单击该实例，在工具箱中选择"任意变形工具"，按住 Shift 键进行等比例缩小，如图 6-16 所示。

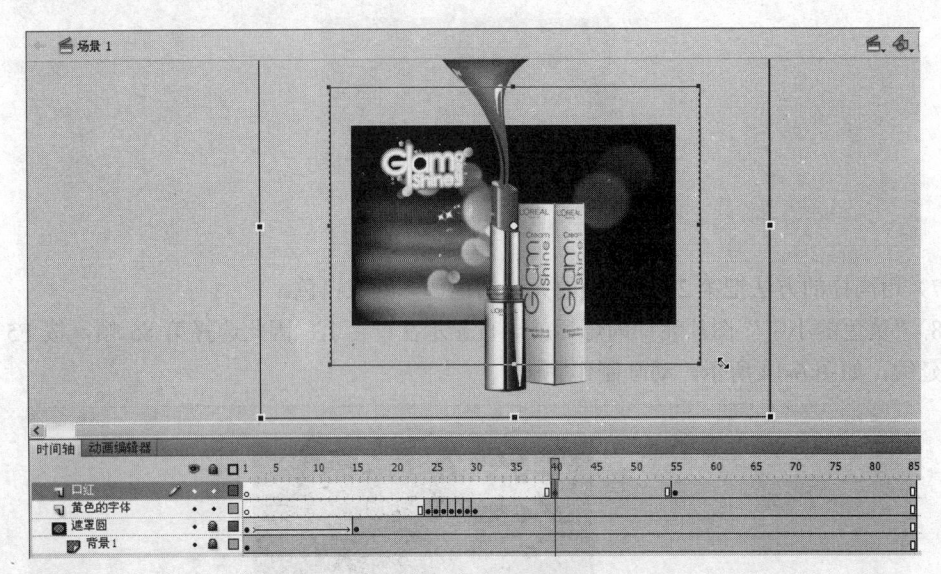

图 6-16　缩小口红图片

（5）选择第 40 帧，在舞台中单击口红实例，打开属性面板，在"色彩效果"的"样式"下拉列表框中选择 Alpha，设置为 0。

（6）右击两关键帧之间的任意帧，选择"创建传统补间"选项制作传统补间动画，如图 6-17 所示。

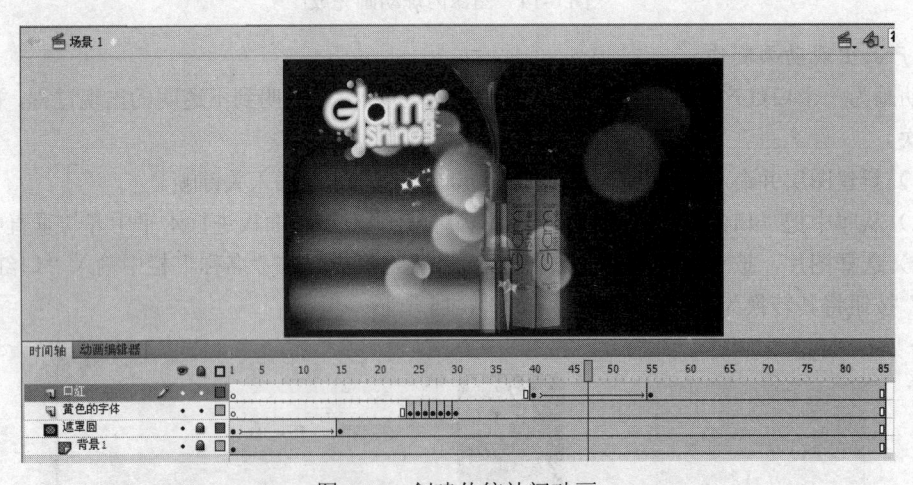

图 6-17　创建传统补间动画

（7）按住鼠标左键拖动选择第 56 和 57 两帧，按 F6 键插入关键帧。

（8）选择第 56 帧，单击舞台中的实例，打开属性面板，在"色彩效果"的"样式"下拉列表框中选择色调，设置为白色，如图 6-18 所示。至此，开场第一幕动画制作完成，按 Ctrl+Enter 组合键进行测试，如图 6-19 所示。

（9）在图层上新建一个文件夹并命名为"开场第一幕"，把所有层都拖入此文件夹中。

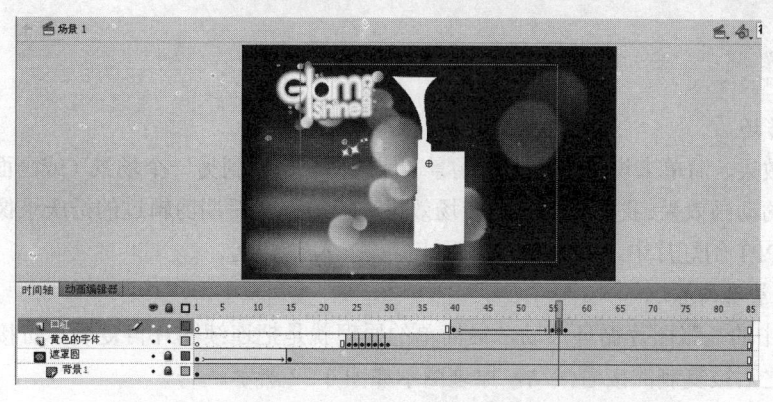

图 6-18 修改口红色调为白色

图 6-19 口红动画完成

任务 6.2 项目分解——主体动画制作

6.2.1 效果展示

本任务是完成该案例的主体动画，包括第一幕转向第二幕动画、文字展示说明动画、第二幕转向第三幕动画、化妆品组图循环滚动动画、标志运动动画，效果如图 6-20 和图 6-21 所示。

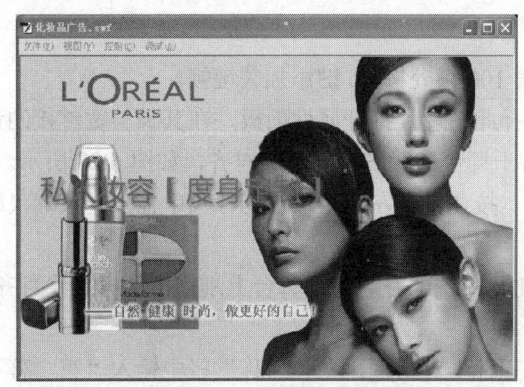

图 6-20 第二幕动画效果　　　　　　　图 6-21 第三幕动画效果

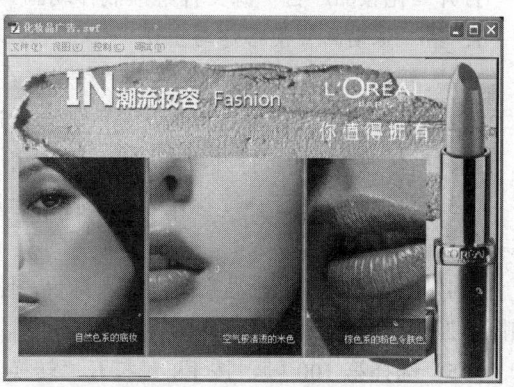

6.2.2 知识讲解

1. Flash 转场

所谓转场效果，简单来说就是从一个场景（或画面）切换到另一个场景（或画面）时两者重叠期间用来过渡的动画效果。我们最常见的转场效果一般出现在后期剪辑过的婚庆录像片或者开会时演讲者使用的 PPT 幻灯片中，如马赛克、百叶窗、淡入/淡出等。

2. 循环背景动画原理

要让 Flash 中的几张图片循环滚动，最简单的原理就是把连续图片再复制一份接到尾部，待第一张图片滚完之后被复制的接着滚动，原理图示如图 6-22 所示。

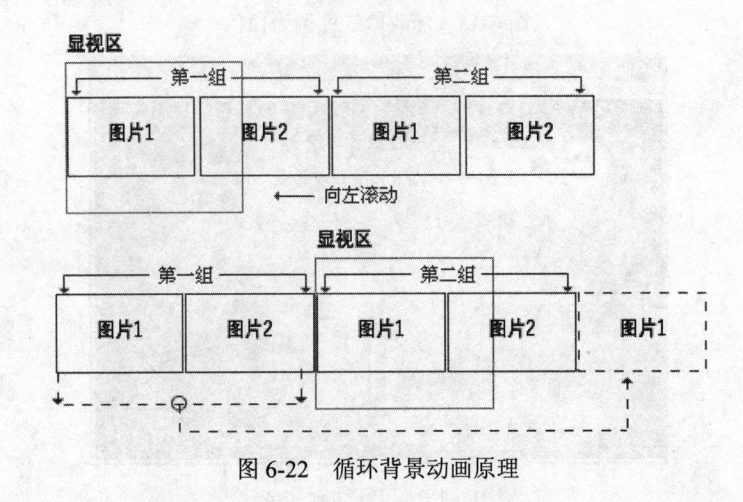

图 6-22 循环背景动画原理

不管是用 ActionScript 控制还是利用帧手工制作都可以使用这个原理，示意图中共有两张图片，即"图片1"和"图片2"，将他们复制一组。

当第一组滚出显视区时，第二组正好接替进入了显视区回到我们第一帧的起始状态。如果用帧控制，只要直接跳回起始的第一帧即可；如果是用 ActionScript 程序控制，则把第一组的 x 轴位置重新设置接到第二组后面即可构成图片循环滚动。

6.2.3 步骤详解

打开"化妆品广告"源文件继续制作动画。

1. 第二幕动画背景搭建与出现

（1）新建图层并命名为"第二幕背景"，在第 100 帧处按 F6 键添加关键帧。

（2）把库中的"背景 2"图片拖入舞台，选择此图片，打开属性面板，在其长与宽链接的情况下把其高修改为 400，打开"对齐"面板，相对于舞台进行右对齐与底对齐，如图 6-23 所示。

（3）执行"视图"→"标尺"命令打开标尺，按住鼠标左键从左边的标尺中拖出一条标尺线靠在舞台的左边缘处。

（4）把库中的"化妆品"图片拖入舞台，使化妆品图的左边缘与舞台上刚拖出的标尺线对齐，如图 6-24 所示。

（5）选择第 100 帧，按 F8 键打开"转换为元件"对话框，在"名称"栏中输入"第二幕背景"，单击"确定"按钮，如图 6-25 所示。

图 6-23　背景 2 图片编辑

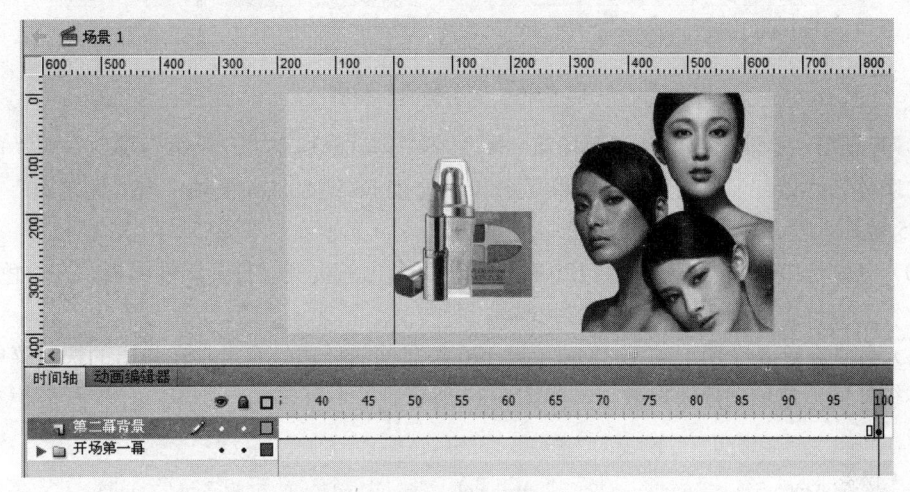

图 6-24　化妆品图片拖入舞台

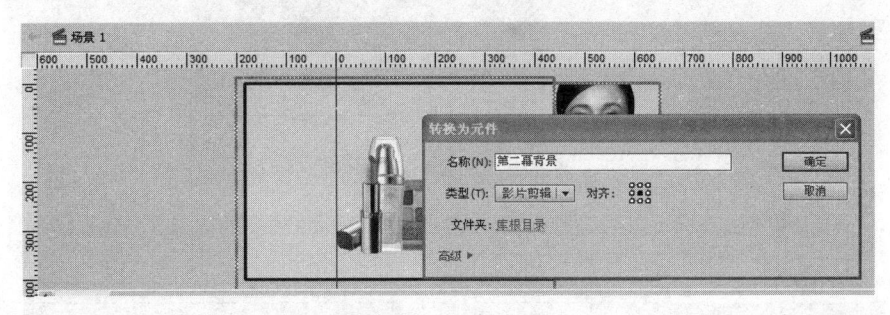

图 6-25　转换为元件

（6）此处第一幕与第二幕的切换为第一幕淡出第二幕淡入，把"第二幕背景"拖到"开场第一幕"文件夹的下方。

（7）第二幕背景淡入，在"第二幕背景"图层的第 120 帧处按 F6 键插入关键帧；选择第 100 帧，单击选中舞台上的实例，打开属性面板，在"色彩效果"的"样式"下拉列表框中选择 Alpha，设置为 0%。

（8）在两个关键帧间的任意帧上右击，在弹出的快捷菜单中选择"创建传统补间"，如图 6-26 所示。

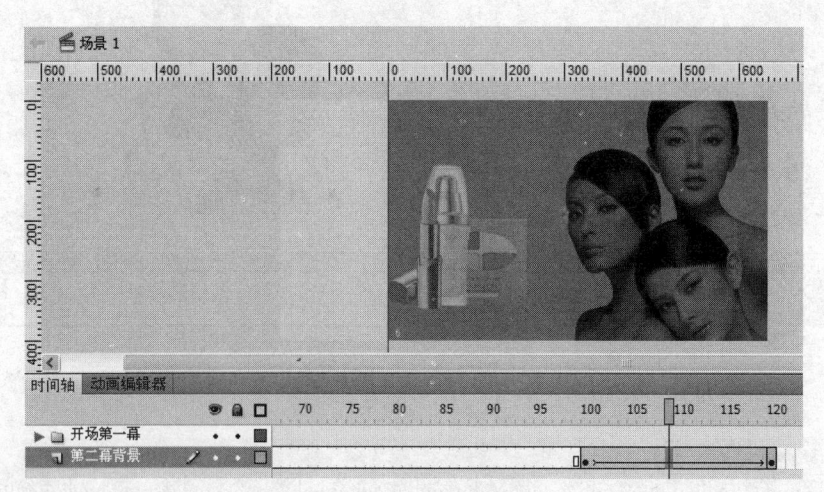

图 6-26　第二幕淡入动画

（9）开场第一幕淡出，展开"开场第一幕"文件夹，分别在"开场第一幕"中的"背景 1"、"黄色的字体"、"口红"层的第 85 帧和第 120 帧处按 F6 键添加关键帧，在"遮罩圆"的第 120 帧处按 F5 键插入帧。

（10）分别选中这 3 个图层的第 120 帧，单击舞台上的实例，打开属性面板，在"色彩效果"的"下拉"列表框中选择 Alpha，设置为 0%。

（11）分别在这 3 个图层的第 85 帧至第 120 帧之间的任意处右击，在弹出的快捷菜单中选择"创建传统补间"选项创建淡出效果，如图 6-27 所示。

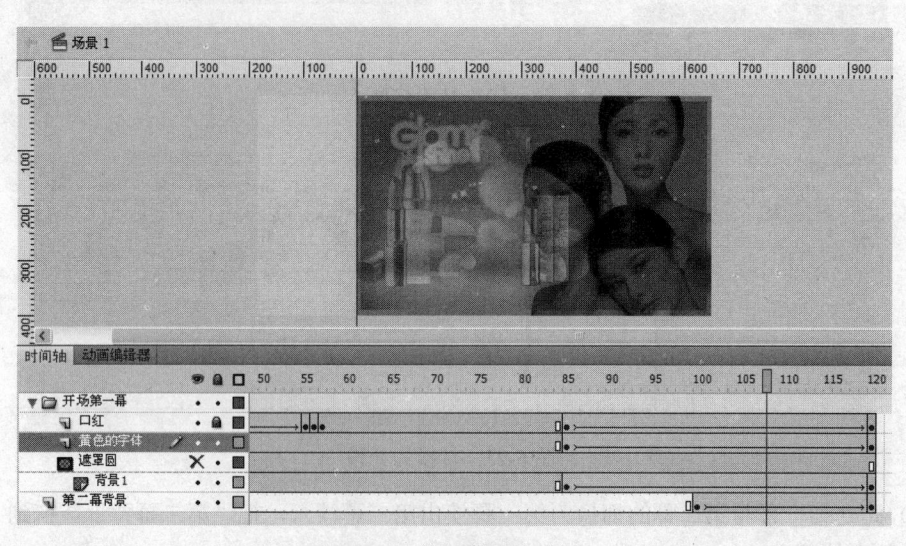

图 6-27　第一幕淡出动画

（12）单击"开场第一幕"文件夹折叠。

（13）按 Ctrl+Enter 组合键进行测试，效果如图 6-28 所示。

图 6-28　第一幕与第二幕切换效果

2．文字动画制作

（1）锁定"背景 2"图层。新建一图层并命名为"字幕 1"，选择第 130 帧，按 F6 键插入关键帧，把库中的"文字 1"拖入舞台。

（2）按 F8 键，把文字 1 图片转换为元件并命名为"文字 1"，单击"确定"按钮。

（3）选择第 150 帧，按 F6 键插入关键帧，并把文字 1 实例拖到舞台合适的位置。

（4）选择第 130 帧，把文字水平拖动到右边舞台外，如图 6-29 所示。

图 6-29　编辑文字 1 位置

（5）在两个关键帧间的任意位置右击，在弹出的快捷菜单中选择"创建传统补间"选项创建传统补间动画。

（6）新建一图层并命名为"字幕 2"，选择第 155 帧，按 F6 键插入关键帧，把库中的"文字 2"拖入舞台合适的位置。

（7）按 F8 键，把文字 2 图片转换为元件并命名为"文字 2"，单击"确定"按钮。

（8）选择第 170 帧，按 F6 键插入关键帧。

（9）选择第 155 帧，使用任意变形工具，按住 Shift 键的同时拖动边角处的箭头把文字缩小到看不到，如图 6-30 所示。

（10）在两个关键帧间的任意位置右击，在弹出的快捷菜单中选择"创建传统补间"选项创建传统补间动画。

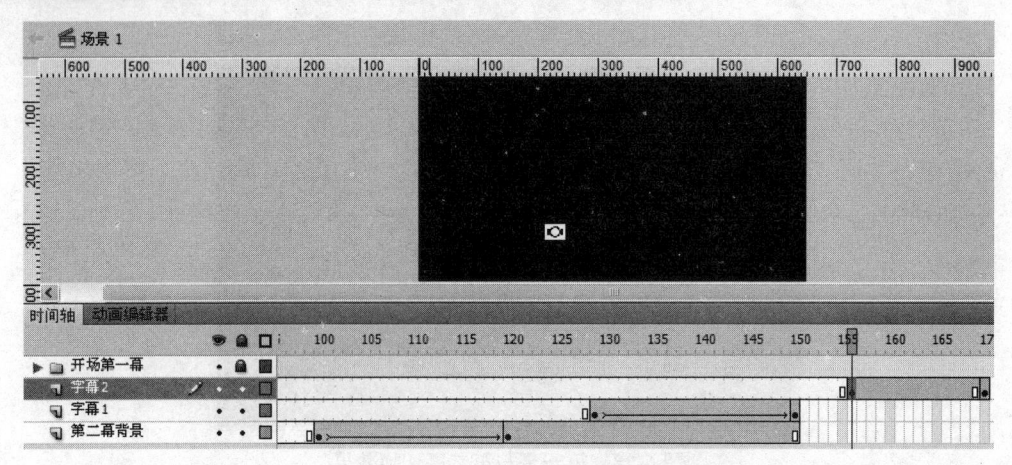

图 6-30　缩小文字 2

（11）为了让背景一直显示以及文字 1 动画完后也显示在舞台上，用鼠标拖放的同时选择"第二幕背景"和"字幕 1"的第 170 帧，按 F5 键插入帧以延续，如图 6-31 所示。

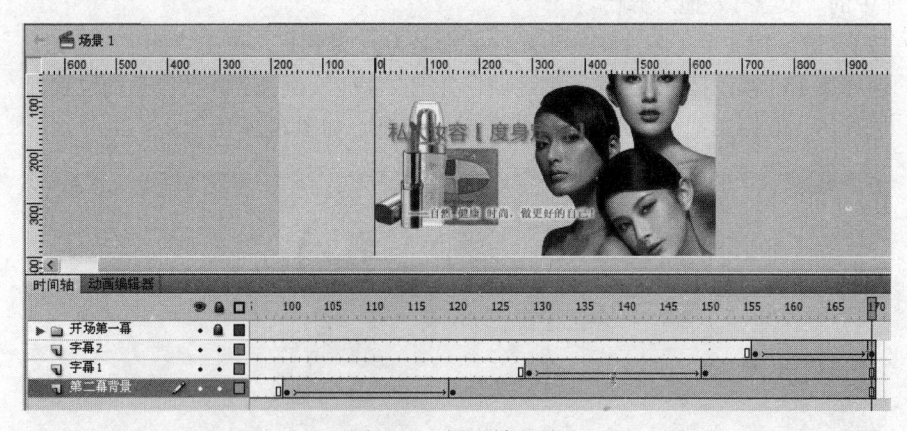

图 6-31　插入帧延续

（12）在图层上新建一个文件夹并命名为"第二幕"，把所有层都拖入此文件夹并折叠，如图 6-32 所示。

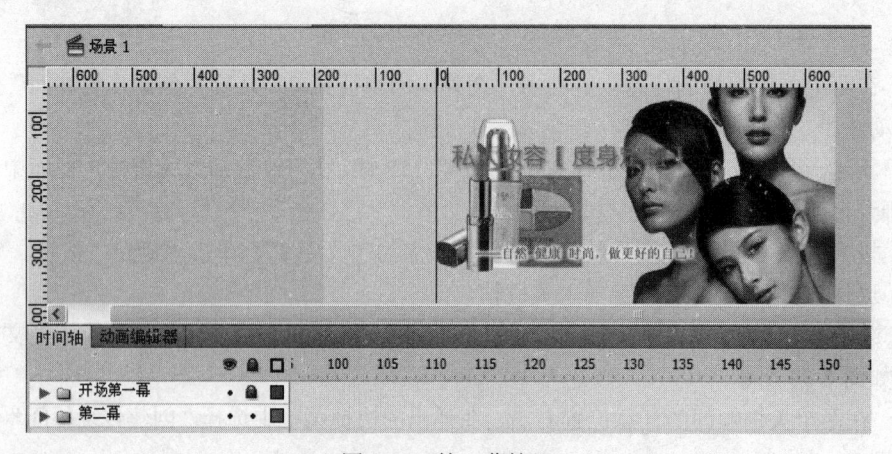

图 6-32　第二幕管理

（13）按 Ctrl+Enter 组合键进行测试。

3. 第三幕背景搭建与出现

（1）新建图层，在第 195 帧处按 F6 键插入关键帧，从库中把"背景 3"图片拖入舞台。

（2）选择图片，打开属性面板，把其高度修改为 400，打开"对齐"面板，相对于舞台进行左对齐和底对齐。

（3）单击时间轴上方的 按钮隐藏所有内容，执行"视图"→"标尺"命令打开标尺，从左边的标尺里按住鼠标左键拖出一条标尺线与舞台的右边缘对齐，显示该层，如图 6-33 所示。

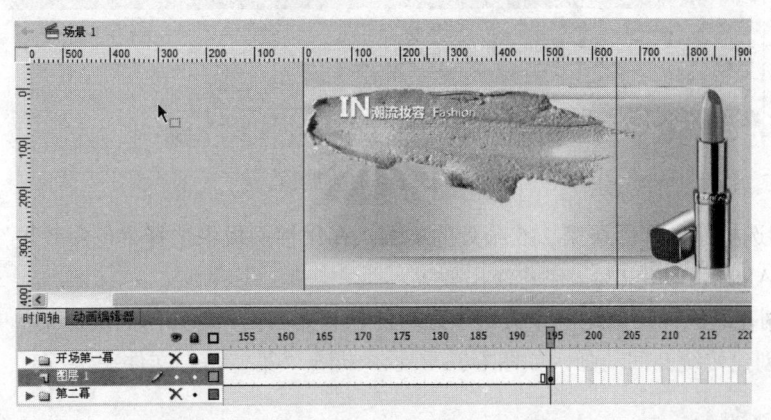

图 6-33　标记舞台

（4）从库中把"口红 2"拖入舞台，调整其位置使图像的右边缘与舞台的右边缘对齐，下边缘与舞台下边缘对齐，如图 6-34 所示。

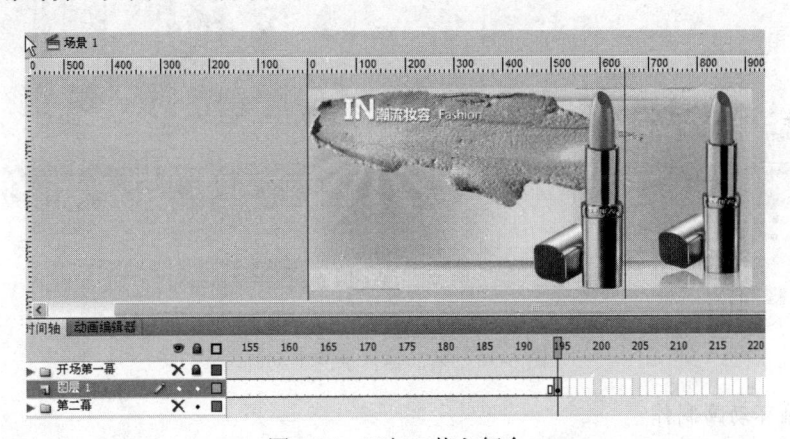

图 6-34　口红 2 拖入舞台

（5）选择第 195 帧，按 F8 键打开"转换为元件"对话框，在"名称"栏中输入"背景 3"，单击"确定"按钮。

（6）选择第 220 帧，按 F5 键插入帧延续背景显示，双击图层名称并重命名为"第三幕背景"。

（7）选择"第三幕背景"图层，按住鼠标左键拖放到"第二幕"文件夹下，打开"第二幕"文件夹，准备做第二幕与第三幕的镜头切换。

（8）拖动鼠标的同时选中第二幕中"第二幕背景"、"字幕 1"与"字幕 2"三图层的第 195 帧和第 215 帧，按 F6 键插入关键帧，如图 6-35 所示。

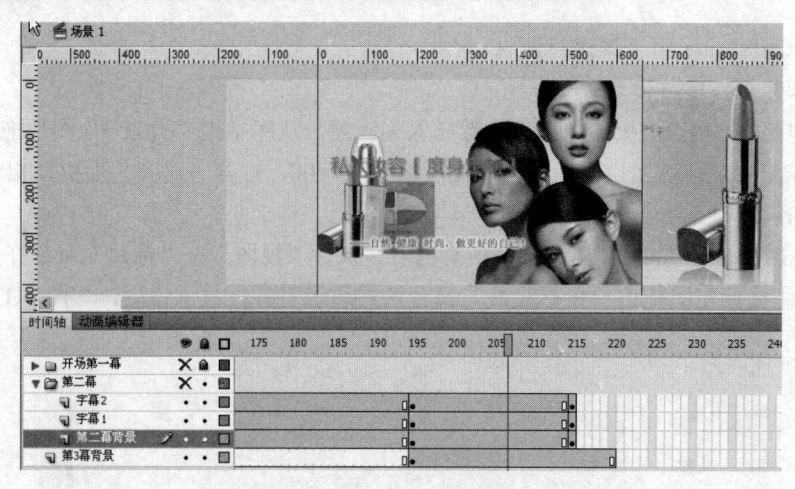

图 6-35 添加关键帧

（9）分别选择这 3 个图层第 215 帧处的实例，在属性面板中选择"色彩效果"的"样式"下拉列表框中的 Alpha，设为 0%，制作淡出效果。

（10）分别在这三图层的这两个关键帧之间的任意处右击，在弹出的快捷菜单中选择"创建传统补间"选项创建传统补间动画，如图 6-36 所示，折叠"第二幕"文件夹。

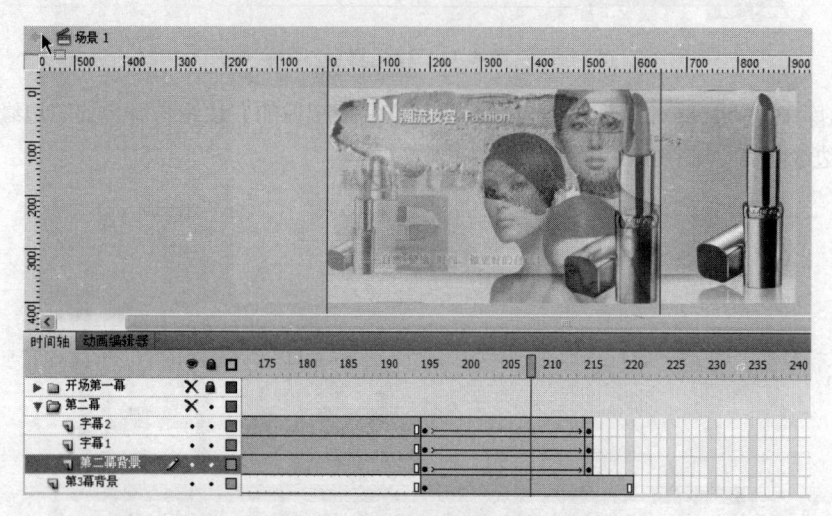

图 6-36 第二幕背景淡出动画

4. 图片循环动画制作

（1）执行"插入"→"新建元件"命令，打开"创建新元件"对话框，在"名称"栏中输入"图片组"，单击"确定"按钮进入编辑窗口，如图 6-37 所示。

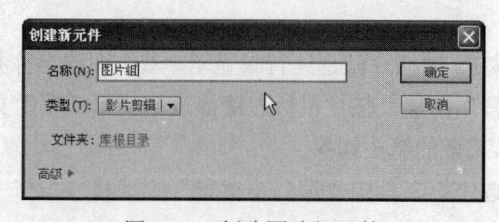

图 6-37 创建图片组元件

（2）把库中的"图片1"图片拖入舞台并相对于舞台进行左对齐与顶对齐，然后把"图片2"至"图片8"依次拖入舞台首尾相连排列。

（3）为了让这些图片整齐排列需要把其高度调成一样，分别选择这些图片，打开属性面板，把其高度全部修改为261，然后再调整一下让这8张图片首尾相接无缝隙，如图6-38所示。

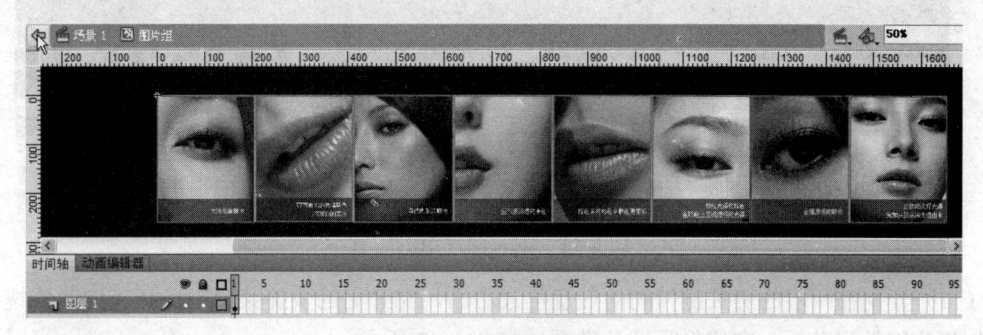

图 6-38　排列图片

（4）执行"插入"→"新建元件"命令，打开"创建新元件"对话框，在"名称"栏中输入"循环图片动画"，单击"确定"按钮进入编辑窗口，如图6-39所示。

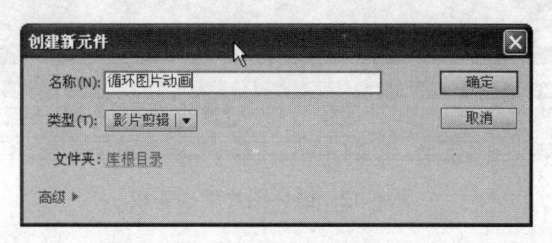

图 6-39　创建循环图片动画元件

（5）从库中把"图片组"元件拖入舞台，打开"对齐"面板，让图片组相对于舞台左对齐与顶对齐。

（6）再拖入一个"图片组"元件实例到舞台，放置在第一组的后面进行首尾相接，如图6-40所示，为保证两组图片在同一水平线上，打开属性面板，确认其坐标Y的值为0。

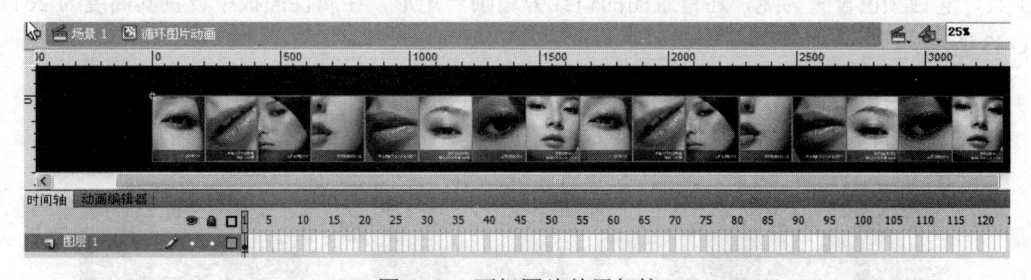

图 6-40　两组图片首尾相接

（7）新建图层2，选择图层1放置在末尾的第二组图，按Ctrl+X组合键进行剪切，选择图层2的第1帧，按Ctrl+Shift+V组合键粘贴在当前位置。

（8）拖动鼠标的同时选择两个图层的第180帧，按F6键插入关键帧。

（9）从左边标尺中拖出一条标尺线停靠在元件中心位置，选择图层1的第1帧，把图片组向左移动，直到其尾部刚好在标尺线处。

（10）选择图层 2 第 180 帧处的实例，打开属性面板，将其坐标设为 X：0，Y：0，与图层 1 第 1 帧的图片组的位置一致，如图 6-41 所示。

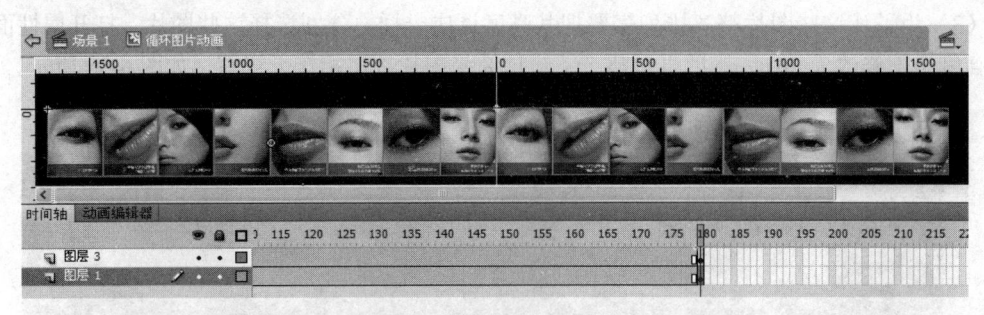

图 6-41　编辑图片组的位置

（11）分别在两层的两关键帧间的任意位置右击，在弹出的快捷菜单中选择"创建传统补间"选项创建传统补间动画，完成循环图片动画，如图 6-42 所示。

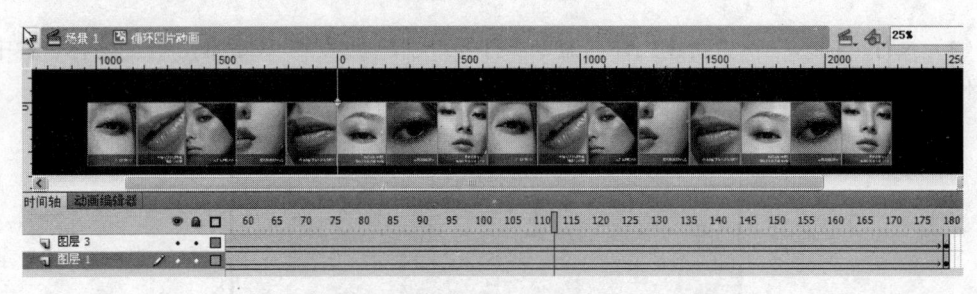

图 6-42　循环图片动画完成

（12）单击"场景 1"回到主场景，选择"第三幕背景"图层，在第 580 帧处按 F5 键插入帧以延续背景显示。

（13）新建图层，命名为"图片循环"，在第 195 帧处按 F6 键插入关键帧，并把库中的"循环图片动画"元件拖入舞台。

（14）新建一图层，命名为"遮罩"，在第 195 帧处按 F6 键插入关键帧；选择工具箱中的矩形工具，笔触颜色设置为无，在背景图的口红旁边画一矩形，在属性面板中设置其高度为 261，如图 6-43 所示。

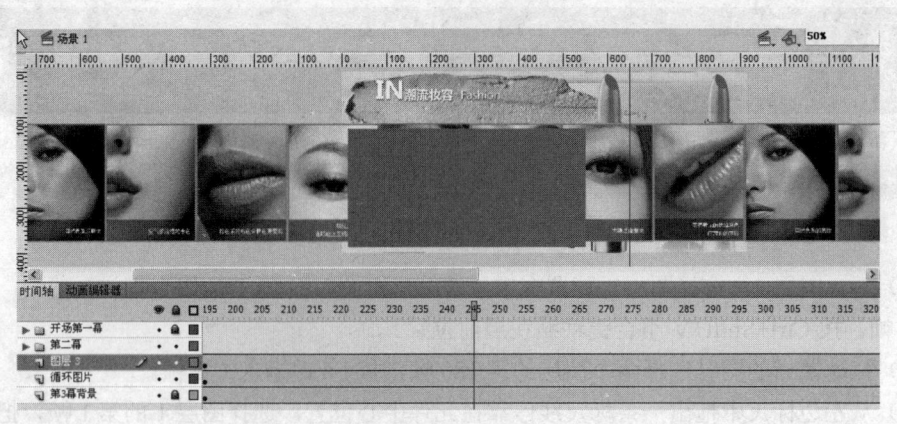

图 6-43　绘制矩形

（15）调整"循环图片动画"实例，使其左侧边缘和顶部与矩形左侧边缘和顶部对齐。

（16）右击"遮罩"，在弹出的快捷菜单中选择"遮罩层"，如图6-44所示。

图6-44 制作遮罩层动画

5. 标语定位动画制作

（1）执行"插入"→"新建元件"命令，打开"创建新元件"对话框，在"名称"栏中输入"标语"，单击"确定"按钮进入编辑窗口，如图6-45所示。

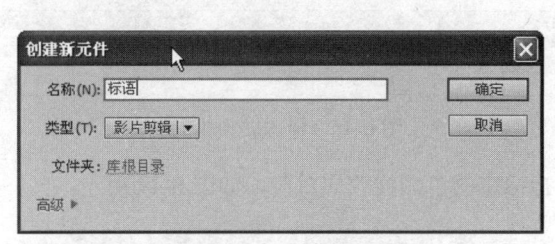

图6-45 创建标语元件

（2）从库中把"你值得拥有"图片拖入舞台，按F8键打开"转换为元件"对话框，在"名称"栏中输入"你值得拥有"，单击"确定"按钮，如图6-46所示。

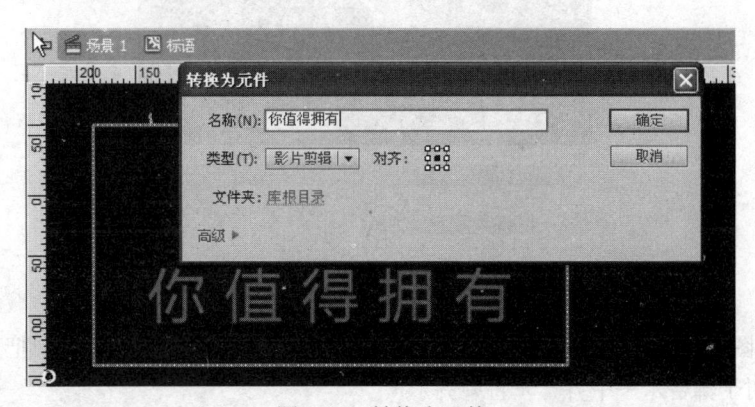

图6-46 转换为元件

（3）选择第1帧，在舞台中单击"你值得拥有"实例，打开属性面板，在"色彩效果"的"样式"下拉列表框中选择"色调"，修改成白色，如图6-47所示。

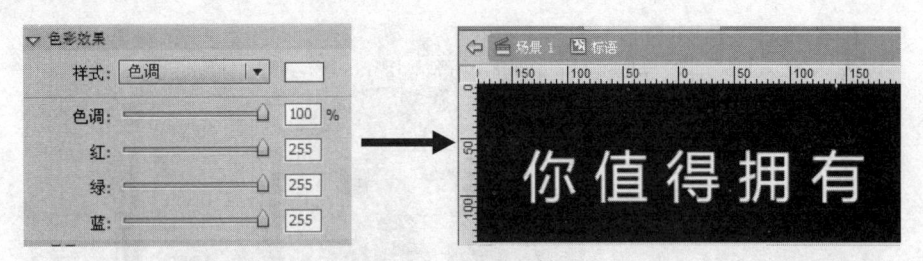

图6-47 修改色调

（4）新建图层，从库中拖入"标志"图片到舞台，放置到合适位置并按 F8 键打开"转换为元件"对话框，在"名称"栏中输入"标志"，单击"确定"按钮，如图6-48所示。

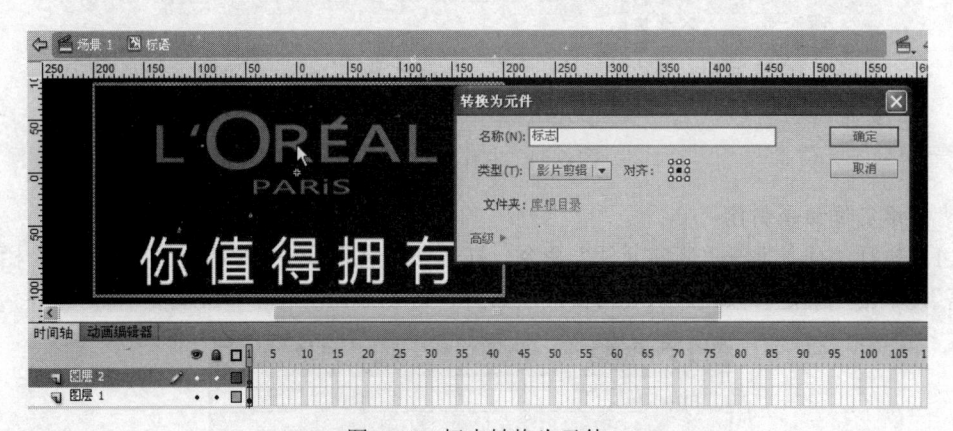

图6-48 标志转换为元件

（5）用同样的方法把标志的色调修改成白色，如图6-49所示。

图6-49 修改标志色调

（6）新建图层命名为"标语"，在第350帧处按F6键插入关键帧，从库中把"标语"元件拖入舞台，并相对于舞台水平中齐、垂直中齐。

（7）在第370帧处按F6键插入关键帧，选择第350帧处的实例，选择工具箱中的任意变形工具并按住 Shift 键把"标语"缩小到看不到，或者单击 按钮打开"变形"面板，把百分比输入很小值。

（8）右击两关键帧之间的任意处，在弹出的快捷菜单中选择"创建传统补间"选项创建传统补间动画，如图 6-50 所示。

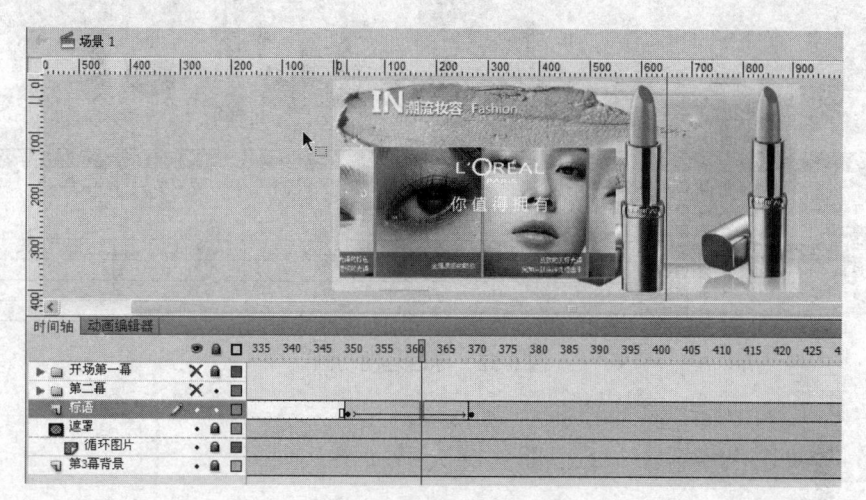

图 6-50　标语显示动画

（9）在第 390 帧和第 405 帧处按 F6 键插入关键帧。

（10）选择第 405 帧处的实例，选择工具箱中的选择工具把实例拖放到舞台的右上角，再选择任意变形工具缩小到合适大小，如图 6-51 所示。

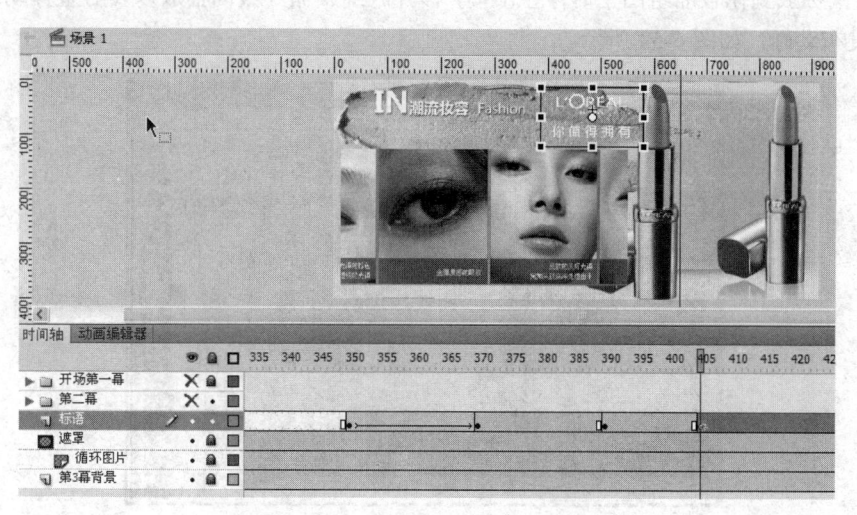

图 6-51　标语位置与大小编辑

（11）右击两关键帧之间的任意处，在弹出的快捷菜单中选择"创建传统补间"选项创建传统补间动画，如图 6-52 所示。

（12）按 Ctrl+Enter 组合键进行测试。

（13）在图层上新建文件夹并命名为"第三幕"，把前面所做的 4 个图层全部拖进此文件夹并折叠。

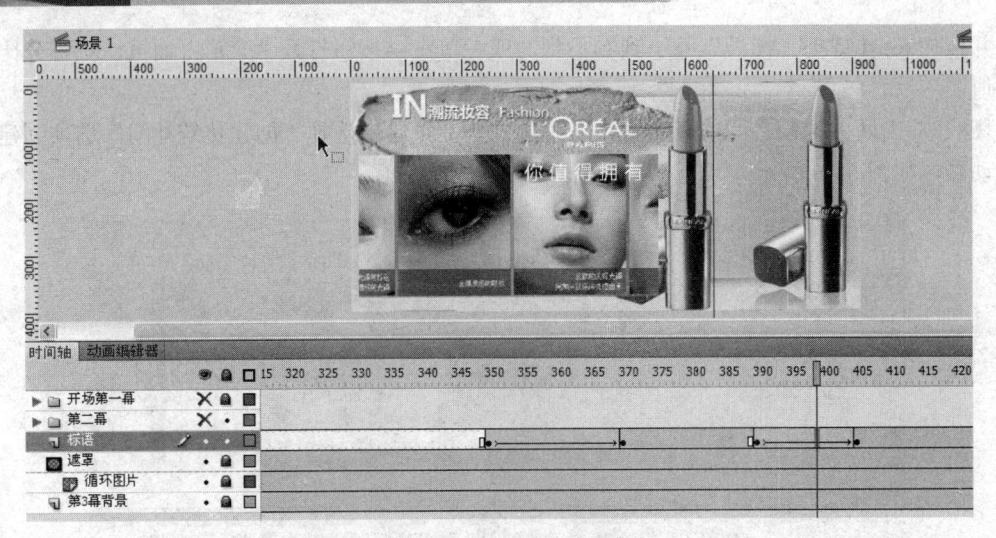

图 6-52 标语运动动画

任务 6.3 项目分解——动画控制完善

6.3.1 效果展示

本任务要完成的是最后对动画的控制，添加音乐，添加动作代码，实现动画播放完后停止不重复播放，将鼠标放到化妆品组图上时停止滚动，移开时继续循环滚动播放以及对整体动画的测试调整，最后发布动画，如图 6-53 所示。

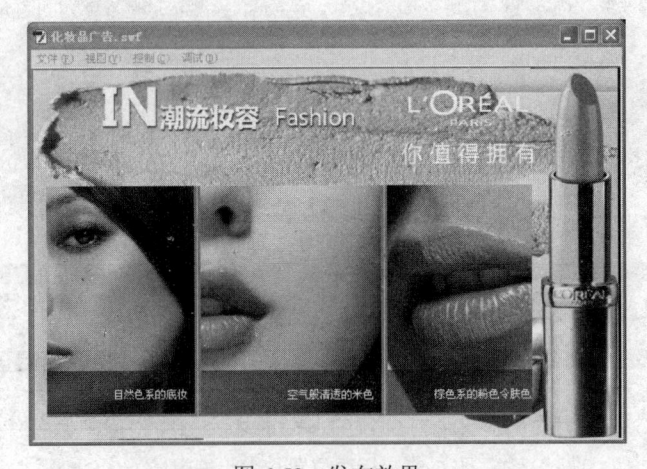

图 6-53 发布效果

6.3.2 知识讲解

1. 为影片剪辑添加鼠标事件

onClipEvent 是影片剪辑事件，on 是按钮事件，影片剪辑其实一样可以当按钮使用。当为影片剪辑本身添加鼠标事件时，其语法和代码与在按钮上是一样的。

```
on(事件)
{
    执行的语句
}
```
例如：
```
on (release) {
    play();
}
```

上面的语句没有指明路径，当添加在按钮上时，它控制的是包含有按钮对象的当前时间轴，即按钮的父时间轴；当添加在影片剪辑对象上时，它控制的是影片剪辑对象自身的时间轴，由于控制自身时间轴不需要指明路径，因此也不必在"属性"面板中命名。

如果要在影片剪辑上添加控制当前场景的动作，则需要指明路径，如：
```
on(rollOut) {
    _root.play();
}
```

如果要在按钮上添加控制位于同一场景的影片剪辑，则需要在属性面板中为影片剪辑命名，并指明路径，如：
```
on(release) {
    _root.shu_mc.stop();
}
```

路径概念非常重要，在编写动作脚本时，如果路径的指向不正确，就实现不了预期的效果。

为影片剪辑添加动作的方法是，选中场景上要为其添加动作的影片剪辑，这时"动作"面板标题栏上显示的标题是"动作-影片剪辑"，这表明当前要为其添加脚本的对象是影片剪辑，然后在脚本编辑窗口中添加动作。

2. 路径

路径分为绝对路径与相对路径。

（1）绝对路径。

如果校长要找学生，可以先找到下一级的老师，老师再找下一级的学生，表示如下：

校长.老师.学生

主场景（_root）好比是校长，主场景中的影片剪辑（mcA）好比是老师，影片剪辑（mc1）好比是学生，如果要在主场景中访问影片剪辑 mc1，则用如下方式：

`_root.mcA.mc1;`

在 Flash 影片中从起点调用影片剪辑，这样的语法称为绝对路径。

范例：使用绝对路径。

1）打开 Flash，新建一个 Flash 文档。

2）在主场景中建立一个实例名为 mcA 的影片剪辑实例，双击 mcA 进入元件的编辑场景，建立一个实例名为 mc1 的影片剪辑实例。

3）返回主场景，新建一层，单击此层的第 1 帧，打开"动作"面板，输入下列代码：

`trace(_root.mcA._width);`
`trace(_root.mcA.mc1._width);`

4）测试影片，观看"输出"面板中输出的数据，如图 6-54 所示。

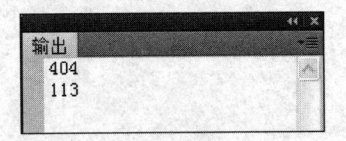

图 6-54　输出结果

返回主场景，把主场景第 1 帧中的代码改为：
```
trace(mcA._width);
trace(mcA.mc1._width);
```
测试结果一样的。

5）返回主场景，把第 1 帧中的代码加上注释，在主场景中加入一个按钮，单击该按钮，打开"动作"面板，输入下列代码：
```
on(release){
    trace(_root.mcA._width);
    trace(_root.mcA.mc1._width);
}
```
测试影片，单击按钮，观看测试结果。
```
on(release){
    trace(mcA._width);
    trace(mcA.mc1._width);
}
```
测试影片，单击按钮，观看测试结果，测试结果不变。

从测试结果可以看出，主场景中的按钮上的代码可以看成是在主场景中的时间轴上执行，所以可以不加 _root。

6）返回主场景，把按钮中的代码加上注释，双击场景中的影片剪辑实例，在第 1 帧上加入下列代码：
```
trace(_root.mcA._width);
trace(_root.mcA.mc1._width);
```
测试影片，结果与前面的相同。

7）关闭测试窗口，把第 1 帧上的代码改为：
```
trace(mcA._width);
trace(mcA.mc1._width);
```
测试影片，结果错误，如图 6-55 所示。

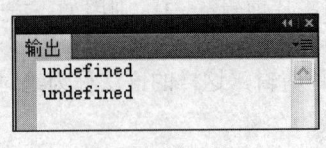

图 6-55　输出结果

从测试结果可以看出，影片剪辑有自己的时间轴，它的代码是在自己的时间轴上执行，所以必须加路径 _root。

通过使用绝对路径可以在影片的任意位置调用影片剪辑的属性。若影片剪辑的实例的路径变了，就要修改很多代码。

（2）相对路径。

Flash 文件可以由多个影片组成，一个影片可以从外部动态地导入到另一个影片的影片剪辑中，比如影片 1.swf 被导入到影片 main.swf 中的影片剪辑实例 mc 中，如果在影片 1.swf 中的程序中有

_root，导入到 mc 后，不再是主场景，所以路径改变，这时 1.swf 中的代码就不能正确地执行，这时就要用相对路径来解决这个问题。

相对路径是以自己所处的起点去访问其他的变量或影片剪辑。

范例：使用相对路径。

1）新建一个 Flash 文档。

2）建立如图 6-56 所示的影片剪辑实例及结构。

```
            _root
           /     \
         mcB     mcA
          |       |
         mc2     mc1
```

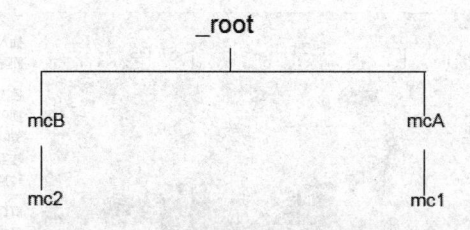

图 6-56　影片剪辑实例结构

3）单击主场景的第 1 帧，打开"动作"面板，输入下列代码：

```
var root_var="_root";
//在主场景中定义一个字符串变量，代表主场景
```

4）在 4 个影片剪辑实例的时间轴的第 1 帧上分别定义一个变量。

在 mcB 中：

```
var mcB_var="mcB";
```

在 mc2 中：

```
var mc2_var="mc2";
```

在 mcA 中：

```
var mcA_var="mcA";
```

在 mc1 中：

```
var mc1_var="mc1";
```

5）在 mcB 的时间轴上的第 1 帧中输入下列代码：

```
trace(_parent.root_var);
```

6）测试影片，输出_root。

在这个范例中，_root 是 mcA 的父级，要在 mcA 的时间轴上访问_root 中的变量 root_var，只需要向上访问一级：

```
_parent.root_var;
```

而 mcA 又是 mc1 的父级，要在 mc1 的时间轴上访问_root 中的变量 root_var，需要向上访问两级，表示如下：

```
_parent._parent.root_var;
```

类似地，要在_root 的时间轴上访问 mc2 中的变量，要向下访问二级，表示如下：

```
mcB.mc2.mc2_var;
```

要在 mc2 的时间轴中访问 mc1 中的变量 mc1._var，先向上访问二级，再向下访问二级，表示如下：

```
_parent._parent.mcA.mc1.mc1_var;
```

6.3.3　步骤详解

1．添加脚本控制

在本案例中，需要添加脚本的有两个地方：一个是时间轴的帧，本案例动画播放完后就停止播

放，不会循环播放，因此要为时间轴上的最后一帧添加脚本控制其停止播放；另一个是"循环图片动画"影片剪辑，当鼠标放在它上面时它就停止播放，鼠标移开时继续播放。具体添加步骤如下：

（1）选择最上层的"开场第一幕"图层，新建图层并命名为"动作"，选择第 580 帧，按 F6 键添加关键帧。

（2）右击第 580 帧，在弹出的快捷菜单中选择"动作"选项打开"动作"面板，如图 6-57 所示。

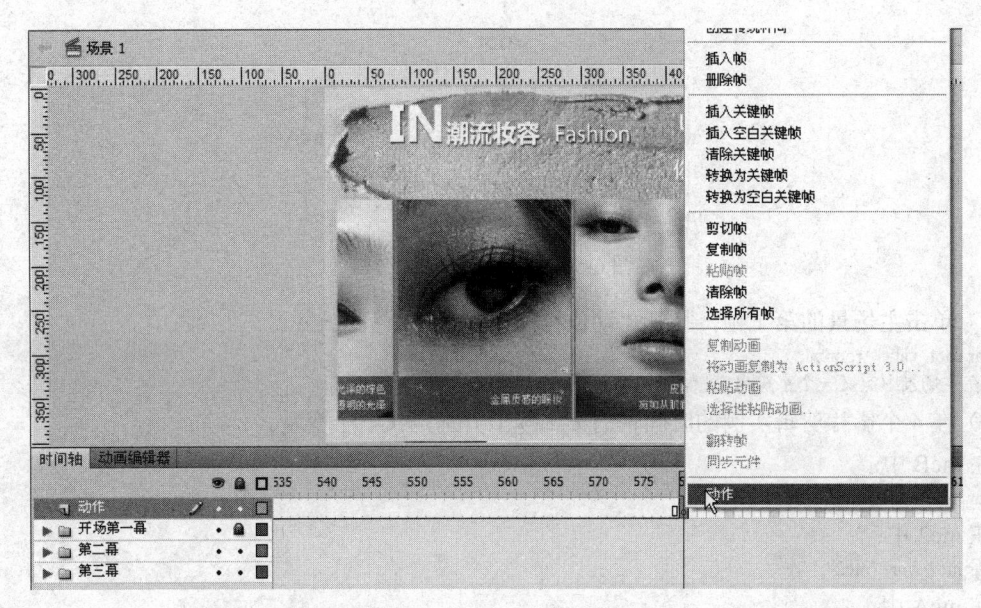

图 6-57 打开"动作"面板

（3）在脚本编辑窗口中直接输入 stop();，关闭"动作"面板，如图 6-58 所示。

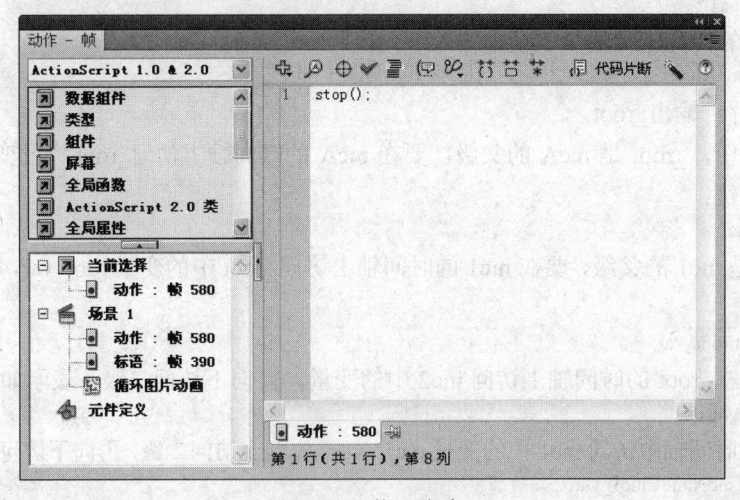

图 6-58 停止脚本

（4）展开"第三幕"文件夹，对"循环图片"图层解锁并把其他层锁上，在舞台上右击"循环图片动画"影片剪辑实例，在弹出的快捷菜单中选择"动作"选项打开"动作"面板。

（5）可以自己输入也可以双击左边窗口中的"全局函数"→"影片剪辑控制"→on，在弹出的事件中选择 rollOver，在编辑窗口中的{}内输入 stop();。

（6）用同样的方法再添加一个 rollOut 事件，在{}里输入 play();，如图 6-59 所示。

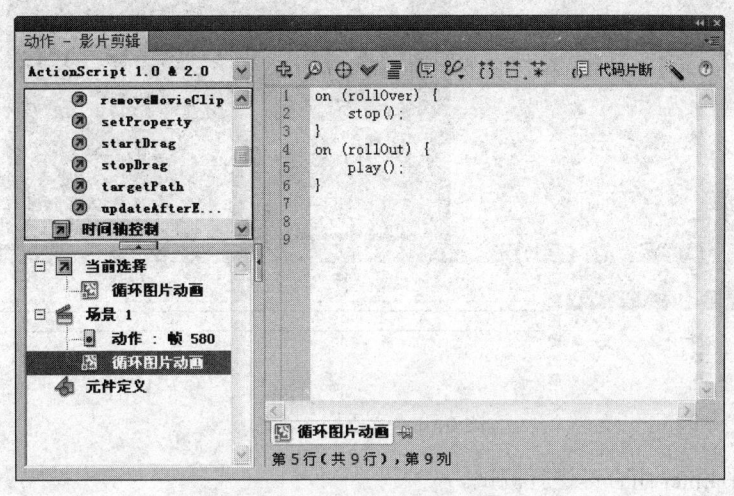

图 6-59　影片剪辑控制脚本

（7）脚本添加完成，关闭"动作"面板，按 Ctrl+Enter 组合键进行测试。

2. 添加声音

（1）新建图层并命名为"背景音乐"。

（2）执行"文件"→"导入"→"导入到库"命令，打开"导入到库"对话框，选择音乐文件 sound.mp3，单击"打开"按钮导入，如图 6-60 所示。

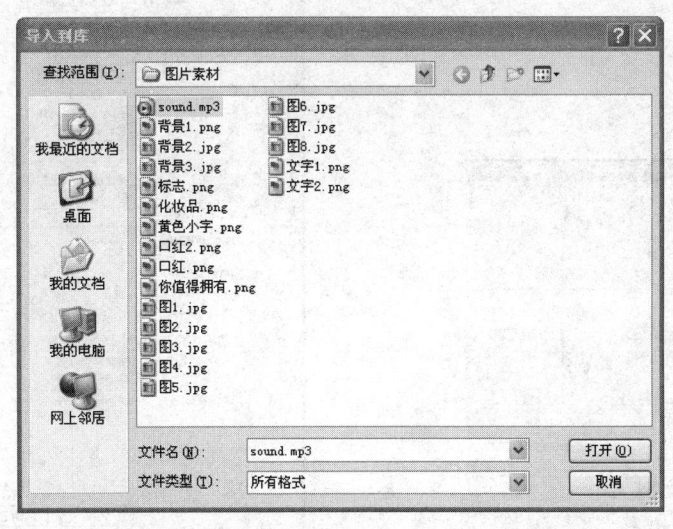

图 6-60　选择音乐导入

（3）把 sound.mp3 从库中拖到舞台上，"背景音乐"层出现波形，如图 6-61 所示。

（4）由于动画不重复播放，而是播完后停止播放，因此在音乐的"同步"属性中默认为"事件"，如图 6-62 所示。

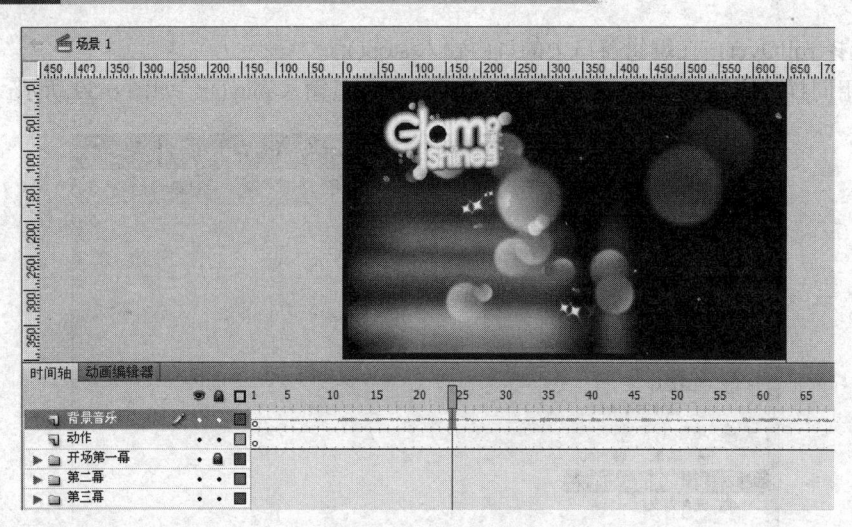

图 6-61　音乐拖入舞台

（5）按 Ctrl+Enter 组合键进行测试。

3. 动画优化与导出

将动画设计与制作完成之后，需要对动画进行优化和导出。单击"文件"→"发布设置"命令，弹出如图 6-63 所示的对话框，根据自己的动画发布需要进行设置。

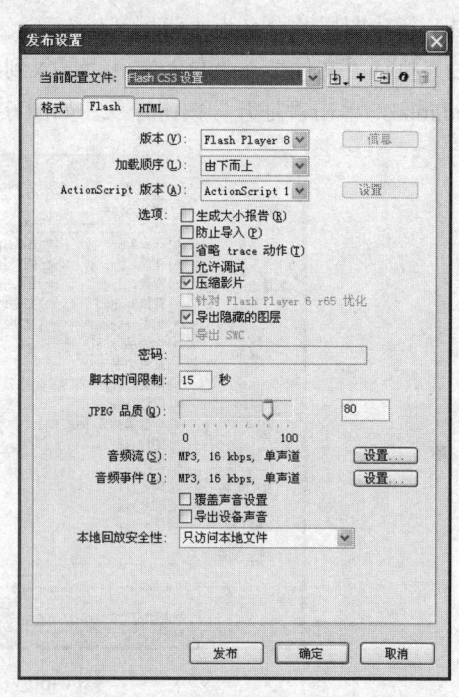

图 6-62　同步属性设置　　　　　　　图 6-63　"发布设置"对话框

拓展练习——手机广告

为了让读者巩固在本项目中学到的知识，下面进行拓展训练，本次拓展训练为制作如图 6-64

210

至图 6-68 所示的手机广告。

图 6-64　手机广告画面 1

图 6-65　手机广告画面 2

图 6-66　手机广告画面 3

图 6-67　手机广告画面 4

图 6-68　手机广告画面 5

项目七

Flash 网站设计与制作——服装网站

本项目介绍一个以服装为主的企业网站的制作步骤。该网站结构简单，没有多余的动画效果，并且省略了一些附加功能。目的在于通过这个结构简单但目的明确的网站制作，来使读者对网站的整体制作方法有个初步的认识和把握。然后读者可以在此基础上，根据需要对网站的功能进行拓展，使其得到进一步的完善。

该网站主要由 5 个 SWF 文件组成，分别为网站的首页、公司简介、最新动态、产品信息、联系方式 5 个页面，效果如图 7-1 至图 7-5 所示。

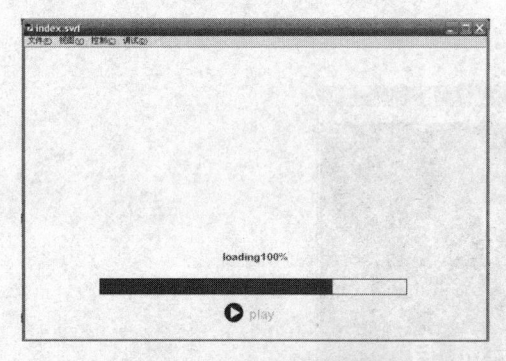

图 7-1　公司首页加载页面

图 7-2　公司简介页面

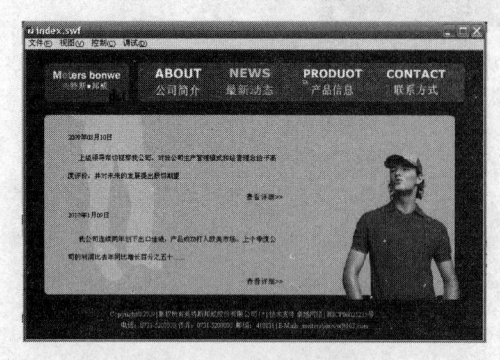

图 7-3　最新动态页面

图 7-4　产品信息页面

图 7-5 联系方式页面

任务 7.1　项目分解——网站片头动画制作

7.1.1　效果展示

本案例中的片头部分主要由进度条和 Logo 动画组成，其中进度条由 3 部分构成：进度条、进度显示、播放控制按钮，如图 7-6 至图 7-10 所示。

图 7-6　进度条　　　　　　　　　　　　图 7-7　进度显示

图 7-8　播放控制按钮

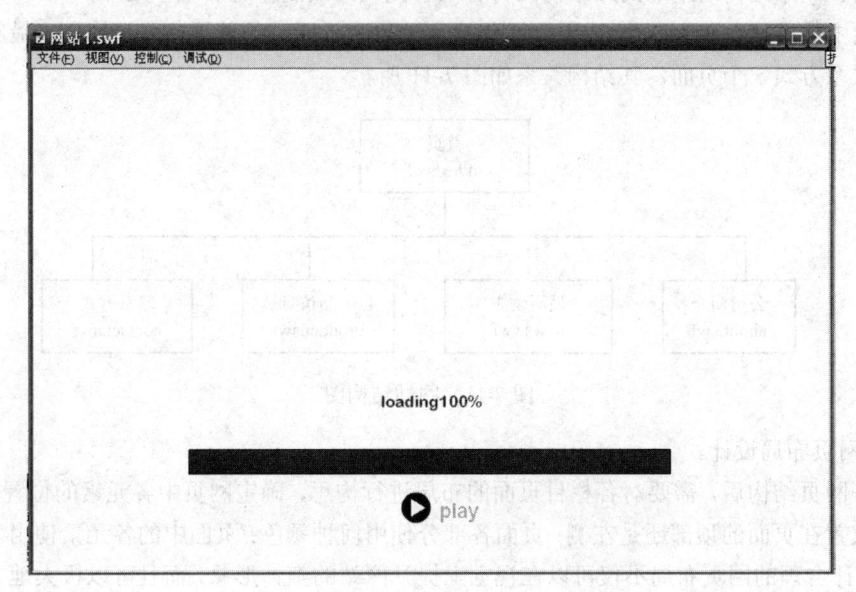

图 7-9　完整效果

213

图 7-10　Logo 动画

7.1.2　知识讲解

1. 网站制作流程

对许多读者来说 Flash 软件的功能和操作方法早已不再陌生，但一提到 Flash 制作网站却感觉无从下手。这主要是由于对网站的制作流程不了解，对网站的组成结构没有明确的认识所致。下面就简单介绍一下使用 Flash 制作网站的基本流程。

（1）确定网站的主题和风格。

在制作网站之前，首先需要根据制作目的来确定网站的主题。例如，如果网站用于个人宣传，则需要选择自己擅长领域的内容作为网站主题的侧重点；如果网站是公司企业等商用性网站，则需要确定网站的主题是提升企业形象还是宣传企业产品，抑或网上商务交流等。

确定主题后，就需要根据主题来确定网站的风格。例如以流行音乐、游戏动漫等为主题的网站就需要选择一些充满时尚动感的风格；以企业宣传、商务交流等为主题的网站则需要采用严谨务实的风格。

本案例中的网站是以服装为主的企业网站，根据该企业的服装风格——大众化、休闲、时尚，应当为网站选择一种能够反映服装特点、体现时尚元素的风格。

（2）网站结构规划。

主题和风格确定后，就可以规划网站的结构了。首先需要绘制网站的结构草图，将网站的各个栏目版块以及各版块之间的上下级链接关系在草图上表现出来；然后根据结构草图进一步完善网站的整体结构。一个结构清晰的网站结构图将有助于提高网站制作者的工作效率。

本案例中的网站主要由 5 个 SWF 文件组成，分别为该网站的首页、公司简介、最新动态、产品信息、联系方式 5 个页面，其结构关系如图 7-11 所示。

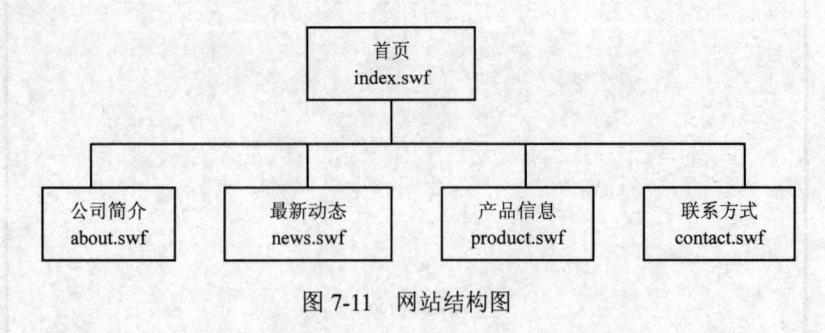

图 7-11　网站结构图

（3）网页布局设计。

确定好网页结构后，需要对各栏目页面的布局进行构思，确定网页中各元素的位置。例如，将导航菜单放置在页面的顶部还是左侧；页面各部分使用何种颜色；页面中的各元素使用怎样的动画效果等。设计合理的网页布局不仅可以在视觉上提升网站的整体形象，而且可以极大地方便浏览者的浏览，增强浏览者对网站的好感。

该网站的页面主要由 3 部分组成：公司 Logo、导航菜单和网页内容。其中的网页内容即为首页下属的各子页面的内容。单击导航菜单中的相应菜单项，在网页内容中将显示相应的子页面的内容，其布局如图 7-12 所示。

```
┌─────────────────┐  ┌──────────────────────────────────────┐
│                 │  │                                      │
│      Logo       │  │              导航菜单                 │
│                 │  │                                      │
└─────────────────┘  └──────────────────────────────────────┘
┌──────────────────────────────────────────────────────────┐
│                                                          │
│                                                          │
│                      网页内容                             │
│                    （各子页面内容）                        │
│                                                          │
│                                                          │
│                                                          │
└──────────────────────────────────────────────────────────┘
```

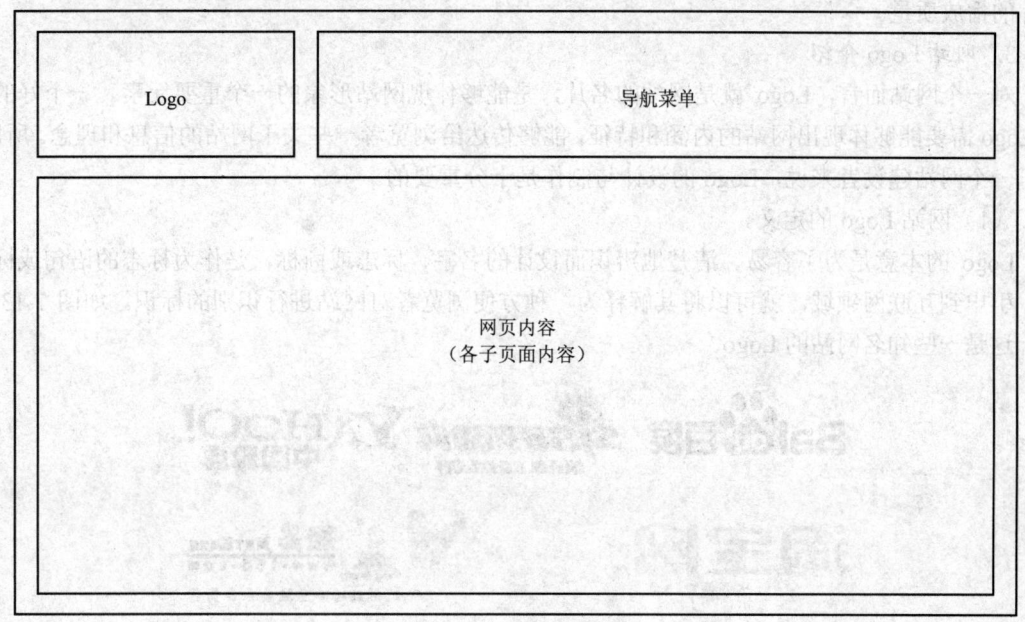

图 7-12　页面布局图

（4）准备页面元素。

这一阶段，需要根据设计好的各页面布局分别在各个页面的 Flash 文件中制作出各种页面元素，并根据布局中的具体需要来收集各种图像、声音、视频等素材，然后将制作好的页面元素以及准备好的各类素材以元件的形式保存在 Flash 的库中。

需要注意的是，在制作网站前要创建一个专门的文件夹来存放网站的所有文件。该网站的所有完成文件都放在同一个文件夹中，在网站中用到的图片素材则放置在该文件夹的下级文件夹中。

（5）制作各页面影片。

这一阶段将具体到每一个版块页面的实际制作，即将之前准备好的各种元件和素材放置在 Flash 文件的时间轴舞台上，使其具备一定的功能和视觉观赏性。其具体制作方法与制作单独的 Flash 影片差别并不是很大，但需要照顾好各页面所对应的 Flash 影片文件之间的逻辑关系，使其在互相调用时不会冲突或破坏网站的整体布局。

（6）整合与发布。

各页面的 Flash 文件制作好后，需要根据规划好的网站结构将各页面整合起来，使其成为一个整体。这一过程也就是在各页面之间添加链接关系以及实现对外部文件调用的过程。

整合好后，就可以将各个 Flash 文件发布为 SWF 影片文件。同时，作为首页的主影片文件还要发布为 HTML 格式的网页文件。发布好后就可以对整个网站进行测试并上传到合适的服务器空间了。

2. 进度条介绍

网络中的 SWF 影片是可以实现边下载边播放的，由于受到当前网络传输的制约，对于大容量的影片，这种实时播放并不理想。

稍微大一些的 Flash 作品在播放之前都会有一个 loading 预载画面，这是考虑到网络的速度，本地浏览不需要等待下载，但传到网上，因为每个用户的网速不同，为避免受众尴尬地等待，Flash 制作人员往往设计一个加载（loading）的画面，等影片的全部字节下载到本地后再播放，从而保证影片的播放质量。

3. 网站 Logo 介绍

对一个网站而言，Logo 就是网站的名片，是能够体现网站形象的一个重要元素。一个好的网站 Logo 需要能够体现出网站的内涵和特征，能够传达给浏览者一些关于网站的信息和理念。所以，对于一个网站建设者来说，Logo 的设计与制作是十分重要的。

（1）网站 Logo 的定义。

Logo 的本意是为了容易、清楚地辨识而设计的名字、标志或商标，是作为标志的语句或标识语。引申到互联网领域，就可以将其解释为一种方便浏览者对网站进行识别的标识。如图 7-13 所示，这是一些知名网站的 Logo。

图 7-13 一些知名网站的 Logo

（2）网站 Logo 的作用。

从网站 Logo 的定义可以归纳出，网站 Logo 具有以下作用：

- 网站形象体现。网站 Logo 是网站形象的综合体现，具有传达网站理念、体现网站精神的作用。从这个意义上来说，网站 Logo 具有重要的识别作用，可以方便浏览者对网站进行认知。好的网站 Logo 可以更全面、准确地向浏览者传达自身的价值，使浏览者获得更直观、更准确的认知，这对于吸引目标浏览者、提升网站形象具有十分重要的意义。
- 链接作用。网站 Logo 也是互联网上的链接门户。通过在其他网站或论坛上放置具备超链接的 Logo 可以使自身网站获得更多的访问量和更广泛的认知。好的 Logo 可以使自己的网站在众多网站链接中脱颖而出，聚集到更多的人气。

（3）网站 Logo 的设计规范。

对于网站 Logo 来说，从其表现形式上可以将其分为静态 Logo 和动态 Logo 两类。针对网站宣传的具体要求的不同，应当根据实际情况选择采用静态 Logo 还是动态 Logo。对于静态 Logo 来说，其文件格式一般采用 GIF 图片格式，而对于动态 Logo 来说，可以使用 GIF 格式，也可以采用 Flash 制作的 SWF 影片文件格式。

一般来说，为了便于互联网上信息的传播，网站 Logo 在制作尺寸上需要符合标准，以下是几种比较常用的尺寸：

- 88 像素×31 像素：这是互联网上最普遍的 Logo 规格。
- 120 像素×60 像素：这种规格用于一般大小的 Logo。
- 120 像素×90 像素：这种规格用于大型 Logo。

但实际上规范是死的,需求才是最重要的。在制作网站 Logo 时,应当首先将网站总体需求摆在第一位。一个符合网站需求、优秀的网站 Logo 应当具备以下特点:
- 能够准确地体现网站的类型和内容。
- 设计美观大方、新颖独特,与网站的整体风格协调统一。
- 符合在互联网上发布的技术标准。

7.1.3 步骤详解

1. 制作进度条

(1)启动 Flash CS5,新建一个 ActionScript 2.0 的空白文档。执行"修改"→"文档"命令,在打开的对话框中将"背景颜色"设置为纯白色#FFFFFF,尺寸更改为 900 像素×550 像素,帧频为 24fps,如图 7-14 所示,单击"确定"按钮。

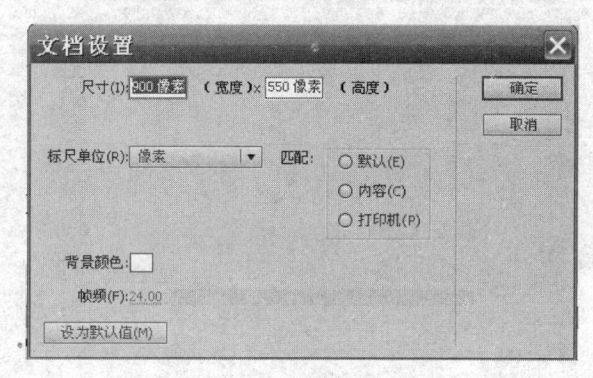

图 7-14 "文档设置"对话框

(2)将图层 1 的名字更改为"背景",使用矩形工具,设置笔触为无色,填充颜色为白色#FFFFFF,在画布上绘制一个 900 像素×550 像素的矩形,调整矩形的位置如图 7-15 所示。

(3)在"背景"层上新建一个图层,命名为"进度条"。执行"插入"→"新建元件"命令,弹出"创建新元件"对话框,在"名称"文本框中输入"进度条",在"类型"下拉列表框中选择"影片剪辑",如图 7-16 所示,单击"确定"按钮进入元件编辑区。

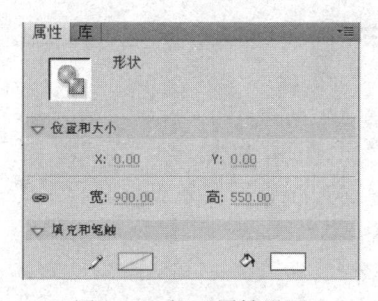

图 7-15 矩形属性设置

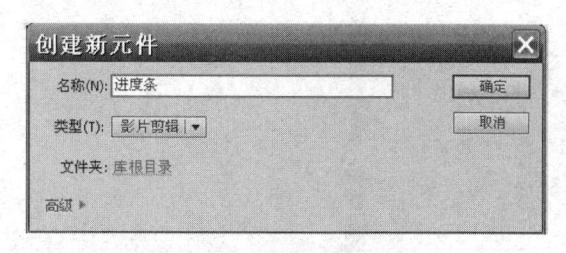

图 7-16 创建进度条元件

(4)将图层名字更改为"颜色",在"颜色"图层上新建一个名为"边框"的图层。选择矩形工具,设置笔触颜色为黑色#000000,填充颜色为蓝色#0066CC,在"颜色"图层中绘制一个矩形条,效果如图 7-17 所示。

217

图 7-17　绘制进度条

（5）使用选择工具，选中矩形边框的部分，按 Ctrl+X 组合键剪切；进入"边框"图层，右击，从弹出的快捷菜单中选择"粘贴到当前位置"，使得"颜色"图层只保留矩形颜色部分，"边框"图层保留矩形边框部分。

（6）在"颜色"图层的第 100 帧插入关键帧，使用任意变形工具，更改第 1 帧的矩形宽度为 2 像素；在第 1 帧和第 100 帧之间创建形状补间动画；选中第 100 帧，按 F9 键，在弹出的"动作"面板中添加代码 stop();；在"边框"图层的第 100 帧插入普通帧。然后返回场景 1，将"进度条"影片剪辑拖入"进度条"图层中，整个影片剪辑效果如图 7-18 所示。

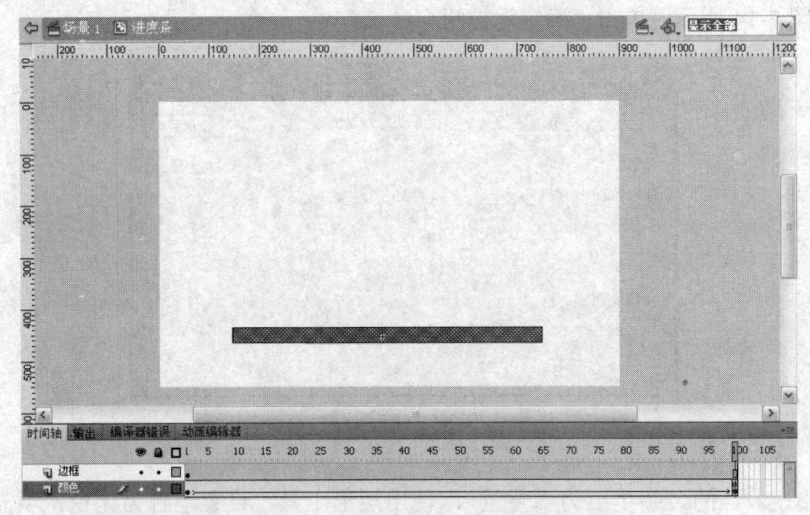

图 7-18　"进度条"影片剪辑效果

（7）选择文本工具，设置文本属性为"传统文本"和"动态文本"，文字大小为 20 点，颜色为#0066CC，字体为 Arial Rounded MT Bold，在选项中设置变量名为 loadtxt，在"进度条"图层的第 1 帧中单击鼠标将动态文本添加到画布中，效果如图 7-19 所示。

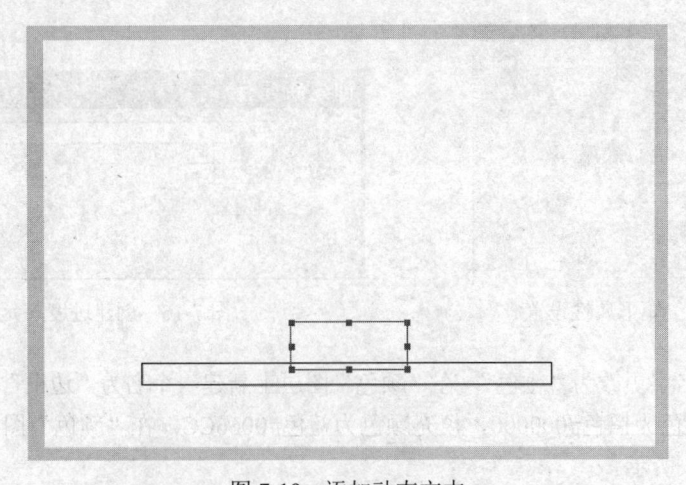

图 7-19　添加动态文本

(8) 新建一个图层，命名为"进度条代码"，选中该图层的第 1 帧，在属性面板上更改帧名为 play，按 F9 键，为第一个关键帧添加代码段，如图 7-20 所示。

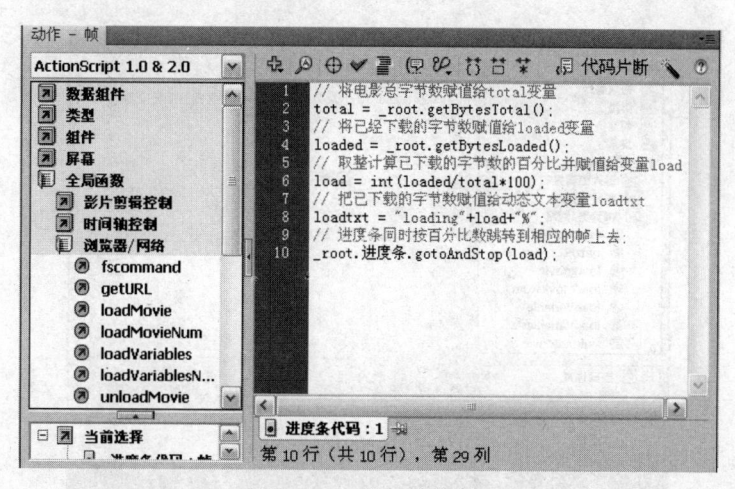

图 7-20　第 1 帧代码

(9) 在该图层的第 6 帧添加关键帧，添加控制代码，如图 7-21 所示。

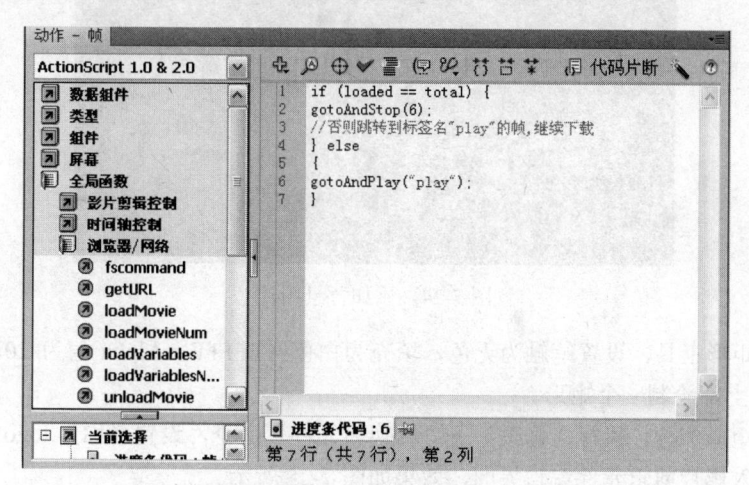

图 7-21　第 6 帧代码

(10) 新建一个图层，命名为"按钮"，在该图层的第 5 帧插入关键帧；执行"窗口"→"公用库"→"按钮"命令，从"公用库按钮"面板中选择一个系统自带的按钮，如图 7-22 所示。

图 7-22　添加控制按钮

(11) 选中按钮，按 F9 键，在"动作"面板中添加控制代码，如图 7-23 所示。
(12) 按 Ctrl+S 组合键保存文件，命名为 index.fla。
2. 制作 Logo 动画
(1) 在"按钮"图层上新建一个图层，命名为"网站背景"，执行"文件"→"导入到库"命令，将准备的素材文件夹中的背景图片 bg.gif 导入到库，然后拖入到"网站背景"图层的第 7 帧，调整图片所在位置，正好和舞台对齐，如图 7-24 所示。

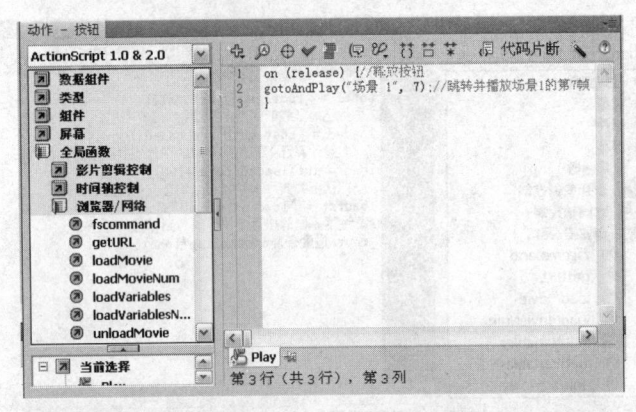

图 7-23 添加按钮代码

图 7-24 添加背景图片

（2）选择矩形工具，设置笔触为无色，填充为白色#FFFFFF，Alpha 值为 20，矩形边角半径为 5，在画布左上部绘制一个矩形。

（3）选择矩形部分，执行"修改"→"转换为元件"命令，设置名称为 logo，类型为"影片剪辑元件"，进入影片剪辑元件编辑界面，效果如图 7-25 所示。

图 7-25 转换为影片剪辑元件

（4）更改图层 1 的名称为"背景色"，在其上方新建图层，命名为"文本"，输入文字"Meters bomwe 美斯特·邦威"，效果如图 7-26 所示。

（5）新建图层并命名为"文本副本"，将"文本"图层的文字部分复制之后粘贴到"文本副本"的当前位置，使得两个图层的文本部分完全重合。

图 7-26 添加 Logo 文本

（6）在"文本"图层和"文本副本"图层之间新建一个图层，命名为"光线"；使用矩形工具，设置笔触颜色为无色，填充颜色为#FF9900，在文字旁边绘制一个矩形，调整矩形的大小和位置，如图 7-27 所示。

（7）选中黄色矩形块部分，将其转换为图形元件，命名为"光线"。在"光线"图层的第 35 帧和第 70 帧插入关键帧，将第 35 帧的矩形块部分移动到文本右边，效果如图 7-28 所示。再在第 1 帧和第 35 帧、第 35 帧和第 70 帧之间插入传统补间。

图 7-27 添加光线　　　　　　　　　图 7-28 移动光线

（8）在"文字副本"层的名称上右击，从弹出的快捷菜单中选择"遮罩层"，为其设置遮罩动画。最后在除了光线层之外的 3 个图层的第 70 帧均添加普通帧，整个 Logo 动画部分的效果如图 7-29 所示。

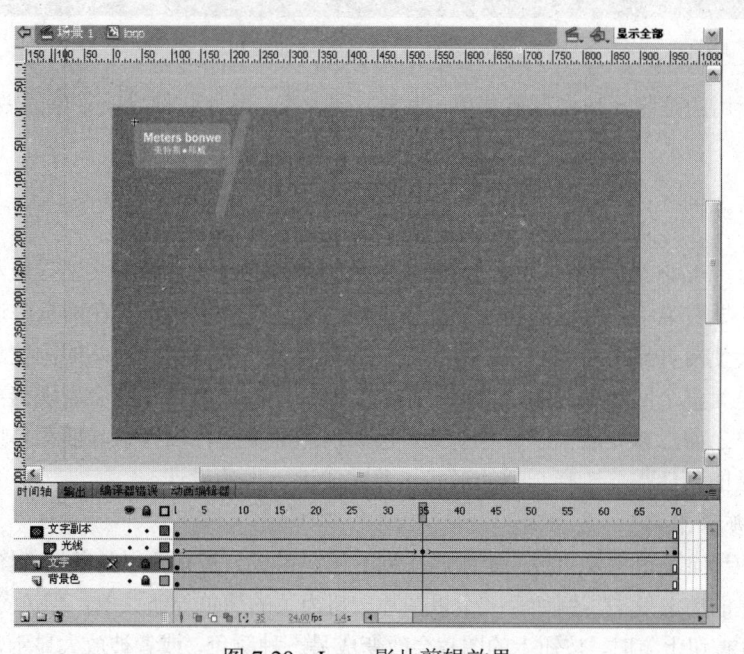

图 7-29 Logo 影片剪辑效果

(9) 返回场景 1，按 Ctrl+S 组合键保存文件。

任务 7.2　项目分解——网站导航制作

7.2.1　效果展示

在制作网页导航菜单时，就可以针对网站的实际情况来具体选择采用何种形式。常见的导航菜单如图 7-30 至图 7-32 所示。实际上，什么样的网站该选择哪种导航菜单形式并没有一个标准，有时候甚至可以根据实际需要在一个导航菜单中结合运用两种或多种形式。

图 7-30　普通导航菜单

图 7-31　下拉导航菜单

图 7-32　隐形按钮导航菜单

本案例中所用的是隐形按钮导航菜单，为了方便大家，另外两种导航菜单的做法也会在后面详细讲解。

7.2.2　知识讲解

制作网页时，Flash 最常用的功能之一就是制作导航菜单。与传统的文字导航和图片导航相比，用 Flash 制作的导航菜单具有动感强、视觉效果好、交互性高的优点。在网页中适当地加入 Flash 导航菜单，将会使网页显得生动活泼、具备更强的吸引力，从而增加网站的浏览量。

导航菜单是为整个网站服务的，根据网站类型的不同，导航菜单也会表现出不同的设计形式，在制作导航菜单之前，首先应当了解导航菜单所属网站的类型，以及该导航菜单所要实现的功能。然后，根据网站的具体需要选择合适的形式，并完成进一步的设计。

1. 普通导航菜单

这种类型的导航菜单主要由按一定顺序排列的按钮组成。按钮可以是单纯的图片或文字，也可以附加一些简单的动态效果。例如，一个以图片按钮为主的简单导航菜单，当浏览者将鼠标指针移动到相应的图片按钮上方时，按钮上的图片会改变成另一种颜色，或者被放大显示，如图 7-33 所示。

图 7-33　鼠标经过的按钮与周围按钮在尺寸上形成对比

对于下级链接页面不是特别多、结构也不是很复杂的网站，采用这种形式的导航菜单是比较合理的。

2. 触发导航菜单

对于一些以图片为主的网页来说，有时候需要将多幅图片放置在网页中的同一个区域内。当浏览者用鼠标触发相应的导航按钮时，该按钮所对应的图片会显示在该区域内，如图 7-34 所示，当鼠标单击导航栏上的不同按钮时，下方将显示对应的图片。

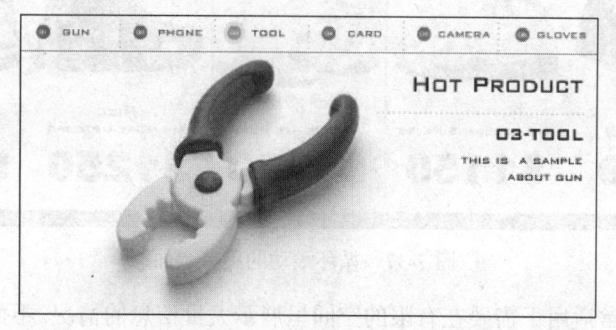

图 7-34　单击上方导航栏时窗口下方显示对应的图片

这种导航菜单一般应用在需要展示多幅尺寸较大的图片，而页面空间有限，同时又不希望增加下级链接页面的网页中。

3. 下拉菜单

下拉菜单是网页制作中比较常用的一种导航形式，当浏览者将鼠标指针移动到菜单上时，会显示隐藏的子菜单。如图 7-35 和图 7-36 所示，当鼠标指针移动到主菜单的某一项上时，在该菜单项的下方会出现其子菜单项，浏览者可以直接在子菜单中选择想要访问的页面。

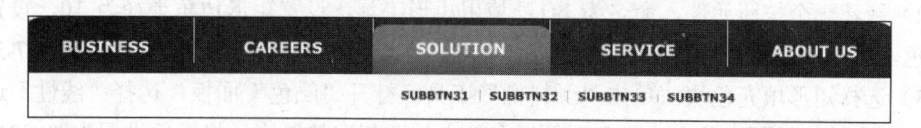

图 7-35　网页中的下拉菜单（横向）

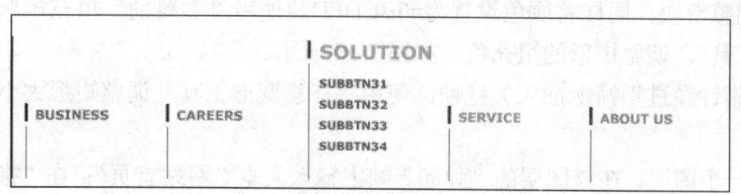

图 7-36　网页中的下拉菜单（纵向）

对于拥有较多下级页面的网站，这种下拉菜单的导航处理方法使浏览者可以对该网站的结构有一个更直观、更清晰的认识。与将所有下级页面的链接并排放置在一个导航栏中的处理方法相比，下拉菜单不但可以使网站的结构一目了然，方便浏览者寻找网站上的相关信息，而且对整个网页页面的外观也起到了很好的美化作用。

4. 循环滚动菜单

在一些网站上经常可以看到这样的广告——在一定区域内，各种产品图片如走马灯一样不停地循环显示。当浏览者将鼠标指针移动到这个区域内时，所有的产品图片都停止了移动。此时，浏览者可以单击自己感兴趣的产品以进入载有该产品信息的页面。如图 7-37 所示，由多张产品组成的菜单画面循环不停地向右缓慢滚动，当鼠标指针移动到其中一幅产品图片上方时，整个画面的滚动立即停止。

图 7-37　循环滚动的菜单画面

这种导航菜单非常适用于需要在有限的空间里展示大量信息的情况。不但网络广告可以采用这种形式的菜单，而且诸如新闻版、公告牌等也可以采用这种信息循环滚动菜单的形式。

7.2.3　步骤详解

1. 制作普通导航菜单

在网上经常看到，有一些网页的导航菜单当鼠标移动到按钮上方时按钮会放大显示。下面将会通过一个实例来讲解这种导航菜单的制作方法。

（1）新建文件，大小为 750 像素×50 像素，背景为白色，保存为"普通导航.fla"。

（2）新建一个按钮元件，命名为 bt1，使用矩形工具，设置矩形边角半径为 10，设置笔触颜色为无色，填充颜色为黑色#000000，选择弹起帧，在舞台中绘制一个圆角矩形，如图 7-38 所示。

（3）选择矩形填充色块，单击"颜料桶"工具，打开"颜色"面板，选择"线性"选项进入线性颜色渐变填充界面。单击"颜色"面板左下方的渐变调整滑块，将颜色设置为#003366，单击右下方的渐变调整滑块，同样将颜色设置为#0BCDFD。使用"颜料桶"填充矩形填充色块，并使用"渐变变形工具"，调整矩形的填充色，如图 7-39 所示。

（4）在"指针经过"帧上插入关键帧，使用"任意变形工具"调整矩形大小；在"单击"帧上插入帧。

（5）新建一个图层，在该图层的"弹起"帧上输入文本"网站首页"；在"指针经过"帧上插入关键，使用"任意变形工具"调整放大文本大小；在"单击"帧上插入帧，如图 7-40 所示。

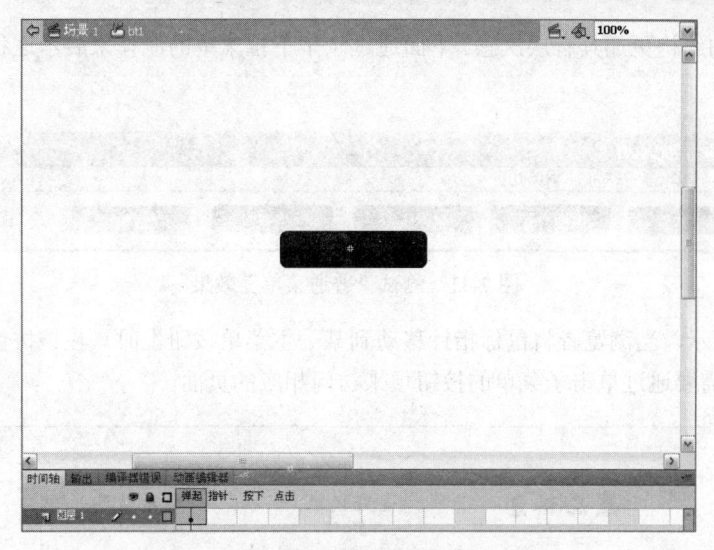

图 7-38　绘制圆角矩形

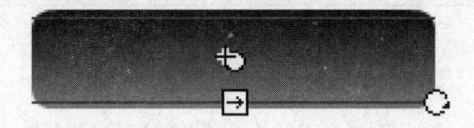

图 7-39　设置矩形填充颜色

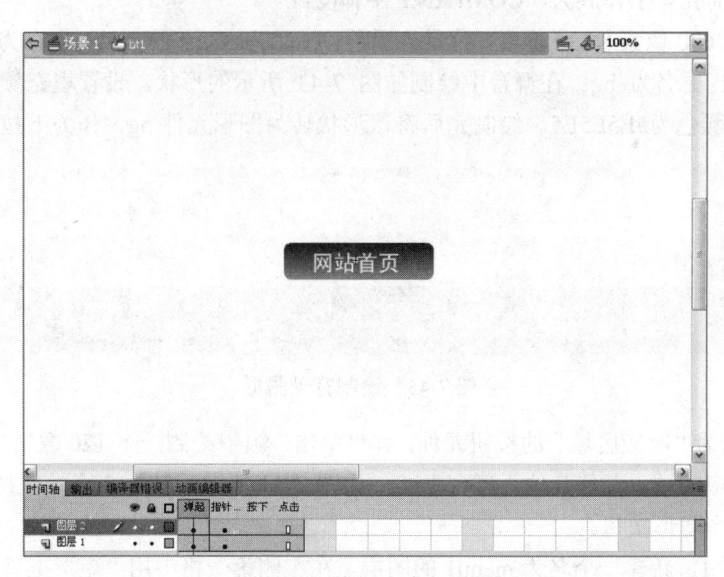

图 7-40　按钮文本的设置

（6）按上述方法分别建立按钮元件 bt2~bt5，按钮上的文本分别为"课程简介"、"教学资源"、"网络课堂"、"在线教学"。

（7）回到场景，将完成的按钮元件放入舞台中，按 Ctrl+Enter 组合键测试，效果如图 7-41 所示。

2. 制作下拉菜单

下拉菜单是应用比较广泛的导航菜单形式。使用这种形式的导航菜单，可以有效地节约页面空间,同时使网站的结构更加具有层次感。下面通过一个下拉菜单的制作来展示这种导航菜单的制作思路。

图 7-41 测试"普通菜单"效果

如图 7-42 所示,当浏览者将鼠标指针移动到某一主菜单按钮上时,在该按钮的下方会出现一排菜单。浏览者需要通过单击子菜单的按钮项来访问相应的页面。

图 7-42 下拉菜单

(1)制作主菜单。

首先制作主菜单中的第一个选项"公司简介"。当鼠标经过该菜单项时,背景会弹出一个灰色框,同时"公司简介"字体放大,COMPANY 字体变红。

1)新建一个 690 像素×130 像素,背景为黑色,帧频为 36fps 的文档,保存为"下拉菜单.fla"。

2)将图层 1 更名为 bg。在舞台中绘制如图 7-43 所示的形状,设置填充颜色为#FFFFFF 和#D4D0D8,笔触颜色为#E5E5E5。绘制完后将该形状转为图形元件 bg,作为下拉菜单的背景图。

图 7-43 绘制背景图形

3)新建一名为"响应区域"的按钮元件,在"单击"帧中绘制一个 120 像素×70 像素的矩形,作为该按钮的响应区域,并使其位于舞台中心,如图 7-44 所示。其他 3 个帧保持空白状态,这样该按钮就成为一个隐形按钮。

4)回到场景 1,新建一个名为 menu1 的图层。在左侧第一格中用"矩形工具"和"线条工具"绘制如图 7-45 所示的图形,并将图形填充色块的颜色设为#FAFAFA,笔触颜色设为#E5E5E5。

5)选择绘制的图形,转换为名为 OVER 的图形元件。保持该图形的选中状态,将其转换为名为 menu1 的影片剪辑元件。

6)进入 menu1 影片剪辑,将图层 1 更名为 OVER。在第 9 帧插入关键帧。在第 1 帧中,使用"任意变形工具"将 OVER 图形元件缩小,并将其 Alpha 值设为 0%,在第 1 帧和第 9 帧之间创建传统补间动画,如图 7-46 所示。

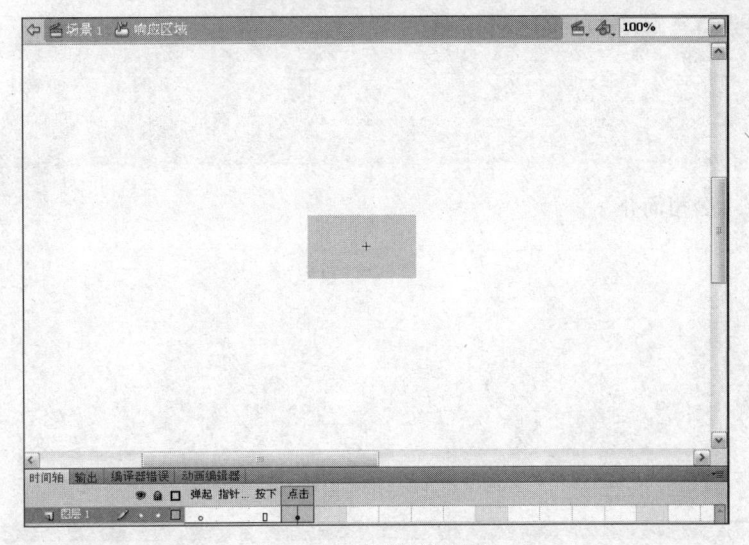

图 7-44 响应区域按钮

图 7-45 在图层 menu1 上绘制图形

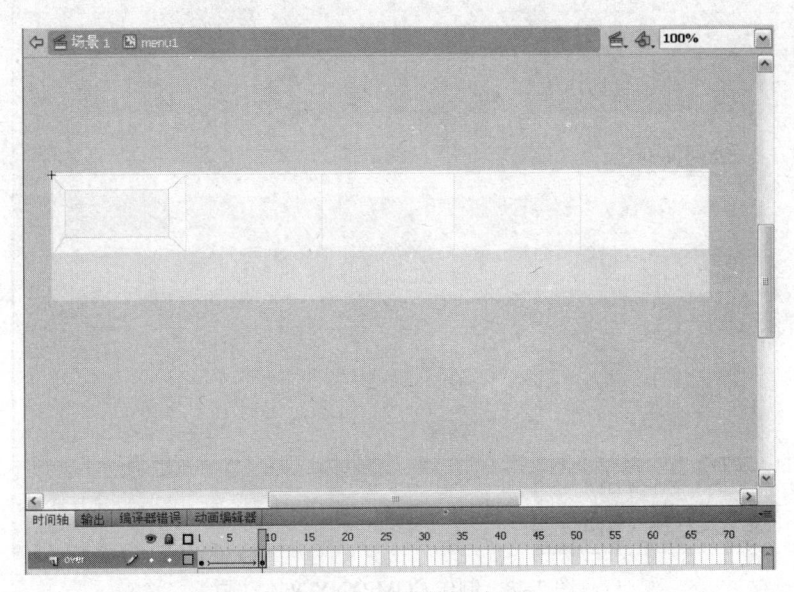

图 7-46 创建补间动画

7）在 menu1 影片剪辑中新建一个图层 C，在该图层上添加"公司简介"文本，并将该文本转换为名为"公司简介"的图形元件。在该图层的第 9 帧插入关键帧，将该帧的"公司简介"图形元件放大，在第 1 帧和第 9 帧之间创建传统补间动画，如图 7-47 所示。

227

图 7-47 创建文本动画

8)新建一个图层 E,在该层添加一个 COMPANY 文本,并将该文本转换为图形元件 company。

9)在图层 E 的第 9 帧插入关键帧,选中 company 图形元件,将"属性"面板中的"色调"设置为#FF0000,在第 1 帧和第 9 帧之间创建传统补间动画,如图 7-48 所示。

图 7-48 制作 COMPANY 文本动画

10)新建一个图层 hit,将响应区域按钮元件拖入舞台遮盖住文本,在舞台上将看到一个浅蓝色的矩形按钮,如图 7-49 所示。

11)新建一个图层 AS,在第 1 帧和第 9 帧添加脚本 stop();;回到场景 1,主菜单的第一项"公司简介"制作完成。

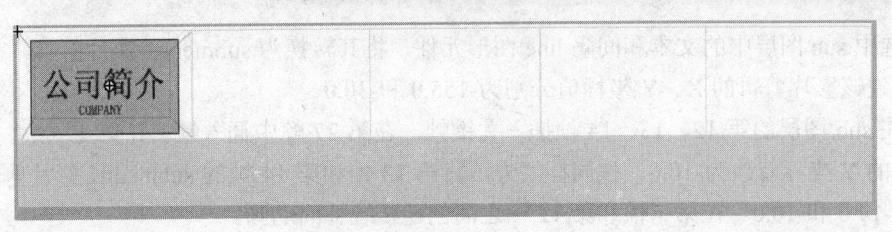

图 7-49　放置"响应区域"按钮

（2）制作子菜单。

主菜单项制作完成后，下面制作当鼠标经过主菜单时在主菜单的下方会弹出子菜单栏。

1）新建一名为 bar 的图形元件，在该元件内绘制一个 330 像素×26 像素，边角半径为 6 的元件矩形，将填充颜色设置为 Alpha 值为 60%的白色，禁用笔触颜色。

2）新建一名为 line 的图形，禁用笔触颜色，在该元件内部绘制一个 1 像素×8 像素，填充颜色为白色的矩形。

3）新建一名为 sub1 的影片剪辑元件，进入该元件内部，将图层 1 更名为 bar。将 bar 图形元件放入舞台中，并设置其 X、Y 坐标值分别为 0.0 和-2.0。在第 7 帧和第 13 帧分别插入关键帧，在第 27 帧插入帧。

4）将第 1 帧中 bar 图形元件"属性"面板中的 Y 坐标修改为-27.0，并设置元件的 Alpha 值为 0%。将第 7 帧 bar 图形元件的 Alpha 值设为 50%，在第 1 帧和第 7 帧之间创建传统补间动画。

5）将第 13 帧中 bar 图形元件"属性"面板中的"亮度"设置为-100%，如图 7-50 所示。

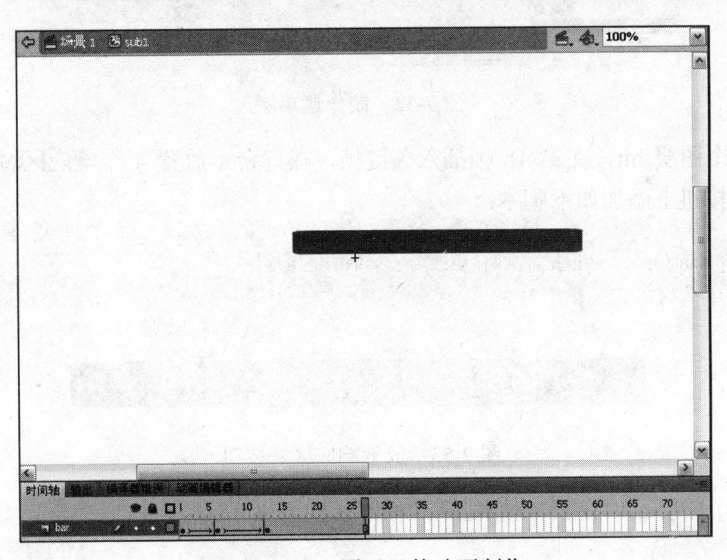

图 7-50　bar 图形元件动画制作

6）新建一个图层 sub，在第 7 帧插入关键帧，在 bar 图形元件的上方输入文本，如图 7-51 所示，作为子菜单的按钮文字。在文本之间放入 line 图形元件，将文本隔开。

图 7-51　添加文本

7）选中 sub 图层中的文本和间隔 line 图形元件，将其转换为 submenu1 影片剪辑。在"属性"面板中设置该影片剪辑的 X、Y 坐标值分别为-155.0 和-30.0。

8）在 sub 图层的第 12、13、14 帧插入关键帧，在第 27 帧中插入帧。在第 12 帧将 submenu1 影片剪辑的 Y 坐标修改为-10.0。按同样的方法将第 13 帧和第 14 帧的 submenu1 影片剪辑的 Y 坐标修改为-14.0 和-10.0。在第 7 帧和第 12 帧之间创建传统补间动画。

9）在 sub 图层上方新建 mask 图层，在第 7 帧插入关键帧。在舞台中绘制一长矩形刚好遮盖住 bar 图形元件，并将该图层设置为遮罩层，如图 7-52 所示。

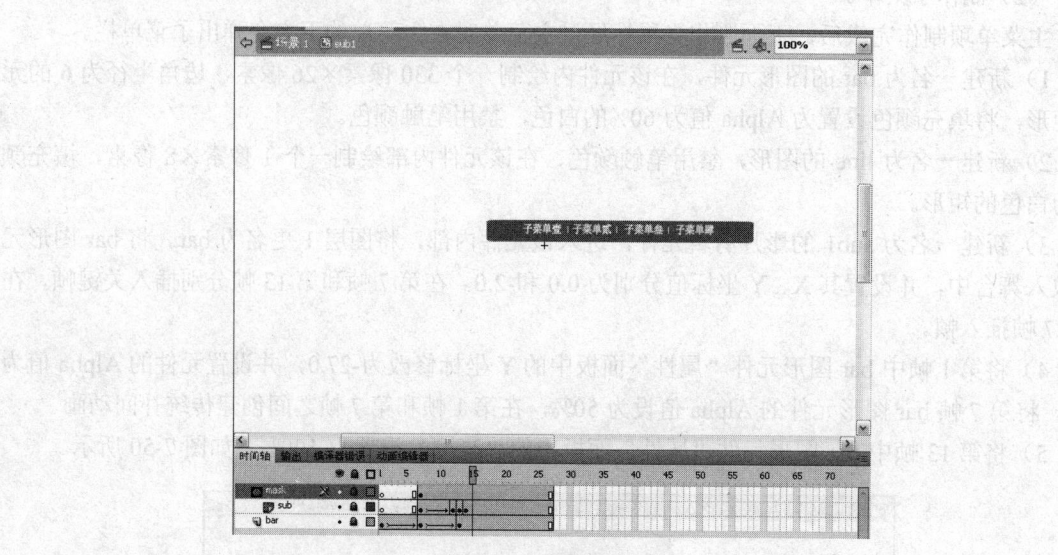

图 7-52　制作遮罩层

10）新建一个图层 hit，在第 18 帧插入关键帧，在舞台上放置 4 个响应区域按钮，如图 7-53 所示，并在每个按钮上添加如下脚本：

```
on(release){
    getURL("#","_blank");        //根据需要将#更改为子菜单的链接地址
}
```

图 7-53　放置响应区域按钮

11）新建一个图层 as，在第 1 帧和第 27 帧添加如下脚本：
stop();

12）回到场景，新建一个图层 sub1，将 sub1 影片剪辑放入舞台，如图 7-54 所示。

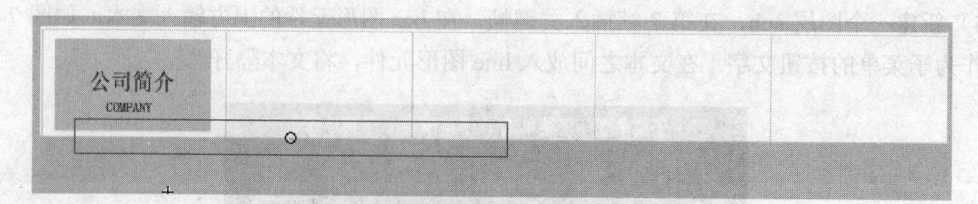

图 7-54　放置 sub1 影片剪辑

(3)制作下拉菜单。

主菜单中的"公司简介"及其下级菜单已经制作完成,下面需要通过脚本将主菜单和子菜单组合在一起,完成"公司简介"项下拉菜单的制作。然后按照同样的方法完成其他菜单项的制作。

1)在场景中的 sub1 图层上新建一个图层 AS。

2)单击 menu1 图层上的 menu1 影片剪辑,将其"属性"面板中的实例名设为 menu1。进入 menu1 影片剪辑,单击 hit 图层上的响应区域按钮,将其"属性"面板中的实例名设为 hit。

3)回到场景,将 sub1 图层上的 sub1 影片剪辑的实例名设为 submenu1。

4)单击图层 AS 的第 1 帧,添加如下脚本:

```
_root.menu1.hit.onRollOver = function() {
    _root.menu1.gotoAndPlay(2);
    _root.submenu1.gotoAndPlay(2);
}
```

这段代码的意思是:当鼠标经过实例名为 menu1 的影片剪辑中的 hit 对象时,实例名为 menu1 的影片剪辑会跳转到第 2 帧开始播放,与此同时实例名为 submenu1 的影片剪辑也跳转到第 2 帧开始播放。这样,当鼠标经过公司菜单时就触发下拉菜单的动作。

5)按 Ctrl+Enter 组合键测试影片,效果如图 7-55 所示。

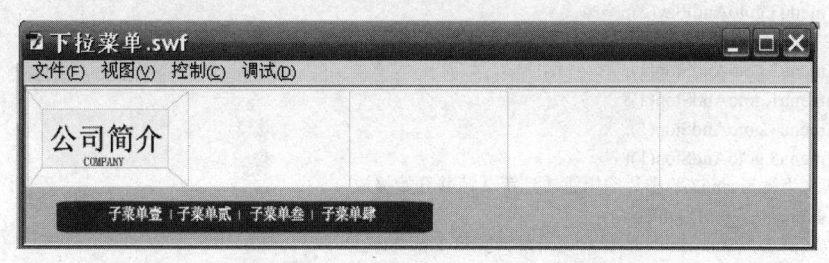

图 7-55 "公司简介"下拉菜单效果

6)按照同样的方法,将"产品信息"、"合作代理"、"售后服务"、"在线订购" 4 个菜单项及其对应的子菜单制作完成。

7)修改图层 AS 第 1 帧的代码如下:

```
//当鼠标经过"公司简介"栏时
//即经过实例名为 menu1 的影片剪辑,触发实例名为 hit 的按钮元件时
_root.menu1.hit.onRollOver = function() {
    //实例名为 menu1 的影片剪辑跳转到第 2 帧并开始播放
    _root.menu1.gotoAndPlay(2);
    //其他实例名为 menuN 的影片剪辑跳转到第 1 帧并停止
    _root.menu2.gotoAndStop(1);
    _root.menu3.gotoAndStop(1);
    _root.menu4.gotoAndStop(1);
    _root.menu5.gotoAndStop(1);
    //实例名为 submenu1 的影片剪辑跳转到第 2 帧并开始播放
    _root.submenu1.gotoAndPlay(2);
    //其他实例名为 submenuN 的影片剪辑跳转到第 1 帧并停止
    _root.submenu2.gotoAndStop(1);
    _root.submenu3.gotoAndStop(1);
    _root.submenu4.gotoAndStop(1);
    _root.submenu5.gotoAndStop(1);
};
//当鼠标经过"产品信息"栏时
```

```
        //即经过实例名为 menu2 的影片剪辑，触发实例名为 hit 的按钮元件时
        _root.menu2.hit.onRollOver = function() {
            //实例名为 menu2 的影片剪辑跳转到第 2 帧并开始播放
            _root.menu2.gotoAndPlay(2);
            //其他实例名为 menuN 的影片剪辑跳转到第 1 帧并停止
            _root.menu1.gotoAndStop(1);
            _root.menu3.gotoAndStop(1);
            _root.menu4.gotoAndStop(1);
            _root.menu5.gotoAndStop(1);
            //实例名为 submenu2 的影片剪辑跳转到第 2 帧并开始播放
            _root.submenu2.gotoAndPlay(2);
            //其他实例名为 submenuN 的影片剪辑跳转到第 1 帧并停止
            _root.submenu1.gotoAndStop(1);
            _root.submenu3.gotoAndStop(1);
            _root.submenu4.gotoAndStop(1);
            _root.submenu5.gotoAndStop(1);
        };
        //当鼠标经过"合作代理"栏时
        //即经过实例名为 menu3 的影片剪辑，触发实例名为 hit 的按钮元件时
        _root.menu3.hit.onRollOver = function() {
            //实例名为 menu3 的影片剪辑跳转到第 2 帧并开始播放
            _root.menu3.gotoAndPlay(2);
            //其他实例名为 menuN 的影片剪辑跳转到第 1 帧并停止
            _root.menu2.gotoAndStop(1);
            _root.menu1.gotoAndStop(1);
            _root.menu4.gotoAndStop(1);
            _root.menu5.gotoAndStop(1);
            //实例名为 submenu3 的影片剪辑跳转到第 2 帧并开始播放
            _root.submenu3.gotoAndPlay(2);
            //其他实例名为 submenuN 的影片剪辑跳转到第 1 帧并停止
            _root.submenu2.gotoAndStop(1);
            _root.submenu1.gotoAndStop(1);
            _root.submenu4.gotoAndStop(1);
            _root.submenu5.gotoAndStop(1);
        };
        //当鼠标经过"售后服务"栏时
        //即经过实例名为 menu4 的影片剪辑，触发实例名为 hit 的按钮元件时
        _root.menu4.hit.onRollOver = function() {
            //实例名为 menu4 的影片剪辑跳转到第 2 帧并开始播放
            _root.menu4.gotoAndPlay(2);
            //其他实例名为 menuN 的影片剪辑跳转到第 1 帧并停止
            _root.menu2.gotoAndStop(1);
            _root.menu3.gotoAndStop(1);
            _root.menu1.gotoAndStop(1);
            _root.menu5.gotoAndStop(1);
            //实例名为 submenu4 的影片剪辑跳转到第 2 帧并开始播放
            _root.submenu4.gotoAndPlay(2);
            //其他实例名为 submenuN 的影片剪辑跳转到第 1 帧并停止
            _root.submenu2.gotoAndStop(1);
            _root.submenu3.gotoAndStop(1);
            _root.submenu1.gotoAndStop(1);
            _root.submenu5.gotoAndStop(1);
        };
        //当鼠标经过"在线订购"栏时
        //即经过实例名为 menu5 的影片剪辑，触发实例名为 hit 的按钮元件时
```

```
_root.menu5.hit.onRollOver = function() {
    //实例名为 menu5 的影片剪辑跳转到第 2 帧并开始播放
    _root.menu5.gotoAndPlay(2);
    //其他实例名为 menuN 的影片剪辑跳转到第 1 帧并停止
    _root.menu2.gotoAndStop(1);
    _root.menu3.gotoAndStop(1);
    _root.menu4.gotoAndStop(1);
    _root.menu1.gotoAndStop(1);
    //实例名为 submenu5 的影片剪辑跳转到第 2 帧并开始播放
    _root.submenu5.gotoAndPlay(2);
    //其他实例名为 submenuN 的影片剪辑跳转到第 1 帧并停止
    _root.submenu2.gotoAndStop(1);
    _root.submenu3.gotoAndStop(1);
    _root.submenu4.gotoAndStop(1);
    _root.submenu1.gotoAndStop(1);
};
```

至此，下拉菜单制作完成，按 **Ctrl+Enter** 组合键测试影片，效果如图 7-56 所示。

图 7-56　测试下拉菜单

3．制作网站导航菜单

（1）打开 index.fla 文件，在 Logo 图层上新建一个图层"按钮背景"，选择矩形工具，在"属性"面板中设置笔触颜色为无，填充颜色为白色，矩形边角半径为 10，Alpha 值为 20 和 40，在"按钮背景"图层的舞台上绘制两个圆角矩形，如图 7-57 所示。

图 7-57　绘制圆角矩形

（2）新建底部文本的图形元件，在元件中输入以下文本：

Copyright©2009 ｜ 版权所有美特斯邦威股份有限公司 ｜ * ｜ 技术支持 卓越网络 ｜ 湘 ICP06025235 号

电话：0731-5200000| 传真：0731-5200000　邮编：410131 | E-Mail：meitersbonwe@163.com

（3）将底部文本图形元件放入"版权信息"图层，效果如图7-58所示。

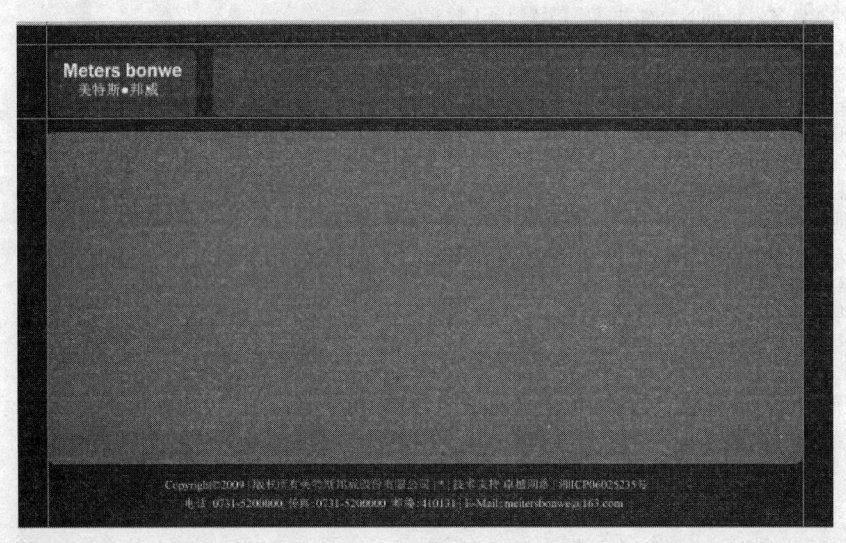

图 7-58　添加版权信息

（4）选中"按钮背景"图层中右上方的圆角矩形，转换为名为navbar的图形元件；选中下方的圆角矩形，转换为名为bg的图形元件。

（5）单击"插入"→"新建元件"命令，创建名为abt的按钮元件；进入该元件内部，在"单击"帧插入一个空白关键帧，然后在舞台中绘制一个白色矩形，如图7-59所示。

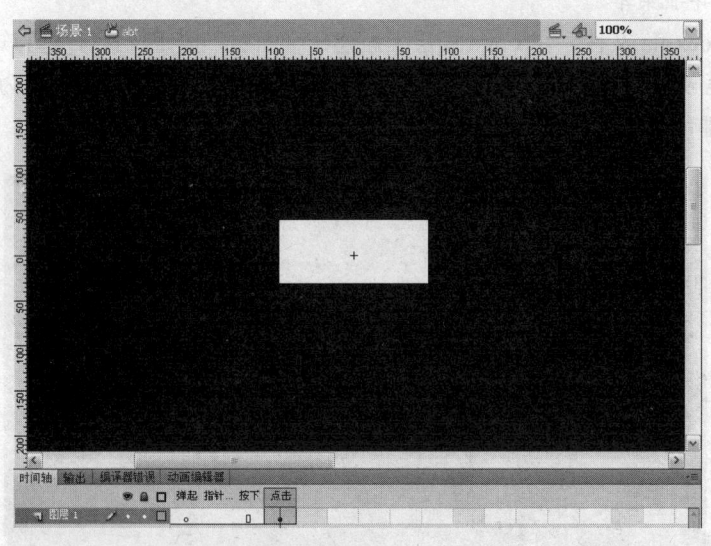

图 7-59　绘制按钮单击区域

（6）创建名为about的影片剪辑元件，进入该元件，在图层1上输入ABOUT和"公司简介"文本，并将其转换为名为abt_p的图形元件，如图7-60所示。

（7）在about影片剪辑图层1的第2帧插入关键帧，将abt_p图形元件的"色调"设为#CCCC00和50%。

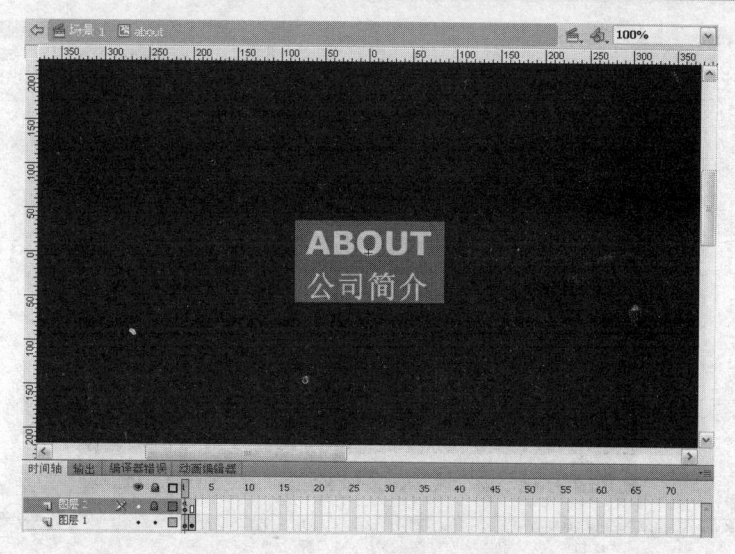

图 7-60 导航菜单"公司简介"选项

（8）在 about 影片剪辑中新建图层 2，将 abt 按钮放入舞台中，并调整其位置和大小。

（9）保持按钮的选中状态，打开"动作"面板，添加以下脚本：

```
on(rollOver) {
    gotoAndStop(2);
}
on(rollOut) {
    gotoAndStop(1);
}
```

（10）在图层 2 的第 1 帧添加脚本：

```
stop();
```

（11）回到场景 1，新建名为"按钮 1"的图层，在该图层的第 7 帧插入关键帧，将 about 影片剪辑放到舞台外，如图 7-61 所示。

（12）在该图层的第 11 帧插入关键帧，将 about 影片剪辑放到舞台外，如图 7-62 所示，在第 7 帧和第 11 帧之间创建传统补间动画。

图 7-61 放置导航菜单"公司简介"项 1 　　　　图 7-62 放置导航菜单"公司简介"项 2

（13）按照同样的方法创建导航菜单中的其他三项："最新动态"、"产品信息"和"联系方式"的影片剪辑 news、product、contact。制作好这三项后，分别将其放置在舞台上相应的位置，如图 7-63 所示。

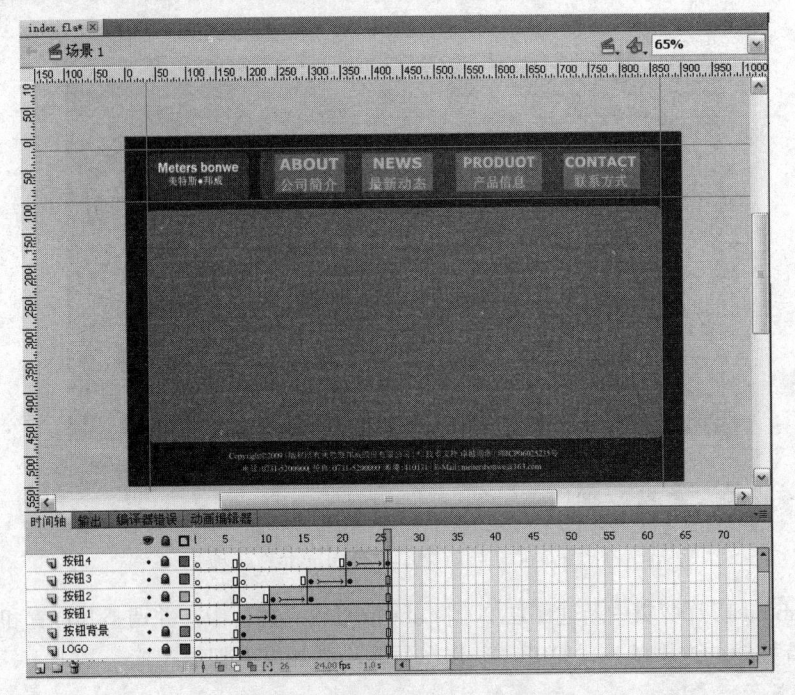

图 7-63 放置导航菜单的其他三项

（14）"公司简介"、"最新动态"、"产品信息"、"联系方式"的按钮代码如图 7-64 所示。

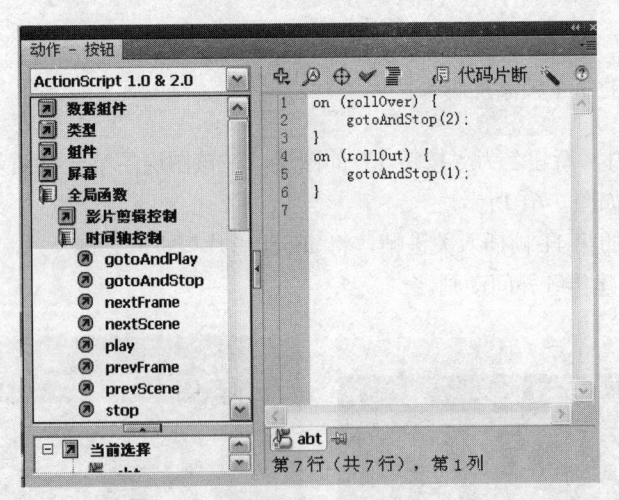

图 7-64 按钮代码

（15）这样按钮制作就暂告一段落，按 Ctrl+S 组合键保存文件。

任务 7.3　项目分解——网站页面制作 1

7.3.1　效果展示

效果如图 7-65 至图 7-67 所示。

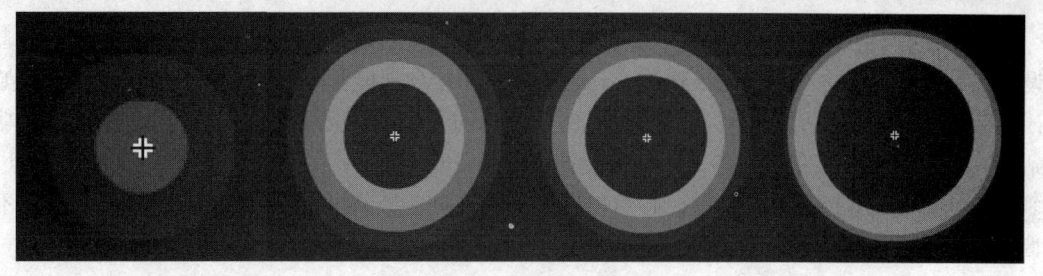

图 7-65　背景光圈效果

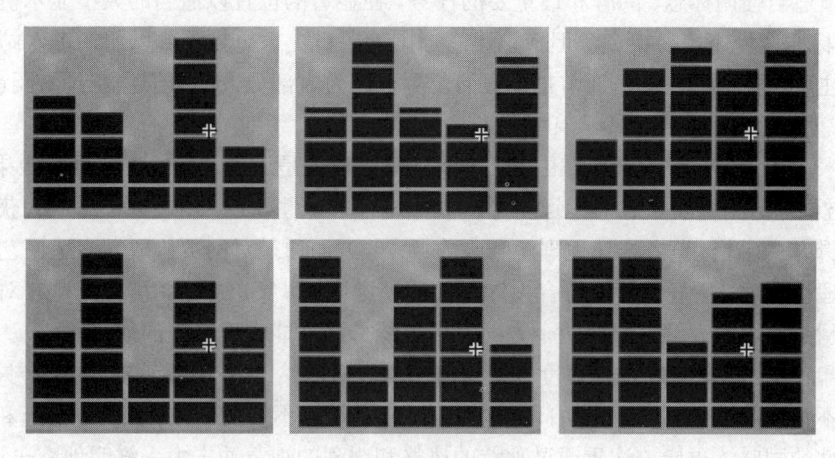

图 7-66　音乐图表效果

图 7-67　公司简介页面效果

7.3.2　知识讲解

1. 网站首页设计原则

在任何 Web 站点上，首页都是最重要的页面，会有比其他页面更大的访问量。首页的目的是多样的，访问者的目的也是多样的。网站的设计既要重点突出一目了然，又要充分理解访问者的目的，这都是设计首页的关键。

网页设计有其自身的特殊规律，网页作为传播信息的一种载体，同其他出版物如报纸、杂志等在设计上有许多共同之处，但是表现形式、运行方式和社会功能都有所不同，一个网站的主页如何设计还会影响访问者经历的许多其他方面，例如商标的认可度、组织印象、审美和信任度，成功的网站要以访问者为中心和以任务为驱动来设计。一般来说，访问者在第一次访问首页前已经看过非常多的网站首页，这时访问者早已在心中积累了一般首页应该怎样工作的模型，所以首页设计不仅要掌握网页版式编排的技巧与方法，通常它还必须遵循一些设计的基本原则。

（1）首页必须身份显著。

首页必须适当强调标志、品牌和最重要的任务。在显著的位置以适当的大小显示机构的名称和/或标志，此标志区域不需要很大，但应该比它周围的条目更大更显著，以便在进入站点时首先引起访问者的注意。页面的左上角通常是最好的位置，因为大部分人都习惯从左到右阅读。

（2）首页必须主题鲜明，令人印象深刻。

网页艺术设计作为视觉设计范畴中的一种，其最终目的是达到最佳的主题诉求效果。这种效果的取得，一方面通过对网页主题思想运用逻辑规律进行条理性处理，使之符合浏览者获取信息的心理需求和逻辑方式，让浏览者快速地理解和吸收；另一方面通过对网页构成元素运用艺术的形式美法则进行条理性处理，更好地营造符合设计目的的视觉环境，突出主题，增强浏览者对网页的注意力，增进对网页内容的理解。只有两个方面有机地统一，才能实现最佳的效果。

"第一印象"的好坏，在很大程度上决定着访问者对网站的取舍。而这样的机会只有一次，如果第一印象不佳访问者就不会再来访问。这就要求视觉设计不但要单纯、简练、清晰和精确，而且在强调艺术性的同时，更应该注重通过独特的风格和强烈的视觉冲击力来鲜明地突出设计主题。

首页页面色彩的正确运用要根据版面的风格来加以确定，每种色彩在饱和度、透明度上略微变化就会产生不同的感觉，要注意色彩的协调性，盲目地使用色彩会把页面搞得一团糟。定位自己的网站，选择好切合自己的色彩。页面上的空白往往容易被人忽视，适当地在页面上留有空白，版面才会生动清晰起来。留好空白和缝隙的页面是有品格、有智慧，甚至是有实力的表现。

不管种种都要做到加强视觉效果，加强文案的可视度和可读性。

（3）首页必须内容明确。

首页不需要通过刻意的标新立异来吸引访问者的注意力，最终访问者访问网站的目的在于网站的内容，网站的首页应该能够使访问者快速浏览本页确定网站用途。

如何组织网站是个非常重要的问题，内容的分类直接影响到访问者查找信息的难易程度，内容组织得好坏严重影响导航。应该仔细分析、设计、测试、修正分类方案，直到它能够适用于目标访问者为止。

绝大部分访问者会大致浏览一下标题内容，而不会仔细阅读，所以必须优化内容，用尽量少的词语表达尽量多的信息，使之适合快速阅读。内容的写作对首页尤其重要，因为首页必须尽最大努力捕捉并抓住访问者的注意力，而且首页是用尽量少的空间表达尽量多的标题的地方。

（4）首页必须易于使用。

通过对导航、链接、搜索、滚动条、多媒体元素、字体和背景色、文件大小的控制使得首页页面能够方便浏览者的使用。

2. 页面布局设计

（1）页面尺寸。

由于页面尺寸和显示器的大小及分辨率有关系，网页页面的局限性就在于无法突破显示器的范围，而且因为浏览器也将占去不少空间，留下给你的页面范围变得越来越小。一般分辨率在 800×600 的情况下，页面的显示尺寸为 780×428 像素；分辨率在 640×480 的情况下，页面的显示尺寸为 620×311 像素；分辨率在 1024×768 的情况下，页面的显示尺寸为 1007×600 像素。从以上数据可以看出，分辨率越高页面尺寸越大。

　　浏览器的工具栏也是影响页面尺寸的原因。目前一般浏览器的工具栏都可以取消或者增加，那么当你显示全部的工具栏时和关闭全部工具栏时，页面的尺寸是不一样的。

　　在网页设计过程中，向下拖动页面是唯一给网页增加更多内容（尺寸）的方法，但是页面一般不宜超过三屏。如果需要在同一页面显示超过三屏的内容，那么最好能在上面做上页面内部链接，方便访问者浏览。

　　（2）整体造型。

　　什么是造型，造型就是创造出来的物体形象。这里是指页面的整体形象，这种形象应该是一个整体，图形与文本的接合应该是层叠有序。虽然，显示器和浏览器都是矩形，但对于页面的造型，你可以充分运用自然界中的其他形状以及它们的组合，如矩形、圆形、三角形、菱形等。

　　对于不同的形状，它们所代表的意义是不同的。比如矩形代表着正式、规则，很多 ICP 和政府网页都是以矩形为整体造型；圆形代表着柔和、团结、温暖、安全等，许多时尚站点喜欢以圆形为页面整体造型。

　　（3）页面元素。

　　页面元素主要由 5 部分构成：页眉、文本、页脚、图片和多媒体。

　　页眉又可称为页头，页眉的作用是定义页面的主题。比如一个站点的名字多数都显示在页眉里。这样，访问者能很快知道这个站点是什么内容。页眉是整个页面设计的关键，它将牵涉到下面的更多设计和整个页面的协调性。页眉常放置站点名字的图片和公司标志以及旗帜广告。

　　文本在页面中多数以行或者块（段落）出现，它们的摆放位置决定着整个页面布局的可视性。在过去因为页面制作技术的局限，文本放置位置的灵活性非常小，而随着技术的发展，文本已经可以按照自己的要求放置到页面的任何位置。

　　页脚和页头相呼应。页头是放置站点主题的地方，而页脚是放置制作者或者公司信息的地方，许多网站制作信息都是放置在页脚中的。

　　图片和文本是网页的两大构成元素，缺一不可。如何处理好图片和文本的位置成了整个页面布局的关键。网站整体的布局思路也将体现在这里。

　　除了文本和图片，还有声音、动画、视频等其他媒体，这些统称为多媒体。随着动态网页的兴起，它们在网页布局上也将变得更重要。

　　（4）网页布局的方法。

　　网页布局的方法有两种：纸上布局和软件布局。常用的软件有 Photoshop、Flash 等，Photoshop 所具有的对图像的编辑功能用到设计网页布局上更显得心应手，不像用纸来设计布局，利用 Photoshop 可以方便地使用颜色，使用图形，并且可以利用层的功能设计出用纸张无法实现的布局理念。大家在制作网站的时候，可以根据自己的喜好选择熟悉的软件来对页面进行布局。

　　（5）常见的页面布局架构。

　　1）"国字"型布局。

　　"国"字型布局由"同"字型布局进化而来，因布局结构与汉字"国"相似而得名。其页面的最上部分一般放置网站的标志和导航栏或 Banner 广告，页面中间放置网站的主要内容，最下部分

239

一般放置网站的版权信息和联系方式等，如图 7-68 所示。

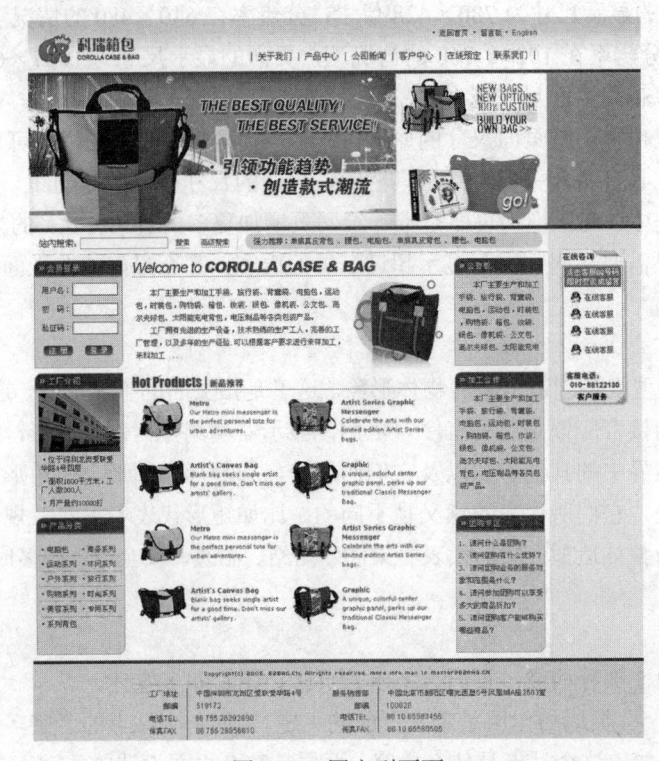

图 7-68　国字型页面

2）T 型布局。

T 型布局结构因与英文大写字母 T 相似而得名。其页面的顶部一般放置横网站的标志或 Banner 广告，下方左侧是导航栏菜单，下方右侧用于放置网页正文等主要内容，如图 7-69 所示。

图 7-69　T 型页面

3）标题正文型。

标题正文型布局结构一般用于显示文章页面、新闻页面和一些注册页面等，如图 7-70 所示。

图 7-70　标题正文型页面

4）左右框架型布局。

左右框架型布局结构是一些大型论坛和企业经常使用的，其布局结构主要分为左右两侧的页面，左侧一般主要为导航栏链接，右侧则放置网站的主要内容，如图 7-71 所示。

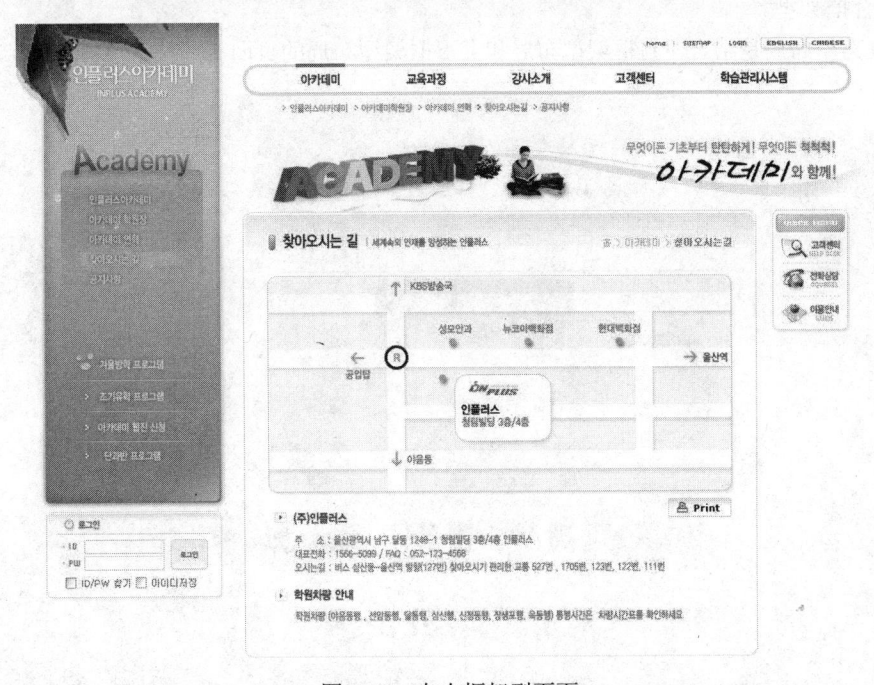

图 7-71　左右框架型页面

5）上下框架型。

上下框架型布局与前面的左右框架型布局类似，区别仅在于是一种上下分为两页的框架，如图 7-72 所示。

图 7-72　上下框架页面

6）综合框架型。

综合框架型布局是结合左右框架型布局和上下框架型布局的页面布局技术，效果如图 7-73 所示。

图 7-73　综合框架型页面

7）自由式布局。

自由式布局是一种颇具艺术感和时尚感的网页布局方式。页面设计通常以一张精美的海报画面为布局的主体，如图 7-74 所示。

图 7-74　自由式页面

8）Flash 布局。

Flash 布局是指网页页面以一个或多个 Flash 作为页面主体的布局方式。在这种布局中，大部分甚至整个页面都是 Flash，如图 7-75 所示。

图 7-75　Flash 布局

3．色彩搭配相关知识

色彩是美丽而丰富的，它能唤起人类的心灵感知。一般来说，红色是火的颜色，热情、奔放，也是血的颜色，可以象征生命；黄色是明度最高的颜色，显得华丽、高贵、明快；绿色是大自然草木的颜色，意味着纯自然和生长，象征安宁和平与安全，如绿色食品；紫色是高贵的象征，有庄重感；白色能给人以纯洁与清白的感觉，表示和平与圣洁。

色彩代表了不同的情感，有着不同的象征含义。这些象征含义是人们思想交流当中的一个复杂问题，它因人的年龄、地域、时代、民族、阶层、经济地区、工作能力、教育水平、风俗习惯、宗教信仰、生活环境、性别差异而有所不同。

（1）红色的色彩情感。

由于红色容易引起注意，所以在各种媒体中也被广泛地利用，除了具有较佳的明视效果之外，更被用来传达有活力、积极、热诚、温暖、前进等含义的企业形象与精神，另外红色也常用来作为警告、危险、禁止、防火等标示用色，人们在一些场合或物品上，看到红色标示时，常不必仔细看内容即能了解警告危险之意，在工业安全用色中，红色即是警告、危险、禁止、防火的指定色。各种常见红色如图 7-76 所示。

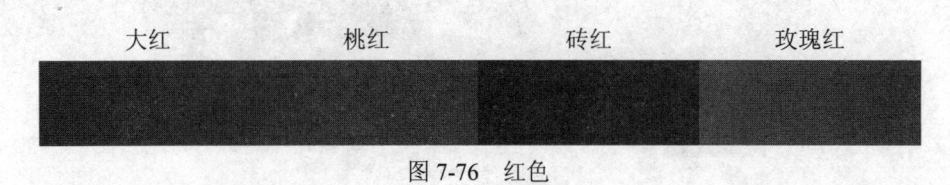

大红　　　　　桃红　　　　　砖红　　　　　玫瑰红

图 7-76　红色

（2）橙色的色彩情感。

橙色明视度高，在工业安全用色中，橙色即是警戒色，如火车头、登山服装、背包、救生衣等，由于橙色非常明亮刺眼，有时会使人有负面低俗的印象，这种状况尤其容易发生在服饰的运用上，所以在运用橙色时，要注意选择搭配的色彩和表现方式，才能把橙色明亮活泼、具有口感的特性发挥出来。各种常见橙色如图 7-77 所示。

鲜橙　　　　　橘橙　　　　　朱橙　　　　　香吉士

图 7-77　橙色

（3）黄色的色彩情感。

黄色明视度高，在工业安全用色中，黄色即是警告危险色，常用来警告危险或提醒注意，如交通信号灯中的黄灯、工程用的大型机械、学生用雨衣、雨鞋等都使用黄色。各种常见黄色如图 7-78 所示。

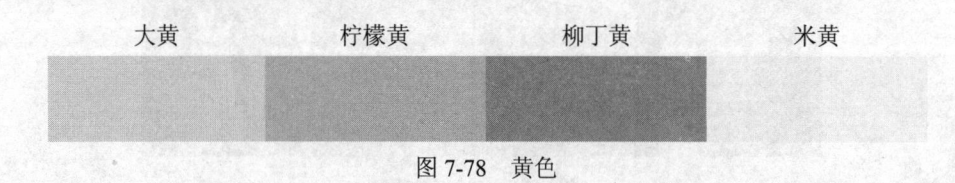

大黄　　　　　柠檬黄　　　　柳丁黄　　　　米黄

图 7-78　黄色

（4）绿的色彩情感。

在商业设计中，绿色所传达的清爽、理想、希望、生长的意象符合了服务业、卫生保健业的诉求，在工厂中为了避免操作时眼睛疲劳，许多工作的机械都采用绿色，一般的医疗机构场所也常采用绿色来作空间色彩规划，即标示医疗用品。各种常见绿色如图 7-79 所示。

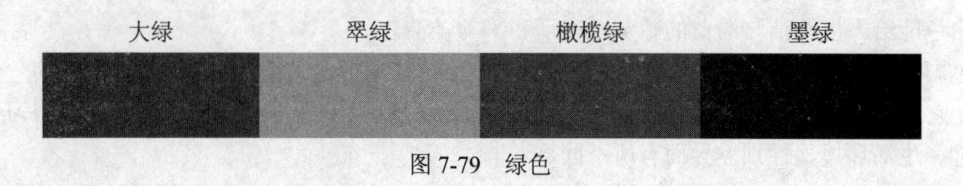

大绿　　　　　翠绿　　　　　橄榄绿　　　　墨绿

图 7-79　绿色

（5）蓝色的色彩情感。

由于蓝色沉稳的特性，具有理智、准确的意象，在商业设计中，强调科技、效率的商品或企业形象大多选用蓝色当标准色和企业色，如电脑、汽车、影印机、摄影器材等，另外蓝色也代表忧郁，这是受到了西方文化的影响，也通常会运用在文学作品或感性诉求的商业设计中。各种常见蓝色如图 7-80 所示。

大蓝　　　　　　　天蓝　　　　　　　水蓝　　　　　　　深蓝

图 7-80　蓝色

（6）紫色的色彩情感。

由于具有强烈的女性化性格，在商业设计用色中，紫色也受到相当的限制，除了和女性有关的商品或企业形象之外，其他类的设计不常采用它为主色。各种常见紫色如图 7-81 所示。

大紫　　　　　　　贵族紫　　　　　　葡萄酒紫　　　　　深紫

图 7-81　紫色

（7）褐色的色彩情感。

在商业设计上，褐色通常用来表现原始材料的质感，如麻、木材、竹片、软木等，或者用来传达某些食品原料的色泽即味感，如咖啡、茶、麦类等，或者强调格调古典优雅的企业或商品形象。各种常见褐色如图 7-82 所示。

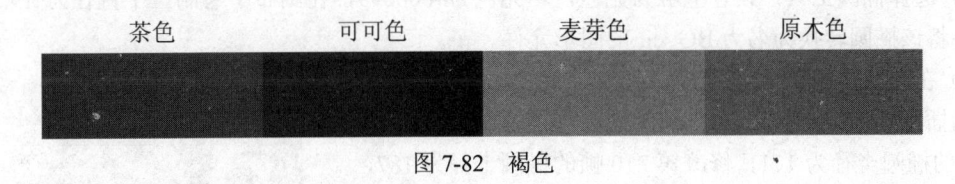

茶色　　　　　　　可可色　　　　　　麦芽色　　　　　　原木色

图 7-82　褐色

（8）白色的色彩情感。

在商业设计中，白色具有高级、科技的意象，通常需要和其他色彩搭配使用，纯白色会带给别人寒冷、严峻的感觉，所以在使用白色时都会掺一些其他的色彩，如象牙白、米白、乳白、苹果白，在生活用品和服饰用色上，白色是永远流行的主要色，可以和任何颜色作搭配。

（9）黑色的色彩情感。

在商业设计中，黑色具有高贵、稳重、科技的意象，许多科技产品，如电视、跑车、摄影机、音响、仪器的色彩大多采用黑色，在其他方面，黑色有庄严的意象，也常用在一些特殊场合的空间设计上，生活用品和服饰设计大多利用黑色来塑造高贵的形象，也是一种永远流行的主要色，适合与许多色彩作搭配。

（10）灰色的色彩情感。

在商业设计中，灰色具有柔和、高雅的意象，而且属于中间性格，男女皆能接受，所以灰色也是永远流行的主要色,在许多高科技产品,尤其是和金属材料有关的,几乎都采用灰色来传达高级、科技的形象,使用灰色时大多利用不同的层次变化组合或搭配其他色彩才不会过于素静、沉闷而有呆板、僵硬的感觉。各种常见灰色如图 7-83 所示。

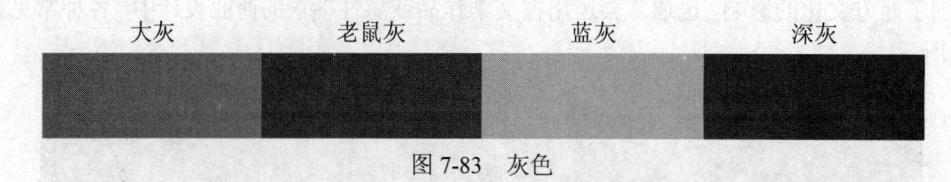

大灰　　　　老鼠灰　　　　蓝灰　　　　深灰

图 7-83　灰色

单纯的颜色并没有实际的意义,和不同的颜色搭配,它所表现出来的效果也不同。比如绿色和金黄、淡白搭配,可以产生优雅、舒适的气氛;蓝色和白色混合,能体现柔顺、淡雅、浪漫的气氛;红色和黄色、金色的搭配能渲染喜庆的气氛;金色和粟色的搭配会给人带来暖意。设计的任务不同,配色方案也随之不同,详见网页配色表。考虑到网页的适应性,应尽量使用网页安全色,详见网页安全色谱。

颜色的使用并没有一定的法则,如果一定要用某个法则去套,效果只会适得其反。一般可先根据网站主题确定一种能表现主题的主体色,然后根据具体的需要,应用颜色的近似和对比来完成整个页面的配色方案。整个页面在视觉上应是一个整体,以达到和谐、悦目的视觉效果。

7.3.3　步骤详解

1. 网站首页制作

（1）背景动画制作。

1）打开 index.fla 文件,在"网站背景"图层上新建一个图层,命名为"背景光圈"。

2）执行"插入"→"新建元件"命令,新建一个名为 BG_cir_act 的影片剪辑元件。

3）选择椭圆工具,设置笔触为无色,填充色为#000099,在画布中绘制一个直径为 19.5 的椭圆,并将该椭圆转换为名为 BG_cir 的图形元件。

4）在该图层的第 72 帧、第 146 帧、第 210 帧、第 291 帧分别插入关键帧,修改第 72 帧的椭圆直径为 115,修改第 146 帧的椭圆半径为 171,修改第 210 帧的椭圆半径为 187,修改第 291 帧的椭圆半径为 195,Alpha 值为 0。

5）在第 1 帧和第 72 帧、第 72 帧和第 146 帧、第 146 和第 210 帧、第 210 帧和 291 帧之间分别插入传统补间动画。

6）新建图层 2,在图层 2 的第 25 帧插入关键帧,将 BG_cir 图形元件拖入舞台,与图层 1 的对象居中对齐,并修改其色彩效果为色调,颜色为#0033CC,如图 7-84 所示。

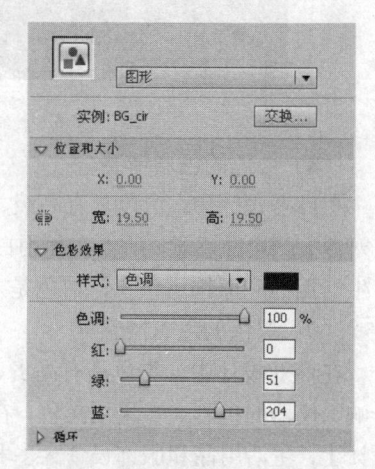

图 7-84　修改元件属性

7）在该图层的第 104 帧、第 180 帧、第 269 帧、第 344 帧分别插入关键帧,修改第 104 帧的椭圆直径为 115,修改第 180 帧的椭圆半径为 171,修改第 269 帧的椭圆半径为 187,修改第 344 帧的椭圆半径为 195,Alpha 值为 0。

8）在第 25 帧和第 104 帧、第 104 帧和第 180 帧、第 180 帧和第 269 帧、第 269 帧和第 344 帧之间分别插入传统补间动画。

9）重复第 6~8 步的操作，其中图层 3 从第 40 帧开始插入关键帧，图层 4 从第 57 帧开始插入关键帧，图层 5 从第 86 帧开始插入关键帧。图层 3 元件颜色修改为#0066FF，属性如图 7-85 所示；图层 4 元件颜色修改为#0099FF，属性如图 7-86 所示；图层 5 元件不做修改。整个元件效果如图 7-87 所示。

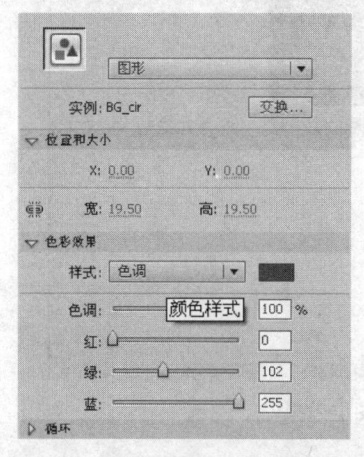

图 7-85　图层 3 元件属性　　　　　　图 7-86　图层 4 元件属性

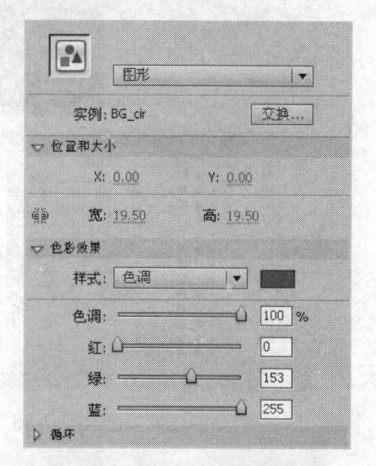

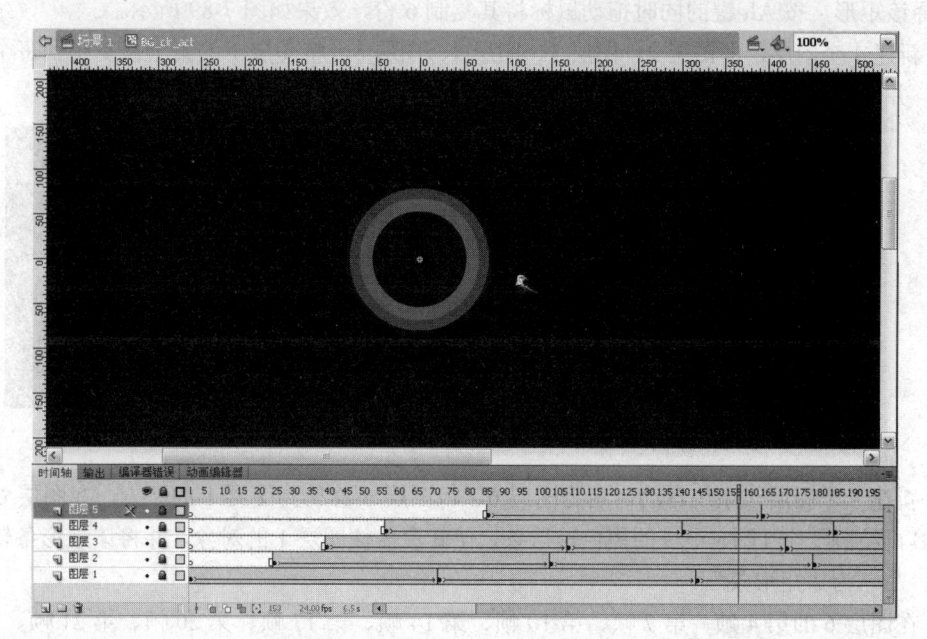

图 7-87　BG_cir_act 元件效果

10）返回场景 1，将 BG_cir_act 元件拖入"背景光圈"图层的第 7 帧，调整光圈的大小和位置，如图 7-88 所示。

11）按 Ctrl+S 组合键保存文件。

（2）音乐动画制作。

1）在"按钮 4"图层上新建一个图层，命名为"音乐"。

2）执行"插入"→"新建元件"命令，新建一个名为"音乐图表"的影片剪辑元件。

247

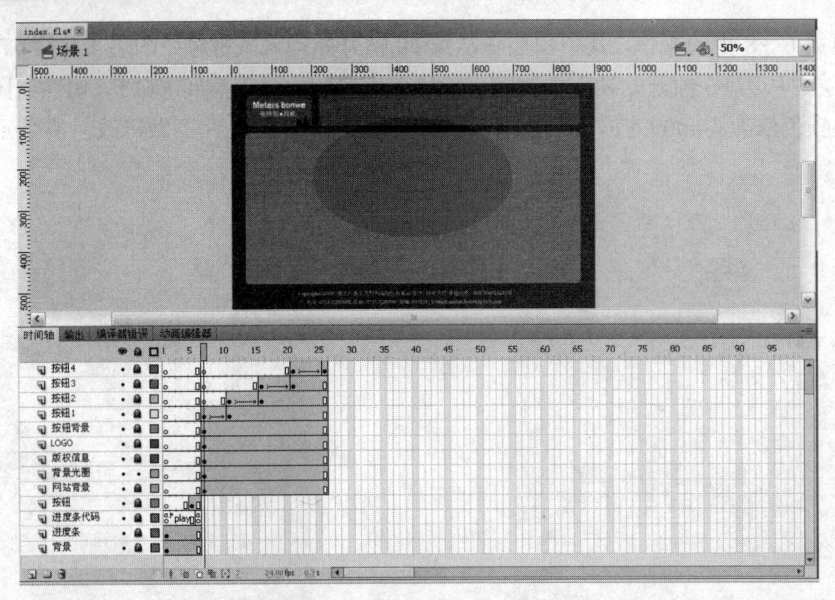

图 7-88 "背景光圈"图层效果

3）选择矩形工具，设置笔触为无色，填充色为#0000FF，在画布中绘制一个 11.5×5.75 的矩形，选择该矩形，按 Alt 键的同时拖动鼠标将其复制 6 份，效果如图 7-89 所示。

4）新建 4 个图层，即图层 2、图层 3、图层 4、图层 5，将图层 1 的第 1 帧复制到每个图层的第 1 帧，并调整对象所在的位置，效果如图 7-90 所示。

图 7-89 绘制矩形　　　　　　　　　图 7-90 复制矩形

5）新建一个图层，系统自动命名为图层 6，将图层 6 移动到图层 1 的下方。在图层 6 中使用矩形工具再绘制一个 11.75×93 的黑色矩形条，使其覆盖住图层 1 的对象，并将该矩形条转换为图形元件，命名为"矩形条"。

6）在图层 6 的第 4 帧、第 7 帧、第 10 帧、第 14 帧、第 17 帧、第 20 帧、第 21 帧、第 25 帧分别插入关键帧，上下调整矩形条所在的位置，并在两两关键帧之间创建传统补间动画。

7）再新建 4 个图层，即图层 7、图层 8、图层 9、图层 10，将图层 6 的所有帧均复制到这 4 个图层中，并调整这 4 个图层中矩形条的位置。

8）将图层 7 移动到图层 2 的下方，图层 8 移动到图层 3 的下方，图层 9 移动到图层 4 的下方，图层 10 移动到图层 5 的下方。

9）在图层 1、图层 2、图层 3、图层 4、图层 5 的第 25 帧插入普通帧，并将图层 1 至图层 5 均设置为遮罩层。

10）在图层 10 的第 20 帧添加代码 gotoAndPlay(1);，在图层 8 的第 25 帧添加代码 stop();。

11）新建图层 11，将准备好的音乐 Media 导入到库并拖入舞台中，整个元件完成后的效果如图 7-91 所示。

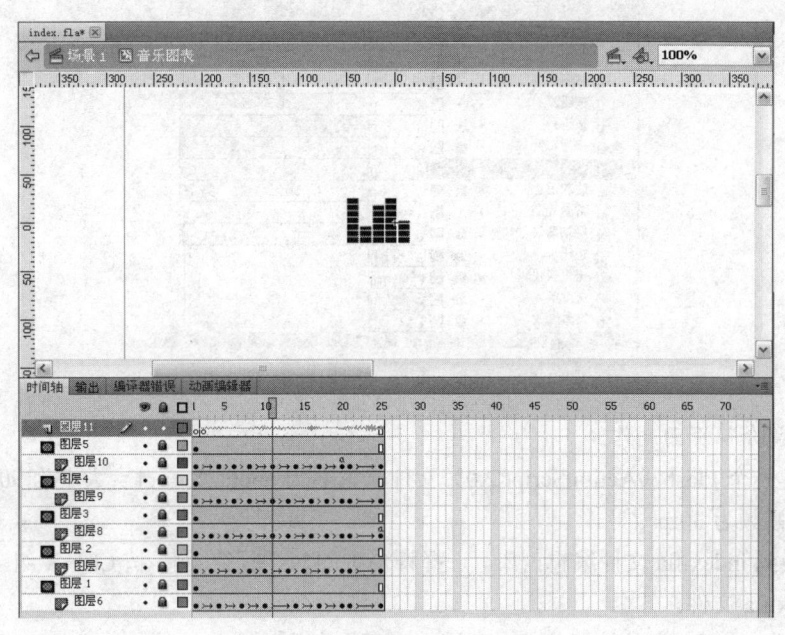

图 7-91　音乐图表元件效果

12）返回场景 1，将音乐图表元件拖入"音乐"图层的第 7 帧，效果如图 7-92 所示。

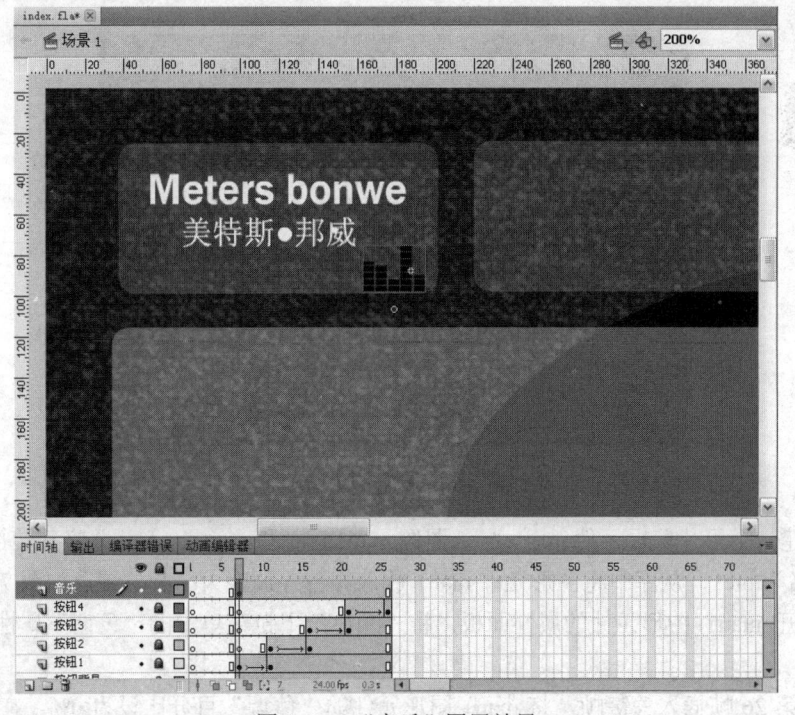

图 7-92　"音乐"图层效果

13）除了背景、进度条、进度条代码、按钮这 4 个图层外，其他所有图层均在第 25 帧添加普通帧，"图层"面板效果如图 7-93 所示。按 Ctrl+S 组合键保存文件。

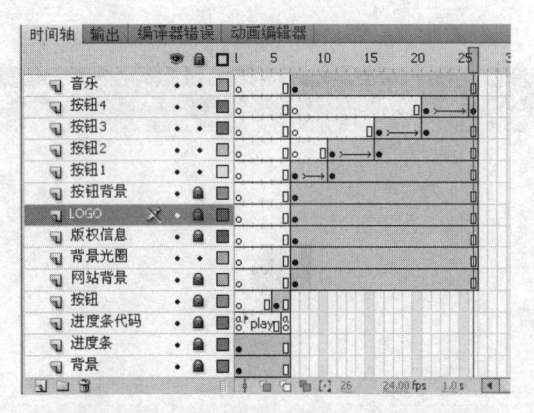

图 7-93　index 页面"图层"面板效果

2. "公司简介"页面制作

（1）新建一个 Flash（ActionScript 2.0）文件，取名为 about.fla，舞台大小为 900×500，背景颜色为黑色，帧频为 30fps。

（2）切换到 index.fla 文件编辑窗口，选择舞台中的 bg 图形实例，按 Ctrl+X 组合键将其剪切，然后保存 index.fla 文件。

（3）回到 about.fla 文件编辑窗口，将图层 1 重命名为 beijing，按 Ctrl+Shift+V 组合键将之前剪切的 bg 图形实例原位粘贴到舞台中，在第 10 帧插入关键帧，使用变形工具改变第 1 帧中 bg 元件的大小，在两帧之间创建补间动画，如图 7-94 所示。

图 7-94　背景动画制作

（4）新建一个影片剪辑元件 man，导入图像 man1.png 和 man11.png，并将其转换为图形元件。将图层 1 更名为 pic1，从库中将图形元件 man1 放入舞台并调整大小和位置，如图 7-95 所示。

（5）打开 man1 图形元件的属性面板，将"颜色"下拉菜单中的"色调"属性设为#FFFFFF 和 100%。

（6）在第 26 帧插入关键帧，将 man1 图形元件的"色调"百分比设为 0%，在两帧间创建动作补间。在第 27 帧和第 35 帧插入关键帧，调整第 27 帧的"色调"百分比为 0%。在第 55 帧和第 90 帧插入关键帧，将第 90 帧 man1 图形元件的 Alpha 值设为 0，在两帧间创建补间动画，如图 7-96 所示。

图 7-95　放置 man1 图形元件　　　　　　图 7-96　man1 元件动画设置

（7）新建一个图层 pic2，在第 91 帧插入关键帧，将 man11 图形元件放入舞台中，按第 6 步中的方法创建动画效果，最后将帧延长到第 200 帧，效果如图 7-97 所示。

图 7-97　man11 元件的动画设置

（8）回到场景，新建一个图层 pic，在第 10 帧插入关键帧，将 man 影片剪辑放入舞台中，调整其位置，并将图层延长到第 34 帧，如图 7-98 所示。

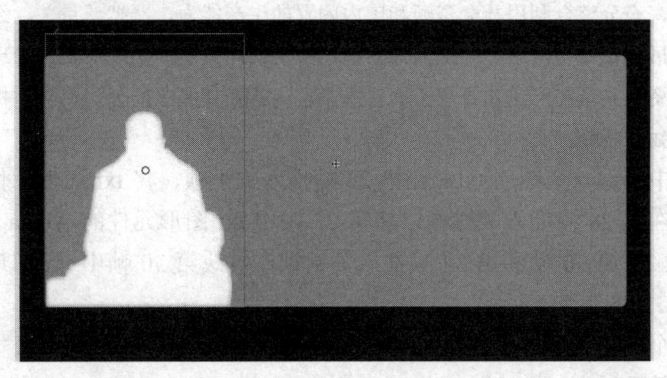

图 7-98　放置 man 影片剪辑

（9）新建一图形元件 man2，并在该元件内绘制如图 7-99 所示的图形。

251

图 7-99 绘制 man2 图形元件

（10）回到场景，新建一个图层 pic2，在第 22 帧插入关键帧，将图形元件 man2 放入场景 1 中图层 pic2 的舞台中，并调整其大小和位置，Alpha 调整为 25%，如图 7-100 所示。

图 7-100 放置 man2 图形元件

（11）新建 txt 图形元件，并在其中输入以下文字：

美特斯邦威集团公司始建于 1995 年，主要研发、生产、销售品牌休闲系列服饰。目前拥有美特斯邦威上海、北京、杭州等分公司。在品牌形象提升上，公司运用品牌形象代言人、极具创意的品牌推广公关活动和全方位品牌形象广告投放，结合开设大型品牌形象店铺的策略，迅速提升品牌知名度和美誉度。产品设计开发上，与法国、意大利、香港等地的知名设计师开展长期合作，每年设计服装新款式样 1000 多种。生产供应上，突破了传统模式，充分整合利用社会资源和国内闲置的生产能力，严把质量关。经营上利用品牌效应，吸引加盟商加盟，拓展连锁专卖网络，与加盟商共担风险，共同发展，实现双赢。管理上实现电子商务信息网络化，实现了内部资源共享和网络化管理。面对未来，美特斯邦威集团公司将抓住机遇，加快发展，力争打造世界服装行业的知名品牌。

（12）在场景中新建一个图层 txt，在第 23 帧插入关键帧，将 txt 图形元件放入该图层的舞台中，调整其位置。在第 28 帧插入关键帧，将第 23 帧中 txt 图形元件的 Alpha 值设为 0%，在两帧之间创建补间动画。在第 30 帧和第 34 帧插入关键帧，修改第 30 帧中 txt 图形元件的"色调"为 #FFFFFF 和 100%，如图 7-101 所示。

（13）新建一个图层 AS，在第 34 帧插入关键帧，输入脚本 stop();，"公司简介"页面制作完成效果如图 7-102 所示。

（14）按 Ctrl+Enter 组合键测试 about.fla 影片，如图 7-103 所示。按 Ctrl+S 组合键保存文件。

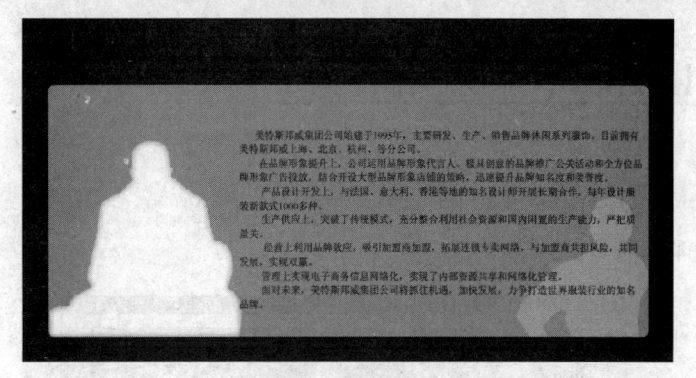

图 7-101　创建文本动画

图 7-102　"公司简介"页面效果

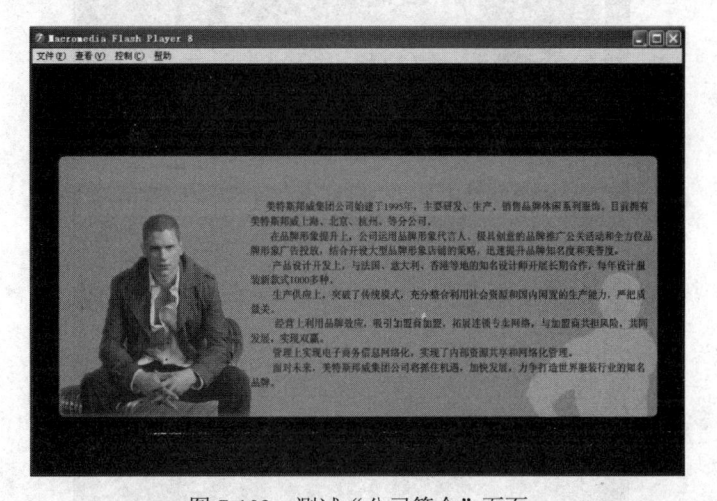

图 7-103　测试"公司简介"页面

任务 7.4　项目分解——网站页面制作 2

7.4.1　效果展示

效果如图 7-104 至图 7-106 所示。

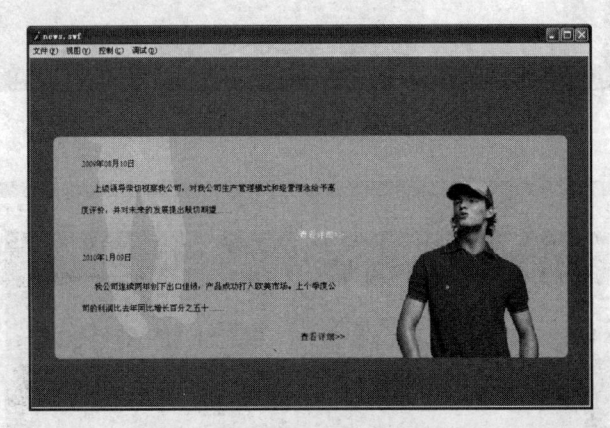

图 7-104　最新动态页面效果

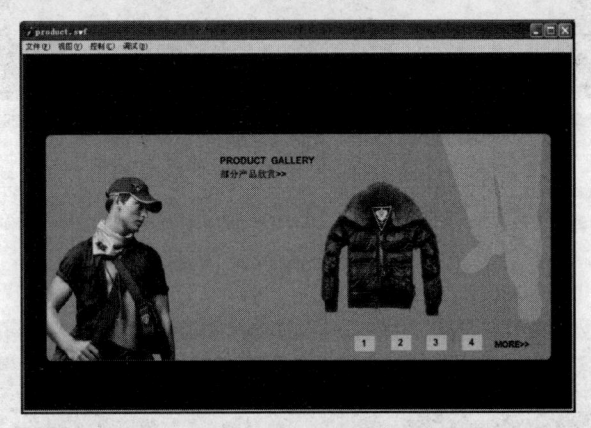

图 7-105　产品信息页面效果

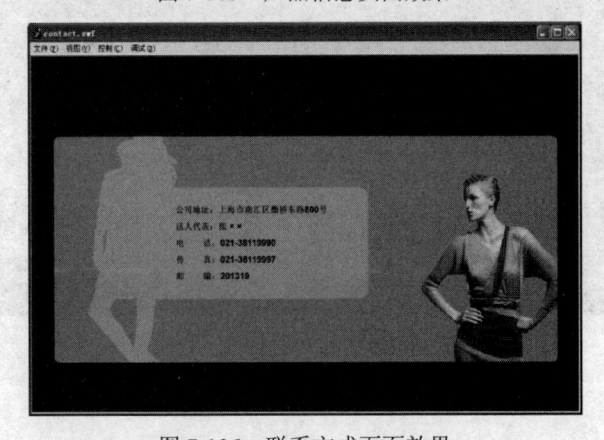

图 7-106　联系方式页面效果

7.4.2 知识讲解

页面文件制作完成后，就可以发布网站了。发布网站的过程实际上就是将页面发布为 HTML 文件和 SWF 文件的过程，具体发布过程如下：

（1）打开需要发布的文件，以之前完成的 index.fla 为例。单击"文件"→"发布设置"命令，弹出"发布设置"对话框。在"格式"选项卡中选中 Flash 和 HTML 复选框，如图 7-107 所示。这里需要注意，发布的 SWF 文件和 HTML 文件必须为英文名称。

（2）分别单击 Flash 选项卡和 HTML 选项卡，对所发布的两种格式进行相应的属性设置，如图 7-108 和图 7-109 所示。

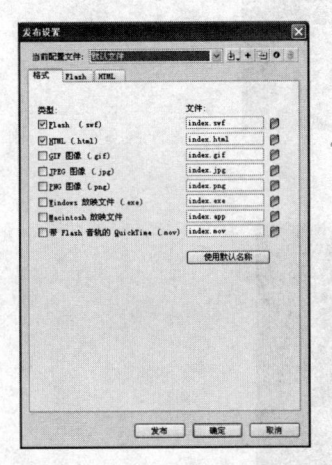

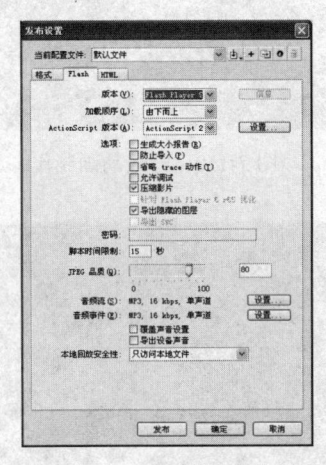

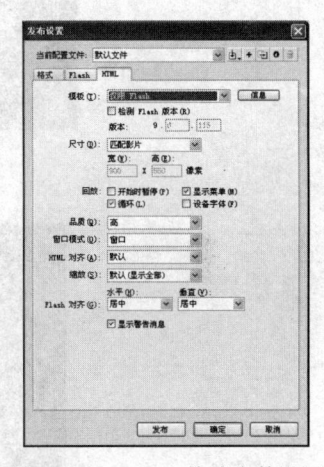

图 7-107　"发布设置"对话框　　图 7-108　Flash 格式参数设置　　图 7-109　HTML 格式参数设置

（3）设置完成后，单击"发布"按钮将 index.fla 文件发布为 index.swf 文件和 index.html 文件。这样，网站的发布就完成了，可以在浏览器中打开 index.html 文件测试该 Flash 网站的整体效果。

7.4.3 步骤详解

1."最新动态"页面制作

"最新动态"页面的制作方法与"公司简介"页面的制作方法大同小异，都是在一个特定的舞台区域内添加各种页面元素。因此，开始制作该页面前，需要先将 about.fla 中的 bg 图形元件复制到"库"面板中。另外，由于该页面的内容更新比较频繁，因此应该在该页面中实现对外部文本的读取，以便随时更新新闻内容及其对应的网页链接。

"最新动态"页面的具体制作步骤如下：

（1）新建一个 Flash 文件，设置舞台大小为 900×550，背景为黑色，帧频为 30fps，并将其命名为 news.fla。

（2）将图层 1 命名为 beijing，将 bg 图形元件原位粘贴到舞台中。双击 bg 图形元件，将元件内矩形的填充颜色修改为#C6D370。回到场景，在图层 1 的第 39 帧插入关键帧，使用变形工具将第 1 帧的 bg 图形元件缩小，在两帧之间创建补间形状，如图 7-110 所示，在第 155 帧插入帧。

（3）在场景中新建一个图层 pic，导入 image 文件夹中的 man2.jpg 图片，将图层 1 更名为 pic1，将 man2.jpg 图片放入舞台中，调整其大小和位置，并将其转换为 man 图形元件。在第 28 帧、第

48 帧、第 54 帧、第 80 帧插入关键帧，在第 1 帧和第 80 帧将 man 图形元件的 Alpha 值设为 0%，在第 1 帧和第 28 帧间创建补间动画。在第 48 帧将 man 图形元件的"色调"设为#CCFF5B 和 100%，在第 54 帧和第 80 帧间创建补间动画，如图 7-111 所示。

图 7-110　背景动画制作

图 7-111　人物动画制作

（4）回到场景，新建一个图层 pic1，在第 12 帧插入关键帧，将 man3 影片剪辑放入舞台中，并调整其大小。

（5）新建一个图形元件 man2，在舞台中绘制一个填充色为白色的人物下半身形象，将其放入场景 1 中 pic 图层的舞台中，调整其 Alpha 为 26%，如图 7-112 所示。

图 7-112　添加装饰图形

（6）新建一个图层 txt，在该图层上添加如图 7-113 所示的 4 个动态文本框，并由上到下分别设置文本框的变量名为 date0、content0、date1 和 content1。

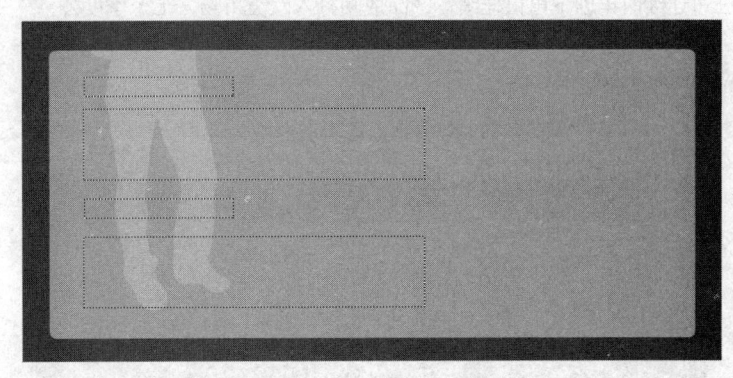

图 7-113　添加动态文本框

（7）新建一个图层 anniu，再新建一个按钮元件并命名为 chakan，将其放入"按钮"图层的舞台中，如图 7-114 所示。

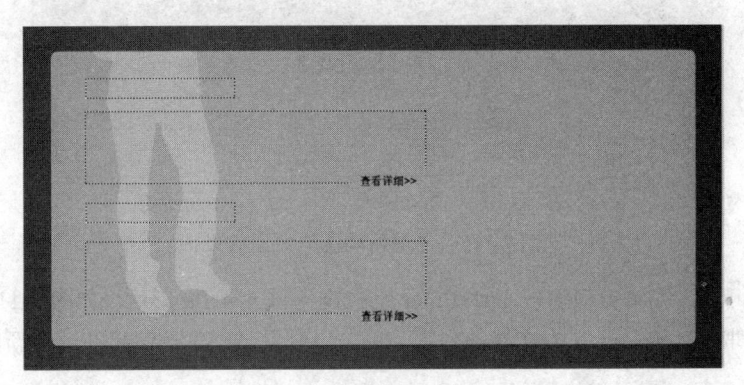

图 7-114　创建按钮

（8）新建一个图层 AS，选中该图层的第 1 帧，在"动作"面板中为该帧添加如下脚本：
```
System.useCodepage = true;
loadVariables("news.txt",_root);
```
（9）单击选择第一个"查看详细"按钮，在"动作"面板中为该按钮添加如下脚本：
```
on(release) {
    getURL(link0);
}
```
（10）单击选择第二个"查看详细"按钮，在"动作"面板中为该按钮添加如下脚本：
```
on(release) {
    getURL(link1);
}
```
至此，"最新动态"页面制作完成，按 Ctrl+S 组合键保存，效果如图 7-115 所示。

（11）打开影片文件所在的文件夹，在该文件夹中创建一个文本文档 news.txt。打开该文本文档，输入如下内容并保存：

date0=2009 年 08 月 10 日

&content0=上级领导亲切视察我公司，对我公司生产管理模式和经营理念给予高度评价，并对未来的发展提出殷切期望……

&link0=http://www.metersbonwe.com/
&date1=2010 年 1 月 09 日
&content1=我公司连续两年创下出口佳绩，产品成功打入欧美市场。上个季度公司的利润比去年同比增长百分之五十……
&link1=http://www.metersbonwe.com/

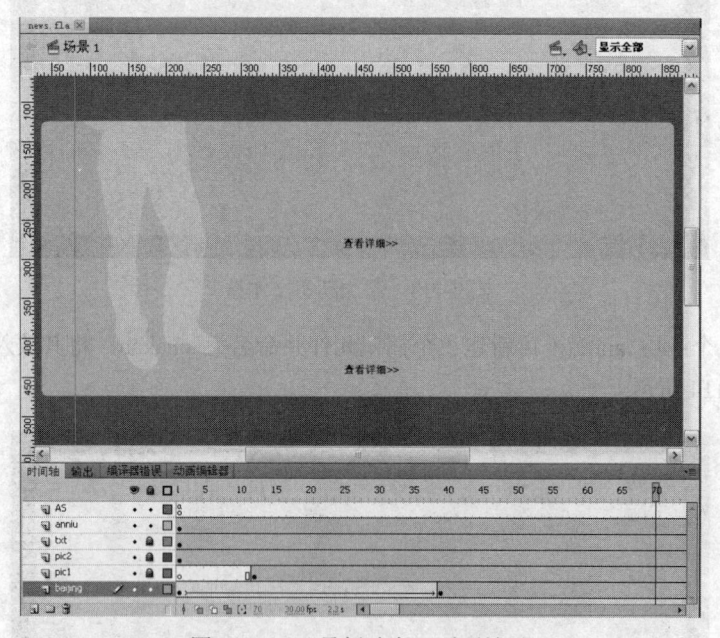

图 7-115   "最新动态"页面效果

（12）回到 Flash 编辑窗口，按 Ctrl+Enter 组合键测试 new.fla 影片。如图 7-116 所示，可以看到，影片已经读取了 news.txt 文本文档的内容，单击"查看详细"按钮将在一个新的浏览器窗口中打开链接的网页。

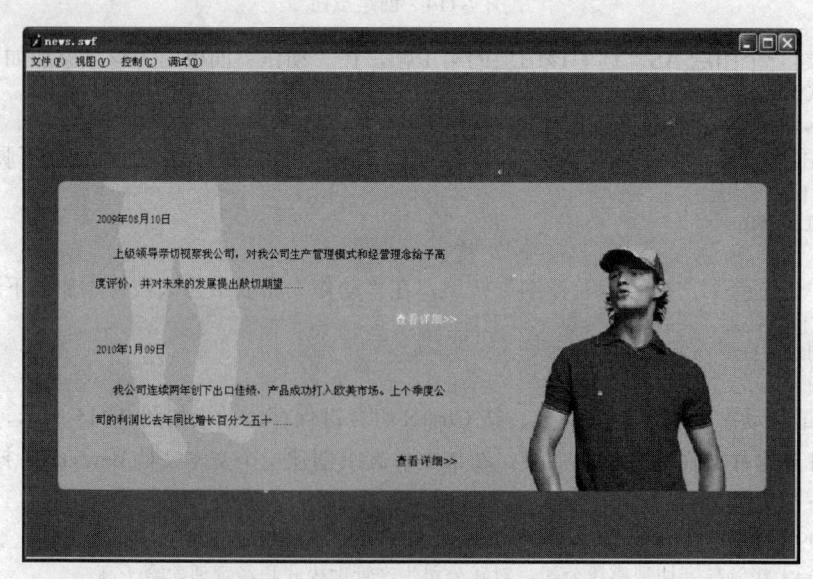

图 7-116   测试"最新动态"页面

2. "产品信息"页面制作

在"产品信息"页面中，需要展示一些公司产品的图片。由于这些图片需要经常更新，因此也应该将其以外部文件的形式保存，并在 Flash 影片中进行读取。这样实现对外部图片文件的调入就成为本页面制作的关键。

"产品信息"页面的具体制作步骤如下：

（1）新建一个 Flash 文件，大小为 900×550，背景颜色为黑色，帧频为 30fps，并将其保存为 product.fla。

（2）复制 about.fla 影片中的 bg 图形实例，原位粘贴到舞台中，将元件内矩形的颜色修改为 #CC9966。

（3）新建一个影片剪辑 man，导入 image 文件夹下的 man3.png 图形，将其拖入舞台并转换为图形元件 man3。在图层 1 的第 20 帧插入帧。新建一个图层 2，在图层 2 上绘制一个圆形，在第 20 帧插入关键帧，改变圆形大小至将图层 1 上的人物完全遮盖住，在两帧间创建补间形状，并将图层 2 设置为遮罩层，如图 7-117 所示。

（4）在 man 影片剪辑中新建图层 3，在第 21 帧插入关键帧，将图层 1 中的 man3 图形元件复制后原位粘贴到图层 3 的第 21 帧，并在图层 3 的第 40 帧、第 41 帧、第 55 帧、第 88 帧插入关键帧，将第 41 帧的 man3 图形元件的"色调"设置为#993300 和 100%，将第 88 帧的 man3 图形元件的 Alpha 值设为 0%。

（5）回到场景，新建一个图层 pic，将 man 影片剪辑放置在 pic 图层中并调整其位置，如图 7-118 所示。

图 7-117　添加人物动画　　　　　　图 7-118　添加 man 影片剪辑

（6）按照前面几个页面相同的方法新建一个图层 pic2，在该图层上添加人物图形，如图 7-119 所示。

图 7-119　添加装饰图形

（7）新建一个图层 anniu，在该图层舞台右下方添加 4 个矩形按钮和一个 MORE 按钮元件，如图 7-120 所示。

图 7-120 添加按钮元件

（8）新建一个图层 txt，在该层上添加如下文字，如图 7-121 所示：
PRODUCT　GALLERY
部分产品欣赏>>

图 7-121 添加静态文本

（9）新建一个名为 loader 的空影片剪辑元件，在场景 1 中新建一个图层 content，将 loader 影片剪辑从"库"面板中拖到舞台中，并在"属性"面板中设置其实例名为 pic，如图 7-122 所示。

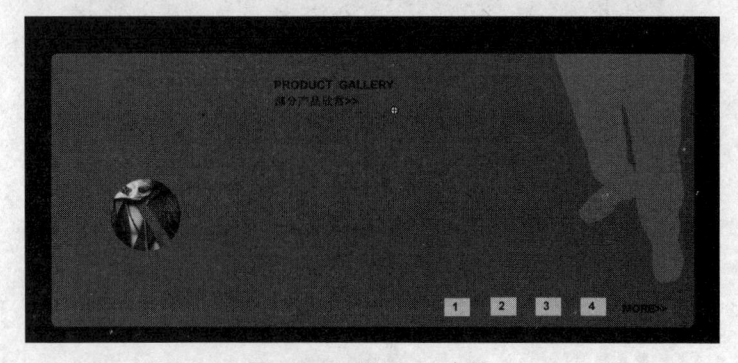

图 7-122 设置 pic 实例

（10）打开影片文件所在的文件夹，在其中创建一个新文件夹 products，将产品图片 01.png、02.png、03.png、04.png 放入该文件夹中。

（11）回到 Flash 编辑窗口，新建一个图层 AS，在第 1 帧添加脚本：
loadMovie("products/01.png",pic);

（12）单击 anniu 图层的第一个按钮，在"动作"面板中为该按钮添加脚本：
On(release) {
　　loadMovie("products/01.png",pic);
}

（13）为第二个按钮添加脚本：
on(release) {
　　loadMovie("products/02.png",pic);
}

（14）为第 3 个按钮添加脚本：
on(release) {
　　loadMovie("products/03.png",pic);
}

（15）为第 4 个按钮添加脚本：
on (release) {
　　loadMovie ("products/04.png",pic);
}

这样，"产品信息"页面就制作完成了，效果如图 7-123 所示。测试页面，如图 7-124 所示，影片已经读取了 products 文件夹下的图片文件。

图 7-123　产品信息页面效果

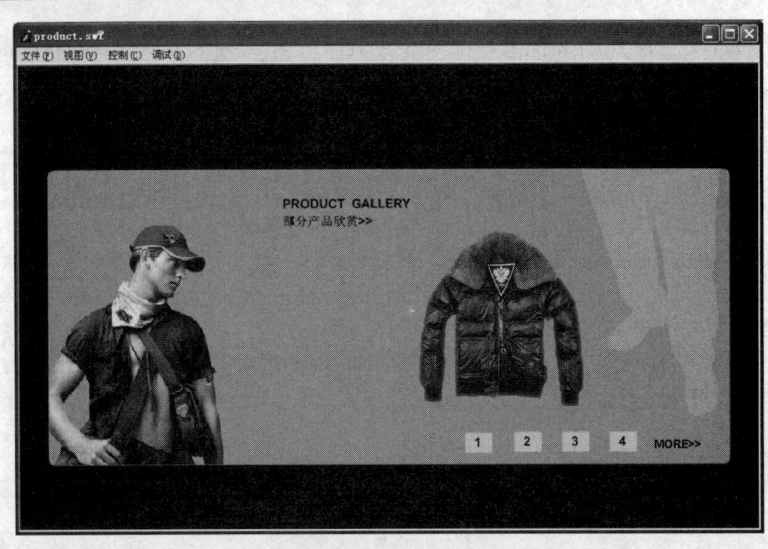

图 7-124　测试"产品信息"页面

3．"联系方式"页面制作

"联系方式"页面的制作比较简单，只需要在页面中加入公司的联系方式即可，具体操作步骤如下：

（1）新建一个 Flash（ActionScript 2.0）文件，大小为 900×550，背景为黑色，帧频为 30fps，并将其命名为 product.fla。

（2）复制 about.fla 影片中的 bg 图形实例，原位粘贴到舞台中，并将元件内矩形的填充色修改为#CCFFFF。

（3）按照前面的制作方法新建一个图层 pic1，将 image 文件夹下的 women.png 图像导入到库中，并制作其动画效果，将其放置在图层 pic1 上，如图 7-125 所示。

图 7-125　添加人物动画

（4）新建一个图形元件 pic，在舞台中绘制装饰图形，如图 7-126 所示。

（5）回到场景，新建一个图层 pic2，在第 18 帧插入关键帧，将 pic 图形元件放入舞台中，调整其大小和位置；在第 43 帧插入关键，修改第 18 帧 pic 图形元件的形状，在第 18 帧到第 43 帧间创建补间形状，如图 7-127 所示。

图 7-126　绘制装饰图形

图 7-127　装饰图形动画制作

（6）新建一个图层 txt，在第 53 帧插入关键帧，并在舞台中添加静态文本，如图 7-128 所示。

图 7-128　添加静态文本

（7）新建一个图层，在图层上的第 53 帧插入关键，在舞台上绘制一个矩形，将其放在文字上方舞台外侧；在第 80 帧插入关键帧，将矩形移动到文字正上方刚好遮盖住文字，在两帧之间创建补间动画，如图 7-129 所示；将该图层设置为 txt 图层的遮罩层。

（8）新建一个图层 AS，在第 160 帧插入关键帧并添加如下脚本：

stop();

这样，"联系方式"页面就制作完成了，页面效果如图 7-130 所示，测试效果如图 7-131 所示。

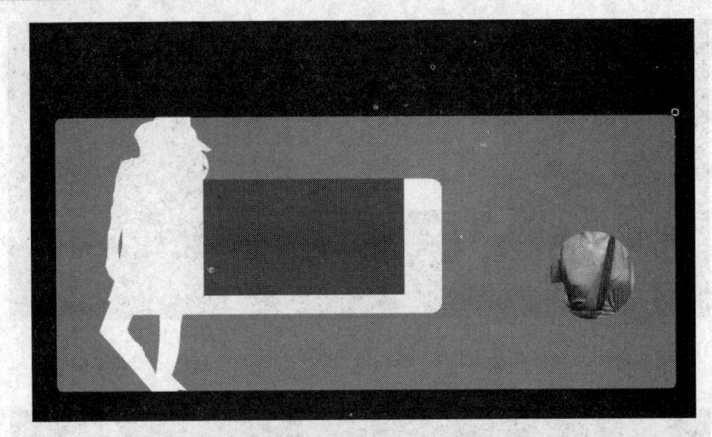

图 7-129 文字动画制作

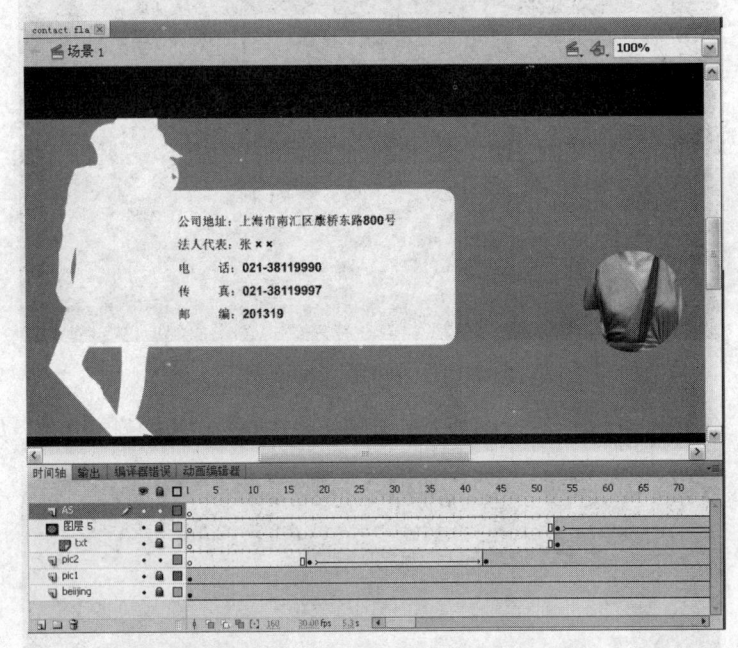

图 7-130 "联系方式"页面效果

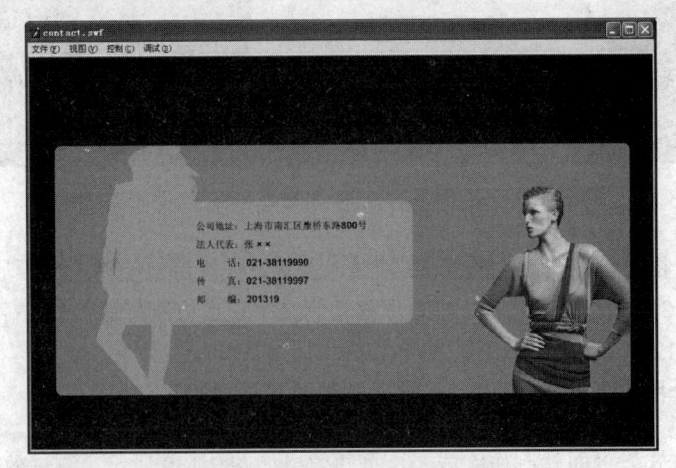

图 7-131 测试"联系方式"页面

4. 网站的整合

首页和全部下级子页面制作完成后，即可将其整合成一个完整的网站，并进行发布。整合的过程主要是通过在首页文件中添加相应的脚本来实现。再将首页影片发布为 HTML 格式的网页文件，实现首页在网页中的显示。

在整合网站之前，首先需要确保首页文件 index.swf、4 个子页面文件（about.swf、news.swf、product.swf、contact.swf）以及所有需要调用的外部文件都位于同一文件夹目录下。接下来，通过修改 index.fla 文件并发布一个新的 SWF 文件来实现网站的整合，具体制作步骤如下：

（1）打开 index.fla 文件，新建一个图层 AS，在"动作"面板中为该层的第 1 帧添加如下脚本：
```
loadMovieNum("about.swf",1);
```
这段代码的意思是，在开始播放 index.swf 影片时，将同一文件夹目录下的 SWF 文件 about.swf 加载到 Flash Player 的级别 1 上。这样，就实现了在打开首页的同时，在首页的内容区域显示"公司简介"子页面的内容。

（2）双击图层 anniu1 上的 about 影片剪辑，进入元件内部；选中舞台中的 abt 按钮，打开"动作"面板，在该按钮原有脚本的后面添加如下脚本：
```
on(release) {
    loadMovieNum("about.swf",1);
}
```
这段代码实现了当单击"公司简介"导航菜单时在首页的内容区域显示"公司简介"子页面的内容。

（3）回到场景 1，双击 news 影片剪辑，进入元件内部；选中舞台中的 abt 按钮，打开"动作"面板，在该按钮原有脚本的后面添加如下脚本：
```
on(release) {
    loadMovieNum("news.swf",1);
}
```
这段代码实现了当单击"最新动态"导航菜单时在首页的内容区域显示"最新动态"子页面的内容。

（4）回到场景 1，双击 products 影片剪辑，进入元件内部；选中舞台中的 abt 按钮，打开"动作"面板，在该按钮原有脚本的后面添加如下脚本：
```
on(release) {
    loadMovieNum("product.swf",1);
}
```
这段代码实现了当单击"产品信息"导航菜单时在首页的内容区域显示"产品新"子页面的内容。

（5）回到场景 1，双击 contact 影片剪辑，进入元件内部；选中舞台中的 abt 按钮，打开"动作"面板，在该按钮原有脚本的后面添加如下脚本：
```
on(release) {
    loadMovieNum("contact.swf",1);
}
```
这段代码实现了当单击"联系方式"导航菜单时在首页的内容区域显示"联系方式"子页面的内容。

这样，网站的整合工作就完成了，4 个导航菜单的代码如图 7-132 所示，保存 index.fla 文件，按 Ctrl+Enter 组合键测试影片，效果如图 7-133 所示。

```
on (rollOver) {
    gotoAndStop(2);
}
on (rollOut) {
    gotoAndStop(1);
}
on (release) {
    loadMovieNum("about.swf", 1);
}
```
"公司简介"按钮代码

```
on (rollOver) {
    gotoAndStop(2);
}
on (rollOut) {
    gotoAndStop(1);
}
on (release) {
    loadMovieNum("news.swf", 1);
}
```
"最新动态"按钮代码

```
on (rollOver) {
    gotoAndStop(2);
}
on (rollOut) {
    gotoAndStop(1);
}
on (release) {
    loadMovieNum("product.swf", 1);
}
```
"产品信息"按钮代码

```
on (rollOver) {
    gotoAndStop(2);
}
on (rollOut) {
    gotoAndStop(1);
}
on (release) {
    loadMovieNum("contact.swf", 1);
}
```
"联系我们"按钮代码

图 7-132　导航菜单代码

图 7-133　测试首页效果

　　通过本项目，读者了解了 Flash 网站比较适合以展示动画和图片内容为主要目的的网站。这类网站一般包括企业品牌推广网站、动画游戏网站、艺术和展品展示网站、个人网站等。通过实例的讲解让读者进一步掌握 Flash 网站的制作流程和方法，使读者能根据自身的需要设计、制作不同风格的网站。

拓展训练——美容美体公司网站

　　本次拓展训练将练习一个如图 7-134 至图 7-138 所示的美容美体公司 Flash 网站的制作，主要是让读者巩固在本项目中所学到的知识。

图 7-134　公司网站画面 1

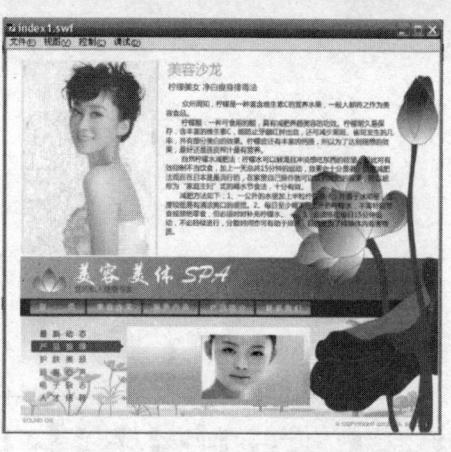

图 7-135　公司网站画面 2

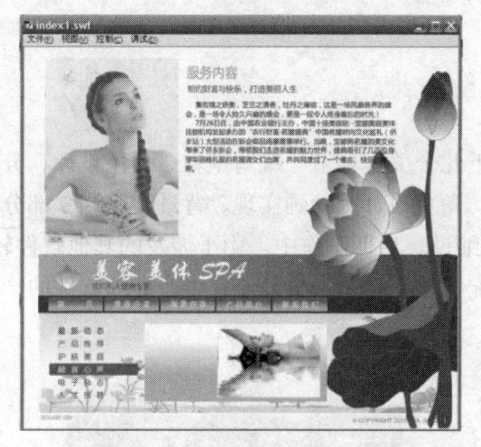

图 7-136　公司网站画面 3

图 7-137　公司网站画面 4

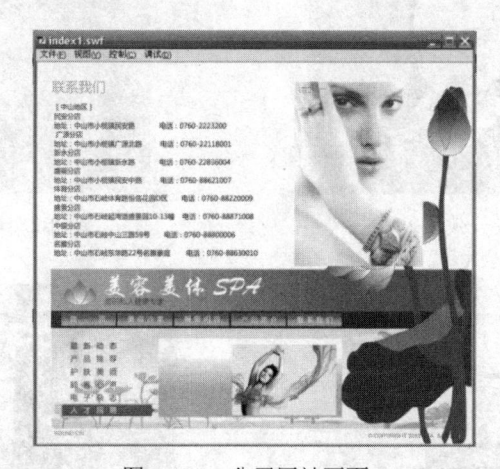

图 7-138　公司网站画面 5

项目八
Flash 短片设计与制作——妙音放生

  动画短片的制作是对 Flash 的综合应用，有以下几个关键环节：编写剧本、角色设计、分镜绘制、原动画设计、动画实现、背景绘制、后期制作。角色设计、动画实现、背景绘制这 3 部分在本书前面的项目中已有详细讲解，因此本项目中不予细说。后期制作中，由于涉及的其他软件较多，而本书主要针对的是 Flash 的应用，因此侧重讲解配音这一环节，少量涉及声音处理软件的一些简单使用。

  分镜效果展示如图 8-1 至图 8-8 所示。

图 8-1　场景一效果 1

图 8-2　场景一效果 2

图 8-3　场景二效果

图 8-4　场景三效果

图 8-5　场景四效果 1　　　　　　　　　图 8-6　场景四效果 2

图 8-7　场景五效果 1　　　　　　　　　图 8-8　场景五效果 2

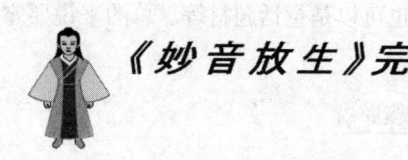

本短片的制作过程中，将主角色人物妙音、次主角小鸟及动画背景分别在 3 个不同的 Flash 文档中建立并完成。在此基础上，再新增名为"短片制作"的 Flash 文档，将之前所完成的文件拖入到舞台中进行编辑。

任务 8.1　项目分解——编写剧本

8.1.1　效果展示

故事剧本的编写重点是要对场景的近/中/远景进行设计，并进行一定的镜头说明。以本案例为例，剧本的编写提纲如下：

时间：清晨

地点：小河边的桥头

角色：妙音和小鸟

事件：妙音放生（放飞病愈的小鸟）

动画时间：16 秒以内，帧频为 24fps

场景设定：5 个

事件经过：

（1）妙音在小河边放飞一只黄色的小鸟：近景、特写、远景。

（2）语言："圣人云"－近景。"上天有好生之德，小鸟儿啊，快快回家吧！"－特写。

事件结果：小鸟儿飞向远方－远景。

8.1.2　知识讲解

1. 剧本的内容

动画剧本的意义在于为动画的制作写一个清晰明了的说明，文字要精简，内容包含以下几个方面：时间、地点、角色、事件、经过和结果。剧本的表现形式可以是文字和图画两种形式结合。本案例主要采用文字性的表现形式。

2. 剧本的编写

剧本的编写还需要考虑动画短片的时间。剧本需要根据动画时间决定编写量，因此有的剧本中标明了动作的时间。

3. 剧本的选材

如果不是公司性的项目，从基础的动画短片来讲，动画剧本的选材相对要自由得多。可以是历史题材，也可以是童话题材等。总的来说要掌握一个宗旨，即选材要积极向上，要体现健康、乐观的风貌。

8.1.3　步骤详解

1. 妙音放生的选材思路

本故事的选材思路源于中华传统文化中的"仁"及剧本人物中所说的"好生之德"，所以题目名为"放生"。

2. 妙音放生的故事原型

本故事的原型并非想象。中国古代历史上类似的例子不胜枚举，史书上的记载有很多。此案例的灵感取材于《了凡的故事》中了凡放生的镜头。人物原型居住在明朝时的江浙一带，那一带流传着一首古老的民歌——《芦墟七劝》。民歌内容如下：

> 山歌泱泱唱开场，且唱芦墟有七劝。
> 一劝世人多行善，广结善缘福寿全。
> 二劝世人行孝道，自古百善孝为先。
> 三劝世人莫贪财，人算不如老天算。
> 四劝世人莫偷盗，触犯国法坐牢监。
> 五劝世人莫淫乱，伤风败俗惹事端。
> 六劝世人莫奸刁，因果不差必报还。
> 七劝世人莫杀生，物我同亲不一般。

本案例取此民歌中的第七劝——"莫杀生"。

3. 妙音放生的时间设定及场景安排

本案例的动作总时间设定为 15.2 秒，具体如下：

场景 1

视距－近景

妙音－近景（上半身，基本正面）－时间（2.4 秒：59 帧）

人物语言："圣人云"。

场景 2

视距－特写

妙音－特写（脸部、鼻子、嘴）－时间（4.3 秒：105 帧）

人物语言："上天有好生之德"。

场景 3

视距－近景、全景

妙音－近景（头部以下）－时间（4.2 秒：102 帧）

小鸟－全景（左侧面全身）－时间（70～102 帧）

人物语言："小鸟儿啊，快快回家吧"。

场景 4

视距－近景、全景、特写

妙音－近景和特写（头部以下）－时间（3.7 秒：90 帧）

小鸟－全景和特写（左侧面立、正面飞、右侧面飞）－时间（3.7 秒：90 帧）

人物语言："小鸟儿啊，快快回家吧"。

场景 5

视距－远景、全景

小鸟－全景（右侧面飞）－时间（2.8 秒：69 帧）

落幕－《妙音放生完》

人物语言："小鸟儿啊，快快回家吧"。

任务 8.2　项目分解——角色设计

8.2.1　效果展示

本案例中所用到的角色有妙音和小鸟，效果如图 8-9 至图 8-12 所示。

图 8-9　妙音正面效果图

图 8-10　小鸟侧面效果图　　　　图 8-11　小鸟侧面飞效果图　　　　图 8-12　小鸟正面飞效果图

8.2.2　知识讲解

1. 角色设计的概念

对于 Flash 动画短片的角色，我们可以从影视中进行理解，它们是一个意思，即担任一定动作表演任务的人或物。角色分为主角、次主角、配角和群众演员。

2. 角色设计的要求

每一个角色设计要根据剧本中所描绘的来逐步确立。当然剧本并不是一定直接描绘，我们需要通过剧本对角色的性格特征进行分析，然后根据不同的角色性格绘制它的形象。

3. 角色设计的任务

角色设计具有一定的灵活性，例如短片中未出现此角色的侧面和背面，我们在创作中可以暂时略去。

角色设计的任务有以下几个方面：
- 整体角色形象设计
- 局部头饰设计
- 表情设计
- 衣饰设计
- 动作设计（如有需要）
- 道具设计（如有需要）

总而言之，角色的设计完全是为了体现其性格特征和表演情境。

8.2.3　步骤详解

具体图形的制作方法在前面基础部分已经介绍得很详细，此节不再涉及具体的制作环节。

1. 妙音角色分析（主角）

（1）新建 Flash 文档，取名为"妙音正面"。在本短片中，需要突出妙音善良、平等待物的性格，因而在对其表情的描绘上表现为：天庭饱满、下颌圆润、眉宇平和、嘴角微微上扬、双目有慈爱之色，效果如图 8-13 所示。

（2）妙音体态端庄，身体及衣饰设计如图 8-14 所示。

（3）手部自然下垂，不做特殊表现，如图 8-15 所示。

（4）头饰的表现效果如图 8-16 所示。

图 8-13 角色表情效果

图 8-14 身体和衣饰效果

图 8-15 手部效果

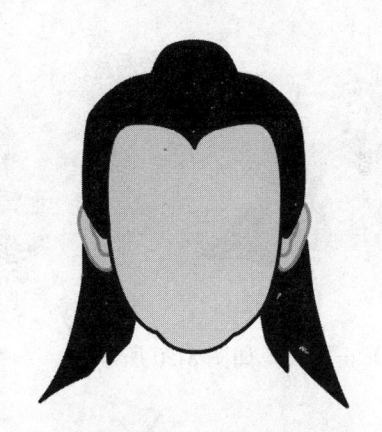

图 8-16 头饰效果

2. 小鸟角色分析（次主角）

短片中小鸟的角色需要体现两个角度及一个飞翔的动作，整体形象卡通、简单，我对它的眼睛、翅膀、爪子都进行了影片剪辑元件的设置（整体呈现在效果展示中已有，这里重点展示局部）。

(1) 爪子，如图 8-17 所示。

图 8-17 爪子效果

(2) 眼睛，如图 8-18 所示。

273

图 8-18 眼睛效果

(3) 翅膀,如图 8-19 所示。

图 8-19 翅膀效果

(4) 正面飞,如图 8-20 所示。

图 8-20 正面飞效果

任务 8.3　项目分解——动画背景设计

8.3.1　效果展示

动画背景效果如图 8-21 所示。

图 8-21　动画背景效果

8.3.2　知识讲解

背景的设计要根据剧本的提示进行，剧本中事件的发生对我们设计背景的色彩氛围有极大的影响。

8.3.3　步骤详解

本案例是在小河边的桥头，故事情节是放生小鸟，那么我们在设计桥头和水以外，还需要设计一处山林，因为小鸟是要回归山林的；水中要有倒影；剧本提示说时间是清晨，因此色彩的设计上要明快，同时以这种色调体现放生带给人的愉快的心情。

重点讲述"远山倒影"及近处花草的制作方法。

1. 远山倒影

（1）建立影片剪辑元件，命名为"远山倒影"。

（2）绘制如图 8-22 至图 8-27 所示的远山倒影效果。

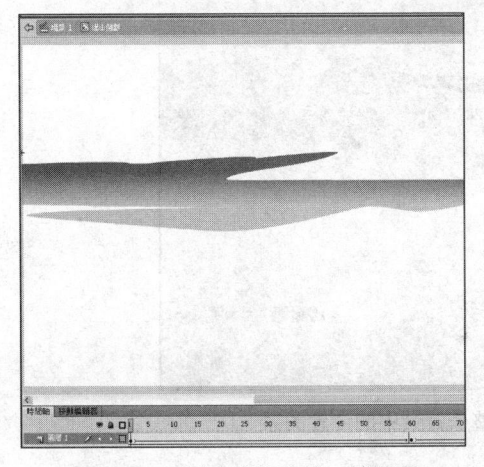

图 8-22　"远山倒影"第 1 帧画面 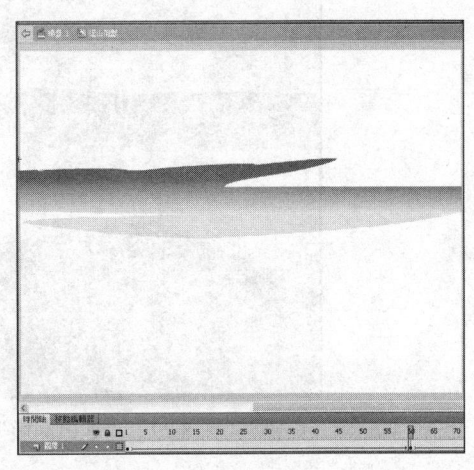　　　　图 8-23　"远山倒影"第 50 帧画面

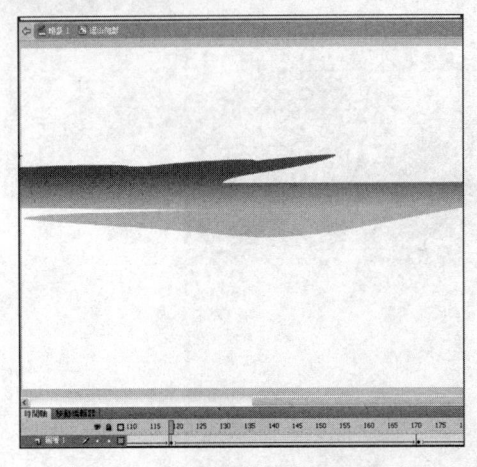

图 8-24 "远山倒影"第 120 帧画面 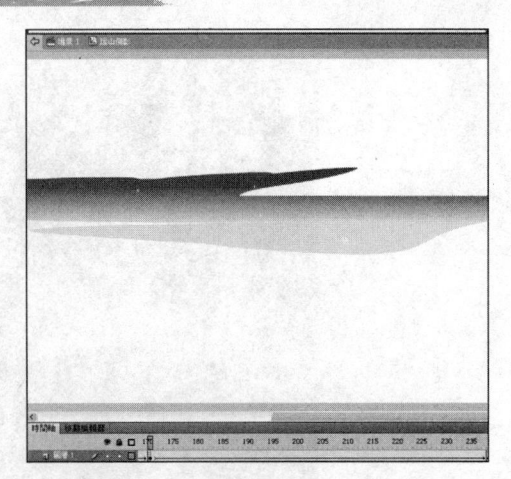　　　　图 8-25 "远山倒影"第 170 帧画面

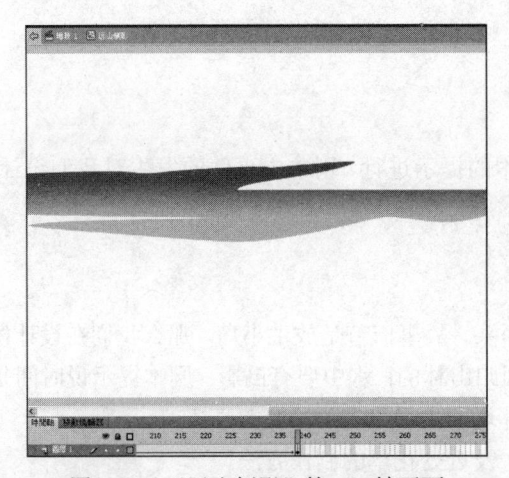

图 8-26 "远山倒影"第 240 帧画面

图 8-27 "远山倒影"在整个背景中的位置关系

（3）绘制完成后在每两个关键帧之间创建形状补间动画。

2. 近处花草

（1）对于小草的绘制要分组，然后通过复制并分图层体现它们的前后远近关系，如图 8-28 所示。

图 8-28　花草效果图

（2）绘制一组小草，如图 8-29 所示。

图 8-29　绘制一组小草

（3）复制并使用变形工具将其适当放大，粘贴在图层 2 中，同时将它的色彩加深，如图 8-30 所示。

图 8-30　复制小草

（4）将以上所得到的图片复制，粘贴在图层 3 上，使用变形工具将其适当变形，如图 8-31 所示。

图 8-31　再次复制小草

(5) 如上方法类推，小草制作演示如图 8-32 至图 8-34 所示。

图 8-32　小草效果 1

图 8-33　小草效果 2

图 8-34　小草效果 3

任务 8.4　项目分解——镜头设计与分析

8.4.1　效果展示

分镜效果如图 8-35 至图 8-39 所示。

图 8-35　场景 1 效果　　　　　　　　图 8-36　场景 2 效果

图 8-37　场景 3 效果　　　　　　　　图 8-38　场景 4 效果

图 8-39　场景 5 效果

8.4.2　知识讲解

在动画分镜头台本中，大多数镜头的画面是固定不变的，有时候动画片导演为了更好地表达剧情，突出角色的表演和动作展示，自然会采用运动镜头的技术手段。

画面视距的设定使景别大体分为以下几种：
- 大远景
- 远景
- 全景（用来表现角色全身或场景全貌）
- 中景
- 近景
- 特写
- 大特写

运动镜头主要分为以下 7 个类别：
- 拉：是摄像机逐渐远离被摄物体的过程。
- 移：是将摄像机进行移动拍摄的过程。
- 摇：是指摄像机机位不动，借助三脚架上的活动底盘等活动方式进行拍摄。

- 推：是摄像机逐渐拉近被摄物体的过程。
- 升降镜头：是摄像机借助升降装置一边升降一边拍摄的方式。
- 跟拍：是摄像机始终跟随运动的被摄主体一起运动而进行的拍摄。
- 空镜头：又称景物镜头，指影片中做自然景物或场面描写而不出现角色。

8.4.3 步骤详解

1. 场景 1——近景设计

案例效果如图 8-40 所示。

图 8-40　近景效果

（1）在场景 1 中，图像分为 3 个图层："背景"（如图 8-41 所示）、"场景"（如图 8-42 所示）和"妙音"（如图 8-43 所示）。

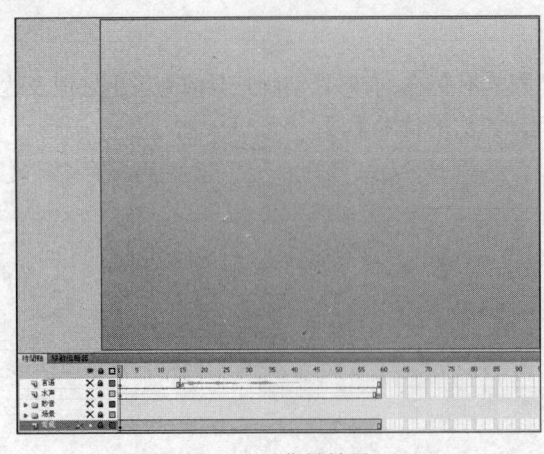

图 8-41　背景效果　　　　　图 8-42　场景效果

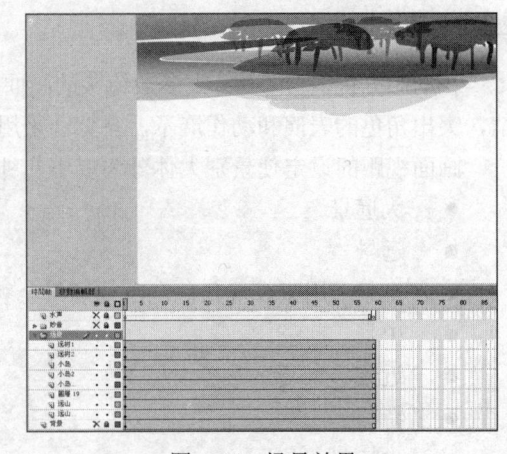

（2）新建文件夹并命名为"场景"，将之前画好的动画背景中的元素（远树、小岛及小岛倒影、远山及远山倒影）拖入舞台中，用变形工具将其适当变化，如图 8-42 所示。

（3）将事先制作好的主角——妙音（SWF 格式）导入舞台，使用变形工具等比例放大，并且只显示身体的上半部分，如图 8-43 所示。

图 8-43 导入"妙音"素材

此场景 1 需要对角色妙音制作眨眼动画和说话动画,因此将眼睛和嘴分别放入单独的图层中进行动画制作(或者将二者转换为影片剪辑元件,这样更为方便)。

(4)制作眨眼动画:分别在第 1 帧、第 40 帧、第 60 帧处插入关键帧,对眼睛的表现如图 8-44 至图 8-46 所示。

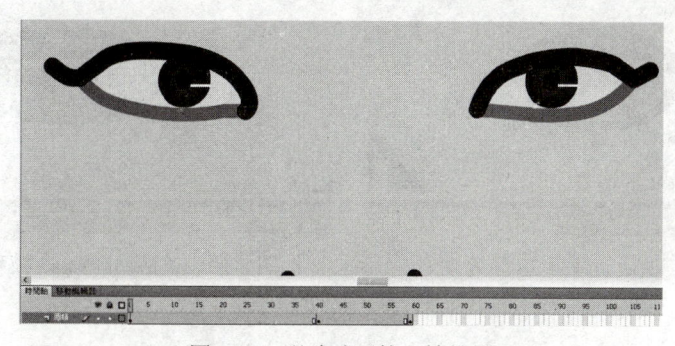

图 8-44 眼睛动画第 1 帧效果

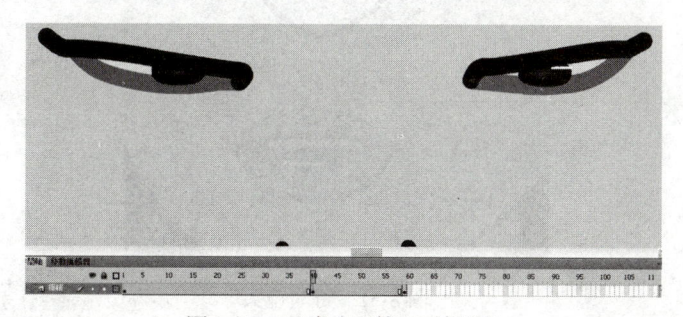

图 8-45 眼睛动画第 40 帧效果

(5)制作说话动画:分别在第 1 帧、第 15 帧、第 30 帧、第 45 帧、第 60 帧插入关键帧,其中第 45 帧与第 60 帧口型相同(口型的意思是"圣人云"),如图 8-47 至图 8-50 所示。

2. 场景 2——特写镜头设计

如图 8-51 所示,此特写镜头的动画表现详见任务 8.5。

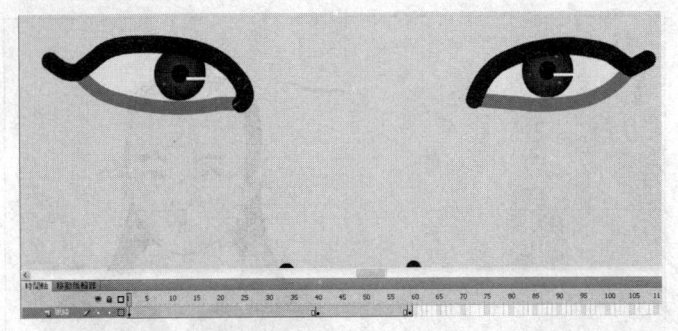

图 8-46　眼睛动画第 60 帧效果

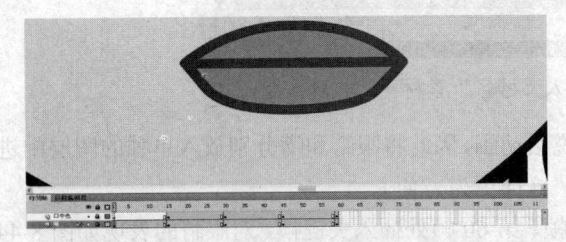

图 8-47　说话动画第 1 帧效果

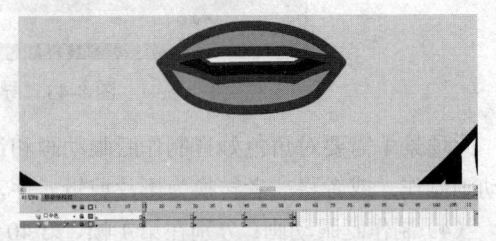

图 8-48　说话动画第 15 帧效果

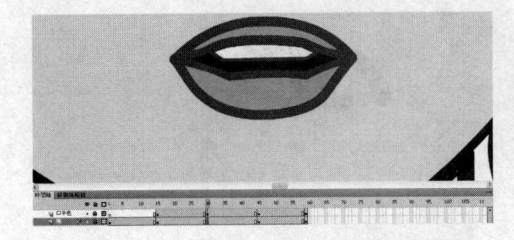

图 8-49　说话动画第 30 帧效果

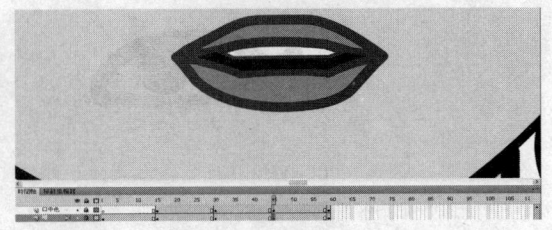

图 8-50　说话动画第 45 帧和第 60 帧效果

图 8-51　特写镜头

3. 场景 3——中景

整体展现如图 8-52 所示。

运动镜头：移镜头，如图 8-53 所示。

下面以图 8-53 为例详细讲解移镜头的制作方法。

（1）选择"插入"→"场景"命令插入场景，此场景为第 3 个场景。

图 8-52 中景

图 8-53 移镜头

（2）将之前制作好的动画背景 SWF 格式文件导入到舞台中，去掉远景（包括远山、小岛、远树等），将近景按照长宽同比例放大，图层命名为"近景"（注：蓝色的背景为又一个图层），第 1 关键帧如图 8-54 所示。

图 8-54 第 1 关键帧动画背景

（3）在第 60 帧插入关键帧，将动画背景"近景"图层进行水平向右移动，如图 8-55 所示。

（4）在"近景"图层的第 1 帧至第 60 帧的任一帧处右击插入形状补间动画，这样动画背景中的移镜头就产生了。

（5）新建图层并命名为"妙音"，将主角妙音及次主角侧立的小鸟放至舞台并加以放大（由于此场景中不显示角色的头部，所以头部可以省略）。第 1 关键帧如图 8-56 所示（去掉背景蓝色填充图层）。

图 8-55　第 60 关键帧动画背景

图 8-56　第 1 关键帧效果

（6）在第 60 帧插入关键帧，移动对象在舞台中的位置，效果如图 8-57 所示。

图 8-57　第 60 关键帧效果

（7）此时打开最底图层蓝色的"背景"图层，分别看一下第1帧和第60帧处的画面效果，如图8-58和图8-59所示。

图8-58　第1关键帧最终效果

图8-59　第60关键帧最终效果

（8）在"妙音"这一图层的第1和第60关键帧中间的任一帧处插入形状补间动画，我们选第1帧、第20帧、第40帧、第60帧4幅图，看一下移镜头的效果，如图8-60所示。

图8-60　移镜头效果

（9）在第70帧处插入关键帧，在第102帧处插入帧，将整体图画向下移动，为场景4做准备工作，完成后的效果如图8-61所示。

图8-61　第70关键帧效果

4．场景4——近景和特写

（1）运动镜头：推镜头，如图8-62所示。

新建场景4，其中小鸟在新建的图层"小鸟1"中。所有元素的第1关键帧承接场景3中最后一帧的画面。在第50帧插入关键帧并将画面放大，显示手捧小鸟的局部，如图8-62所示中的第二张画面。在关键帧之间插入补间动画。下面通过 4 幅图来看一下 50 帧之内延续的画面效果，如图 8-63 所示。

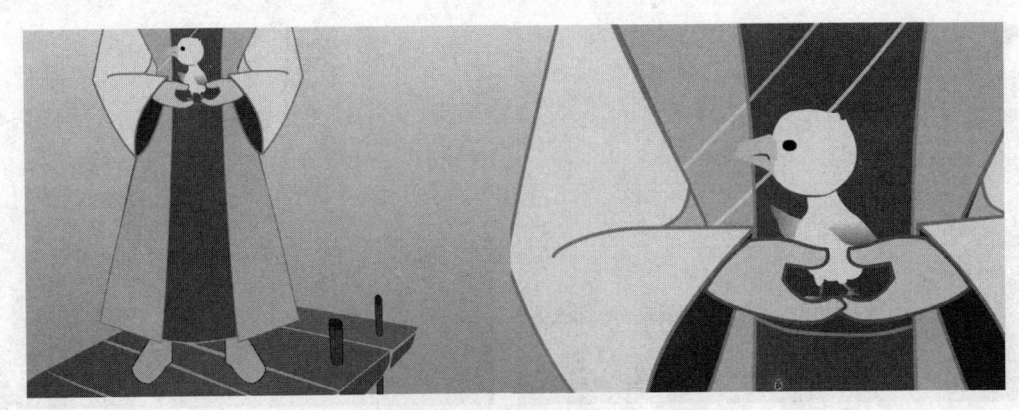

图 8-62　推镜头效果

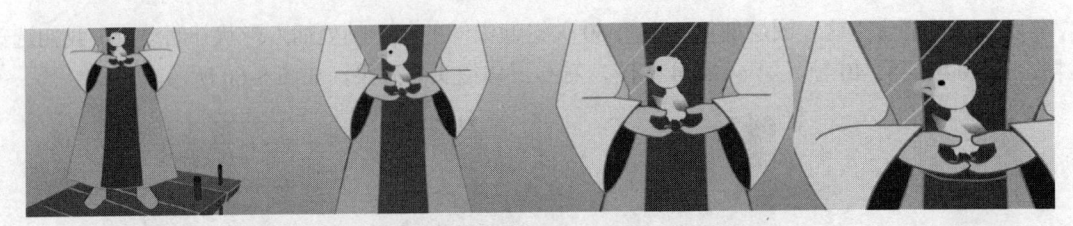

图 8-63　场景 4 效果

（2）特写镜头。

在场景 4 的第 60 帧插入关键帧，新建图层，取名为"小鸟 3"，放入小鸟正面飞元件，如图 8-64 所示。

图 8-64　特写镜头效果

5. 场景 5——远景和空景

本案例中只有空景。新建场景 5，在其中的第 70 帧插入关键帧，这一帧只显示纯粹的动画背景，如图 8-65 所示。

图 8-65　空景效果

任务 8.5　项目分解——原动画设计及动画的实现

8.5.1　效果展示

这里重点展示场景 2 和场景 4 中参与进行原动画的部分，如图 8-66 至图 8-68 所示。

图 8-66　原动画效果（从左向右，口型语言："上天有好生之德"）

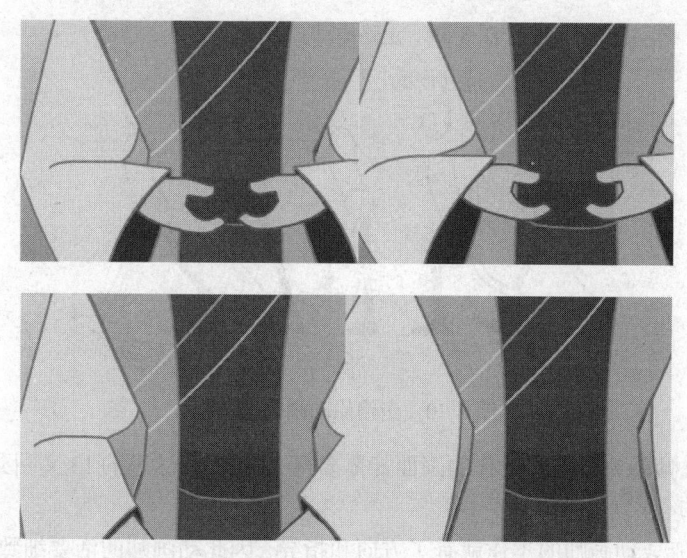

图 8-67　原动画效果（放飞小鸟的关键动作）

图 8-68　原动画效果（小鸟飞走的关键动作）

8.5.2　知识讲解

原动画就是动画的关键帧。此时，分镜已经绘制好，以下的部分需要交给原画师和动画师来做。他们的任务就是使画面动起来。所不同的是，动画师负责绘制中间画，他的工作是在原画师的关键帧完成之后进行，是对动画中动作流畅性的进一步提升。原画师依据动画的运动原理，负责绘制角色动作由起始到结束之间的关键动作，并且需要为每个动作标上帧数。如一个正常走路的动作，基本由 12 帧完成，那么它的时间分配如图 8-69 所示，动作如图 8-70 所示。

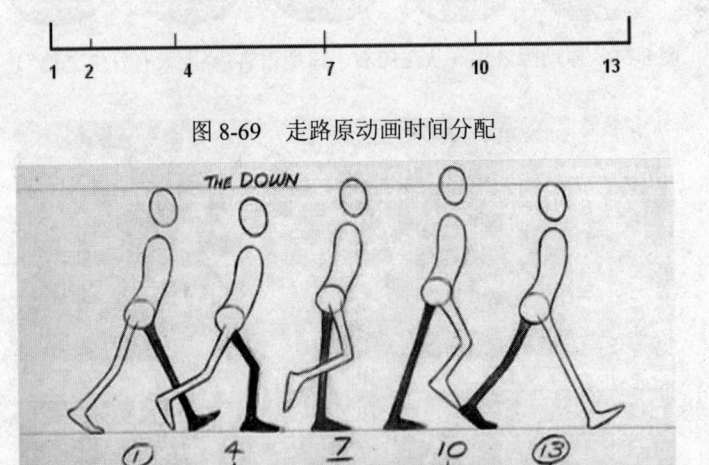

图 8-69　走路原动画时间分配

图 8-70　走路原动画的关键帧

为什么一个 12 帧就完成走路动作的画面却需要标 13 格呢？这里的 13 又回到了动作的起点上，因为走路是一个循环往复的动作。

原画师完成之后，动画师的工作就有了方向和指导，因此动画师的活要细致一些。动画师完成加工后如图 8-71 所示。

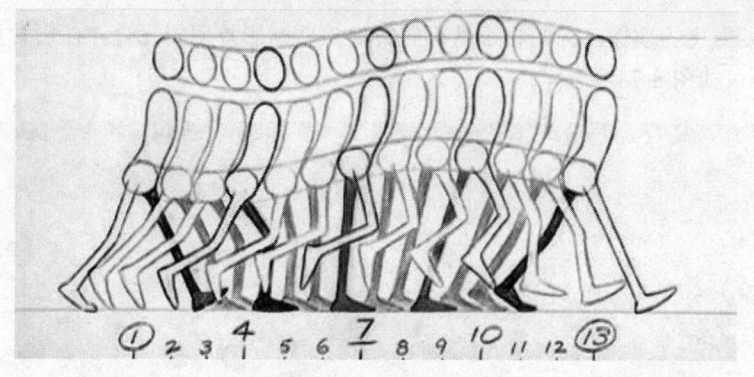

图 8-71　走路动画

总而言之，原动画是"画"向"动画"过渡的前提和准备。

8.5.3　步骤详解

"妙音放生"案例中，针对场景 4 进行动作的分析。

（1）在场景 4 的第 55 帧处插入关键帧，将角色妙音的"双手"和"胳膊"图层（这里取名为"左手"、"右手"、"外衣 2"图层）进行局部修改，使胳膊和手出现向上动的效果，如图 8-72 所示。

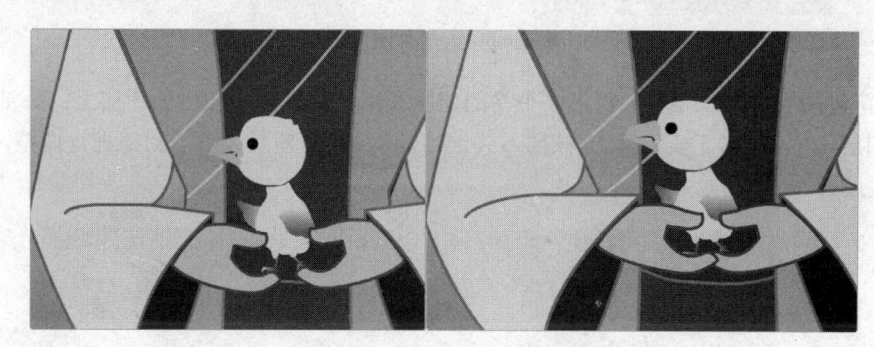

图 8-72　妙音手捧小鸟效果 1

（2）在第 60 帧插入关键帧，建立"小鸟 2"图层，这一图层为小鸟正面，因此将事先准备好的小鸟正面移到舞台中，如图 8-73 所示。

图 8-73　小鸟正面效果

（3）小鸟要做飞的动作，因此将小鸟正面转换为新的影片剪辑元件，在影片剪辑中制作小鸟翅膀飞动的动画，如图 8-74 所示。

图 8-74 小鸟飞动动画

（4）新建图层 2 和图层 3，将正面小鸟的翅膀和爪子分别放在相应的图层上；头部和身体部分则放在图层 1 中；在第 5 帧和第 10 帧插入关键帧，将小鸟的翅膀和爪子局部进行调整，如图 8-75 和图 8-76 所示。

图 8-75 小鸟效果 1　　　　　　　　　　图 8-76 小鸟效果 2

（5）分别在两个关键帧之间插入形状补间动画，关闭场景 4 中图层"小鸟 2"以外的其他图层，制作好的飞动效果如图 8-77 所示。

图 8-77 小鸟飞效果

（6）在"小鸟2"图层的第65帧插入关键帧，将正面小鸟移到画面的右上角，并在第60帧和第65关键帧之间插入补间动画，如图8-78所示。

图8-78　小鸟飞走效果

（7）角色妙音放飞小鸟后的关键动作和时间设定如图8-79所示。

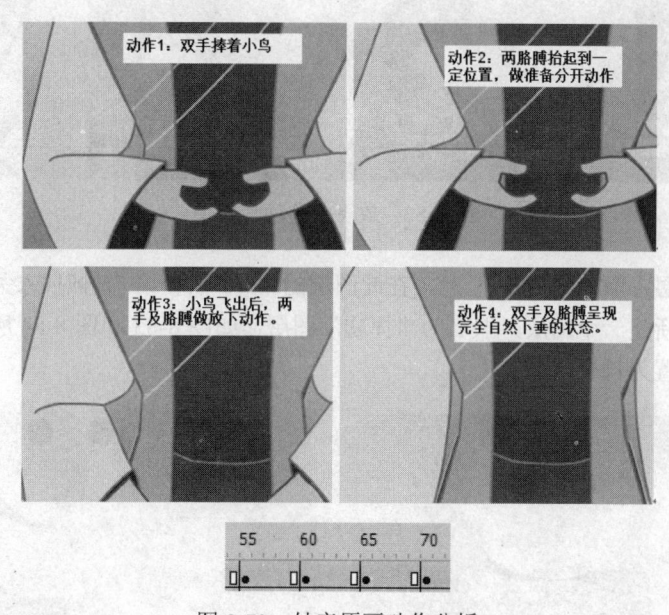

图8-79　妙音原画动作分析

（8）回到场景4角色妙音部分的第55帧，即回到"左手"、"右手"、"外衣2"（即胳膊）图层。在这3个图层的第60帧、第65帧、第70帧插入关键帧，使用部分选择工具对这3个图层分别进行局部调整，调整后的效果如图8-80和图8-81所示。

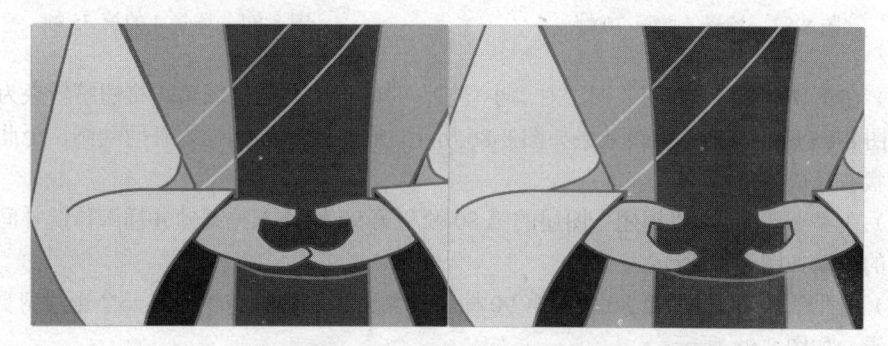

图8-80　场景4第55帧和第60帧双手及胳膊的动态效果1

291

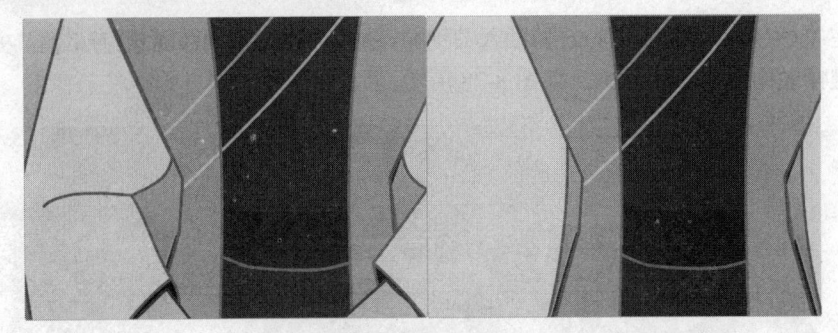

图 8-81　场景 4 第 65 帧和第 70 帧双手及胳膊的动态效果 2

（9）打开"小鸟 1"和"小鸟 2"图层，其第 50、55、60、65 关键帧效果如图 8-82 所示。

图 8-82　放飞小鸟动画效果

（10）新建图层，取名为"小鸟 3"，在此图层的第 70 帧和第 75 帧插入关键帧，此图层为小鸟头部和身体，再新建一个图层，取名为"挥翅"图层，如图 8-83 和图 8-84 所示，需要注意的是绿色参考线所在位置为舞台区域。

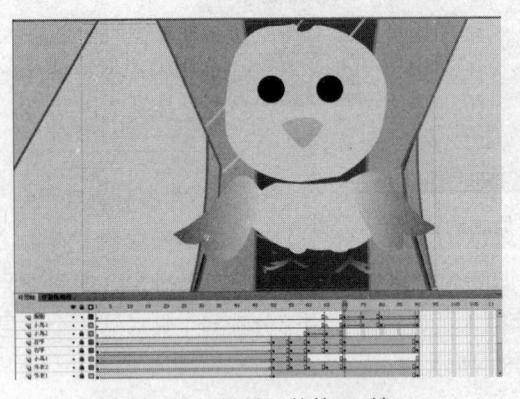

图 8-83　场景 4 的第 70 帧　　　　　图 8-84　场景 4 的第 75 帧

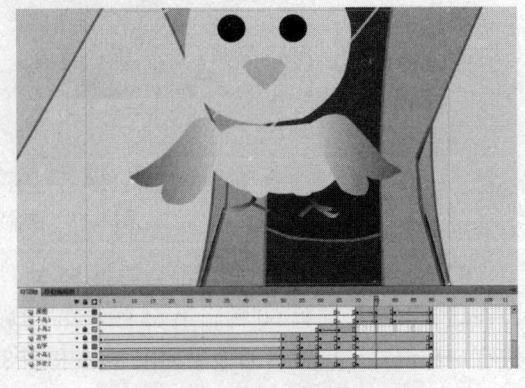

（11）在第 70 帧的"挥翅"图层对"小鸟 3"的翅膀飞动进行编辑，将翅膀转换为影片剪辑元件，如图 8-85 所示。翅膀编辑效果如图 8-86 所示，在关键帧之间插入补间动画，至此小鸟 3 翅膀挥动的状态完成。

（12）在"小鸟 3"和"挥翅"图层的第 80 帧和第 90 帧插入关键帧并插入传统补间动画，对小鸟状态的改动如图 8-87 所示。

（13）在"挥翅"图层的第 80 帧至第 90 帧将其侧面飞的翅膀转换为又一个影片剪辑元件，进行动画编辑，如图 8-88 所示。

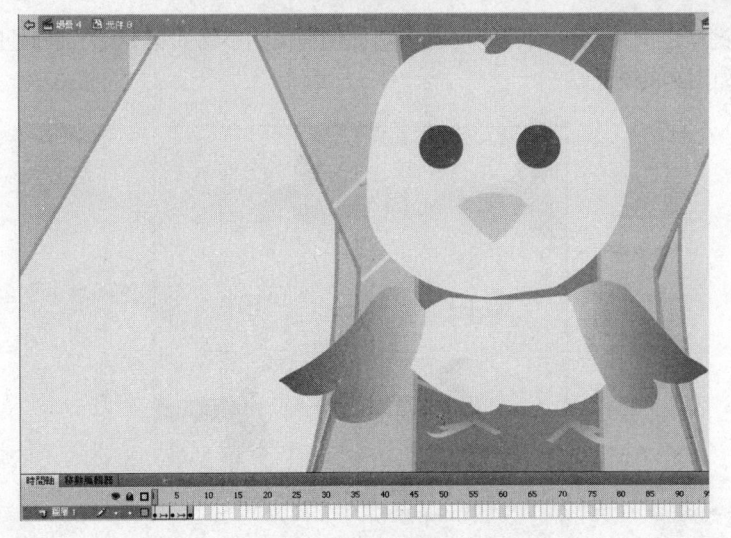

图 8-85 转换翅膀为元件

图 8-86 翅膀元件编辑下第 1、4、7 关键帧翅膀的状态

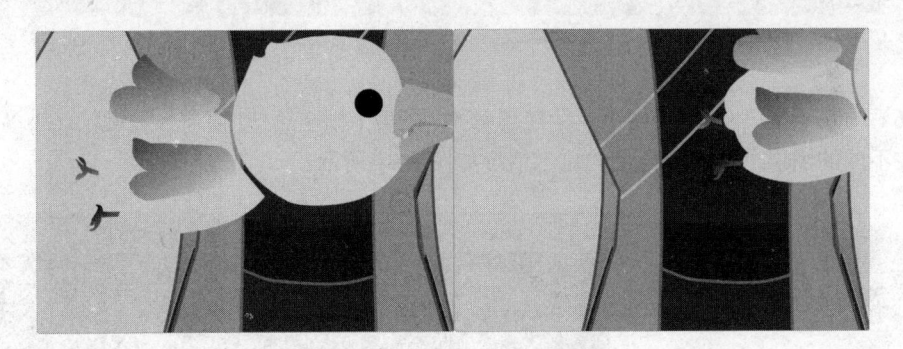

图 8-87 第 80 和 90 关键帧

图 8-88 元件编辑下的第 1、5、10 关键帧

293

(14)在关键帧之间插入形状补间动画。将此侧面飞的小鸟 3 第 80 关键帧处的爪子也进行影片剪辑元件编辑,如图 8-89 所示。

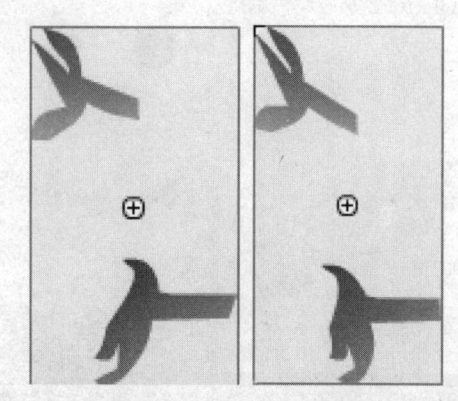

图 8-89　爪子元件效果

(15)"小鸟 1"、"小鸟 2"、"小鸟 3"图层的眼睛均为眨眼动画,以"小鸟 2"为例讲述小鸟的眼睛如何使用影片剪辑元件制作:将眼睛转换为影片剪辑元件,其中的第 1 帧、第 5 帧、第 10 帧插入关键帧,并在关键帧之间插入形状补间动画,对其眼睛的编辑修改(增加一个第 7 帧普通帧)如图 8-90 所示。

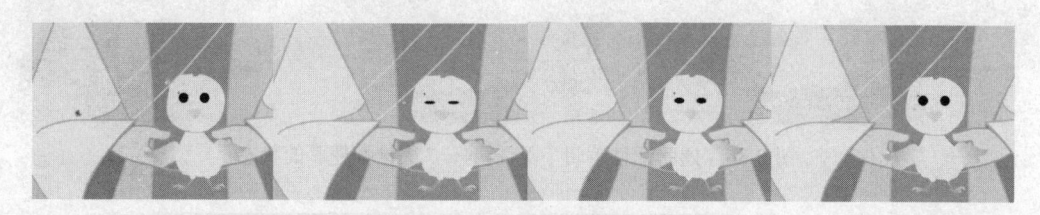

图 8-90　眨眼动画演示

(16)场景 4 在第 90 帧处结束。新建场景 5,在第 1 帧至第 70 帧插入关键帧,小鸟与动画背景分布在不同的图层上,动画场景的显示情况如图 8-91 所示。

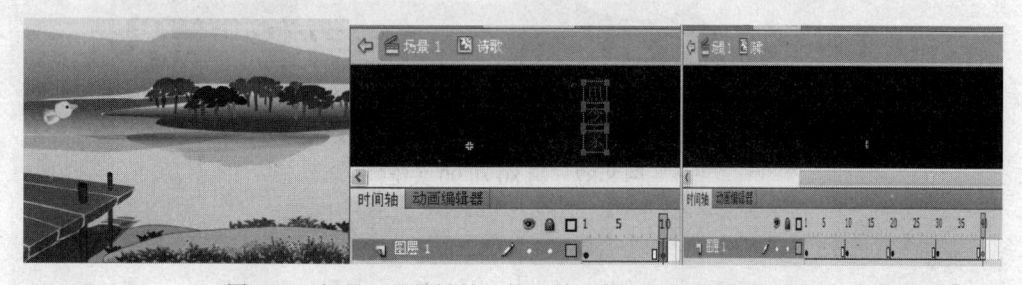

图 8-91　场景 5 的关键帧:第 1 帧、第 70 帧、第 100 帧

(17)在第 39 帧"小鸟"图层插入关键帧,将小鸟原来的位置进行改变,在第 1 帧、第 39 帧之间插入传统补间动画,如图 8-92 所示;新建图层"鸟儿特效",在第 40 帧插入关键帧,套用"移动预设特效"中的"从右边飞出",则鸟儿呈现逐渐飞入树林以至消失的状态,并将引导线调整为弧线形,在第 70 帧处小鸟消失,如图 8-93 所示。

294

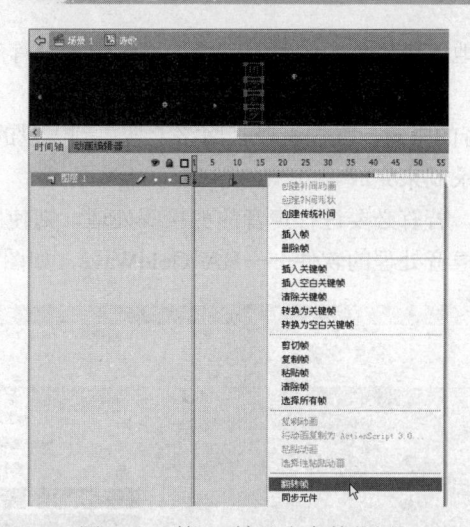

图 8-92　第 39 帧处小鸟的位置

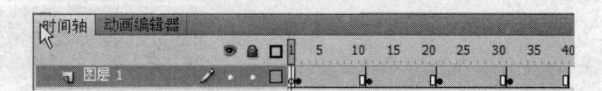

图 8-93　移动特效的引导线调整为弧形引导线

序幕也是用移动预设特效制作的，步骤同上，略。

任务 8.6　项目分解——后期制作

8.6.1　效果展示

这一部分的后期制作，我们重点谈谈配音的几种方法，效果如图 8-94 所示。

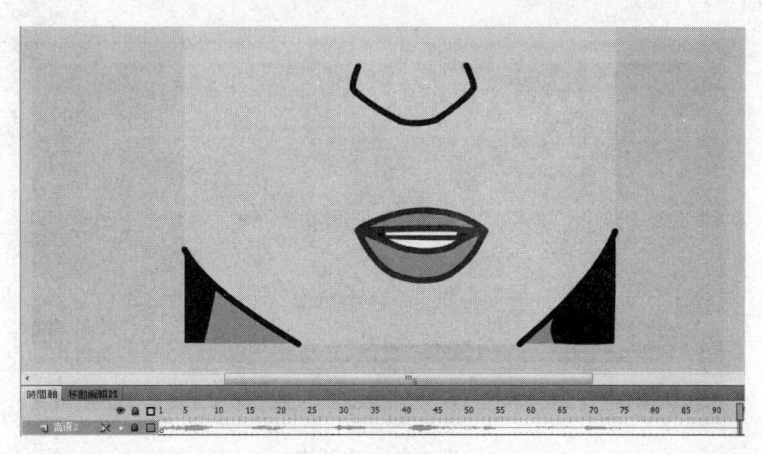

图 8-94　人物说话效果

8.6.2　知识讲解

配音，即根据动画故事的发展情境进行声音的合理配置。

295

配音的目的是为了更好地渲染短片中的气氛。我们很难想象没有声音的动画。对于 Flash 本身而言，配音需要有背景音乐、Flash 特效音及人物对白的录音。

背景音乐和 Flash 特效音的素材，我们可以在网络上搜集到大量的相关资料，而特定剧本中人物的声音则必须通过实际的录制来完成。

声音的搜集工作完成后，若有必要进行声音的剪接等处理，则使用专门的软件来完成。

这里介绍一款进行简单声音处理的软件——HA_GoldWave，如图 8-95 所示。

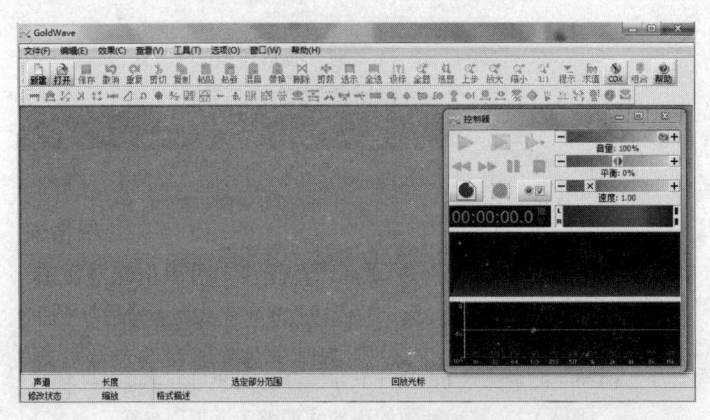

图 8-95　声音处理软件

8.6.3　步骤详解

1. 水波声

本案例中，是在小河边的一段故事，因此为远处的小河制作了一些微波，并且在 Flash 的第一个场景中配置了小河的流水声。水声的时间控制在 2.4 秒范围内，在软件中对原声音文件进行了大量的删减，同时为了表现自然的出现和结束，声音经过淡入和淡出的处理，将其保存为 WAV 格式，效果如图 8-96 所示。

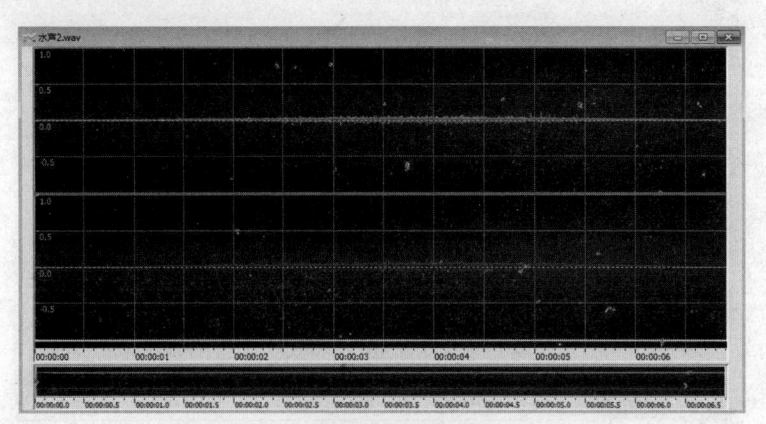

图 8-96　水波声

此时，Flash 中水声的时间设定和属性如图 8-97 和图 8-98 所示。

2. 背景音乐——伴乐音

背景音乐的配置也要合情合理，像这样一个具有诗情画意的情境，肯定不适合配摇滚乐。本案例中，选用了《月下独酌》这首乐曲。此音乐通过删减之后也使用了淡入淡出的效果，时间控制在 11 秒左右。它从 Flash 的第二个场景中开始出现，直至短片的自然结束。声音在软件中的处理如图 8-99 所示。

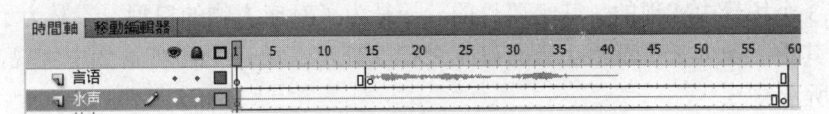

图 8-97 水波时间设定

图 8-98 水波属性设定

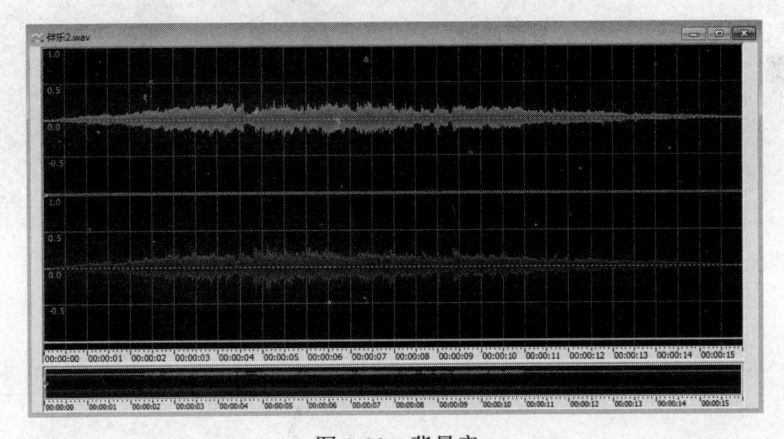

图 8-99 背景音

背景音的时间设定和属性如图 8-100 和图 8-101 所示。

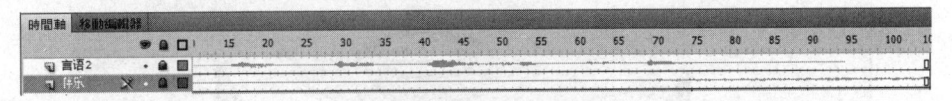

图 8-100 背景音的时间设定

图 8-101 背景音的属性设定

此外，还有鸟叫声的选取和设置，其操作原理和方法同上。

3. 人物语言的配置

本短片中只有一句话"圣人云，上天有好生之德，小鸟儿啊，快快回家吧"。但是这一句话是分别在 3 个场景中实现的。其主要目的，一是为了对应人物的口型，二是为了对应事件的发展状态。其中"圣人云"及"上天有好生之德"分别在场景 1 和场景 2 中实现，如图 8-102 和图 8-103 所示。

图 8-102　人物言语时间设定 1

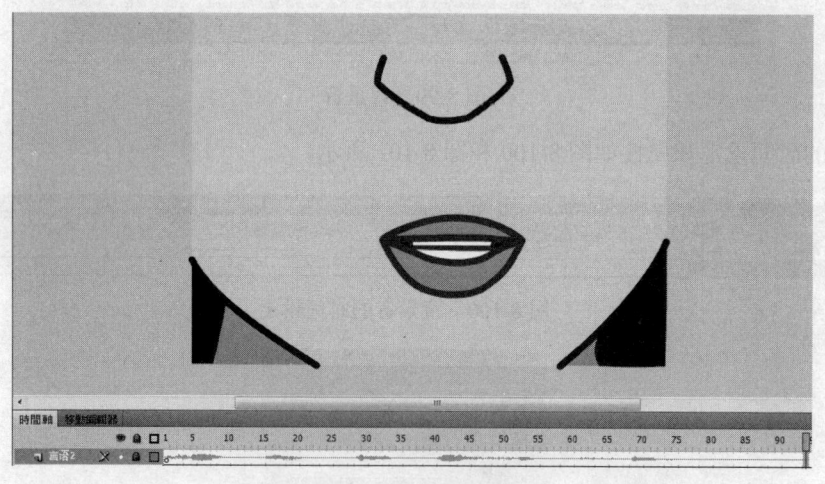

图 8-103　人物言语时间设定 2

最后"小鸟儿啊，快快回家吧"这段语音，根据事件的发展状态，将其放在场景 3 中，从第 70 帧开始直至影片结束（注：原本应将其放在场景 4 中——放飞鸟儿的情景，但是声音与事物情态的快慢节奏不相应，因此将其提前到场景3,从小鸟儿出现的那一时刻即第 70 帧开始），如图 8-104 所示。

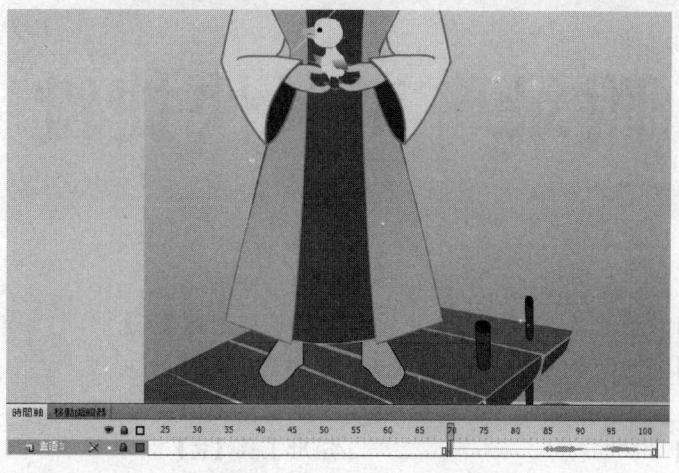

图 8-104　人物言语设定 3

拓展训练——小蝌蚪找妈妈

根据文学作品《小蝌蚪找妈妈》制作小蝌蚪找到妈妈时的动画片段。
要求：
（1）编写简单的剧本。
（2）根据剧本需要在 Flash 中绘制动画角色和动画背景。
（3）根据剧本绘制分镜。
（4）将绘制好的分镜扫描到电脑中，在 Flash CS5 中进行上色。
（5）根据分镜数量，可大体设置出 Flash 中场景的数量。
（6）在每个场景中对动画角色进行原动画制作，并实现一定的动画效果。
（7）组织配音演员，进行简单的配音。
参考效果如图 8-105 所示。

图 8-105　小蝌蚪找妈妈效果图

附录　工具快捷键

工具

箭头工具【V】
线条工具【N】
钢笔工具【P】
椭圆工具【O】
铅笔工具【Y】
任意变形工具【Q】
墨水瓶工具【S】
滴管工具【I】
手形工具【H】

部分选取工具【A】
套索工具【L】
文本工具【T】
矩形工具【R】
画笔工具【B】
填充变形工具【F】
颜料桶工具【K】
橡皮擦工具【E】
缩放工具【Z】,【M】

菜单命令

新建 Flash 文件【Ctrl】+【N】
打开 Flash 文件【Ctrl】+【O】
作为库打开【Ctrl】+【Shift】+【O】
关闭【Ctrl】+【W】
保存【Ctrl】+【S】
另存为【Ctrl】+【Shift】+【S】
新建元件【Ctrl】+【F8】
元件转换为散件【Ctrl】+【B】
导入【Ctrl】+【R】
导出影片【Ctrl】+【Shift】+【Alt】+【S】
发布设置【Ctrl】+【Shift】+【F12】
发布预览【Ctrl】+【F12】
发布【Shift】+【F12】
打印【Ctrl】+【P】
退出 Flash【Ctrl】+【Q】
撤消命令【Ctrl】+【Z】
剪切到剪贴板【Ctrl】+【X】
拷贝到剪贴板【Ctrl】+【C】
粘贴剪贴板内容【Ctrl】+【V】
粘贴到当前位置【Ctrl】+【Shift】+【V】
清除【退格】

复制所选内容【Ctrl】+【D】
全部选取【Ctrl】+【A】
取消全选【Ctrl】+【Shift】+【A】
剪切帧【Ctrl】+【Alt】+【X】
拷贝帧【Ctrl】+【Alt】+【C】
粘贴帧【Ctrl】+【Alt】+【V】
清除贴【Alt】+【退格】
选择所有帧【Ctrl】+【Alt】+【A】
新建空白帧【F5】
新建关键帧【F6】
删除帧【Shift】+【F5】
删除关键帧【Shift】+【F6】
转换为关键帧【F6】
转换为空白关键帧【F7】
编辑元件【Ctrl】+【E】
首选参数【Ctrl】+【U】
转到第一个【HOME】
转到前一个【PGUP】
转到下一个【PGDN】
转到最后一个【END】
放大视图【Ctrl】+【+】
缩小视图【Ctrl】+【-】
100%显示【Ctrl】+【1】
缩放到帧大小【Ctrl】+【2】
全部显示【Ctrl】+【3】
按轮廓显示【Ctrl】+【Shift】+【Alt】+【O】
高速显示【Ctrl】+【Shift】+【Alt】+【F】
消除锯齿显示【Ctrl】+【Shift】+【Alt】+【A】
消除文字锯齿【Ctrl】+【Shift】+【Alt】+【T】
显示隐藏时间轴【Ctrl】+【Alt】+【T】
显示隐藏工作区以外部分【Ctrl】+【Shift】+【W】
显示隐藏标尺【Ctrl】+【Shift】+【Alt】+【R】